"十四五"职业教育国家规划教材

Fundamentals of Applied Mathematics ｜微课版｜

第二册

应用数学基础（第4版）

主　编◎邓俊谦

副主编◎周素静　廖淑华　李　静　余　敏

华东师范大学出版社
·上海·

图书在版编目（CIP）数据

应用数学基础. 第二册／邓俊谦主编. —4 版. —
上海：华东师范大学出版社，2019
ISBN 978 - 7 - 5675 - 9721 - 1

Ⅰ. ①应… Ⅱ. ①邓… Ⅲ. ①应用数学—高等职业教
育—教材 Ⅳ. ①O29

中国版本图书馆 CIP 数据核字（2019）第 196775 号

应用数学基础（第二册）（第 4 版）

主　　编 邓俊谦
责任编辑 李　琴
审读编辑 胡结梅
装帧设计 俞　越

出版发行 华东师范大学出版社
社　　址 上海市中山北路 3663 号　邮编 200062
网　　址 www.ecnupress.com.cn
电　　话 021 - 60821666　行政传真 021 - 62572105
客服电话 021 - 62865537　门市（邮购）电话 021 - 62869887
地　　址 上海市中山北路 3663 号华东师范大学校内先锋路口
网　　店 http://hdsdcbs.tmall.com

印 刷 者 上海龙腾印务有限公司
开　　本 787 毫米×1092 毫米　1/16
印　　张 19.75
字　　数 407 千字
版　　次 2020 年 12 月第 4 版
印　　次 2024 年 8 月第 5 次
书　　号 ISBN 978 - 7 - 5675 - 9721 - 1
定　　价 45.00 元

出 版 人 王　焰

（如发现本版图书有印订质量问题,请寄回本社客服中心调换或电话 021 - 62865537 联系）

教材建设工作是整个高职高专教育教学工作中的重要组成部分.改革开放以来,在各级教育行政部门、学校和有关出版社的共同努力下,各地已出版了一批高职高专教育教材.但从整体上看,具有高职高专教育特色的教材极其匮乏,不少院校尚在借用本科或中专教材,教材建设仍落后于高职高专教育的发展需要.为此,1999年教育部组织制定了《高职高专教育基础课程教学基本要求》(以下简称《基本要求》)和《高职高专教育专业人才培养目标及规格》(以下简称《培养规格》),通过推荐、招标及遴选,组织了一批学术水平高、教学经验丰富、实践能力强的教师,成立了"教育部高职高专规划教材"编写队伍,并在有关出版社的积极配合下,推出一批"教育部高职高专规划教材".

"教育部高职高专规划教材"计划出版500种,用5年左右时间完成.出版后的教材将覆盖高职高专教育的基础课程和主干专业课程.计划利用2~3年的时间,在继承原有高职、高专和成人高等学校教材建设成果的基础上,充分汲取近几年来各类学校在探索培养技术应用性专门人才方面取得的成功经验,解决好新形势下高职高专教育教材的有关问题;然后再用2~3年的时间,在《新世纪高职高专教育人才培养模式和教学内容体系改革与建设项目计划》立项研究的基础上,通过研究、改革和建设,推出一大批教育部高职高专教育教材,从而形成优化配套的高职高专教育教材体系.

"教育部高职高专规划教材"是按照《基本要求》和《培养规格》的要求,充分汲取高职、高专和成人高等学校在探索培养技术应用性专门人才方面取得的成功经验和教学成果编写而成的.适用于高等职业学校、高等专科学校、成人高校及本科院校举办的二级职业技术学院和民办高校使用.

教育部高等教育司

2000 年 4 月 3 日

《应用数学基础》第 4 版是教育部高职高专规划教材、"十二五"职业教育国家规划教材《应用数学基础》第 3 版的升级版. 本教材根据党的二十大精神《国家职业教育改革实施方案》等文件精神,依托人工智能、智慧教育网络平台等信息技术,以学生为中心,以培养学生数学学科核心素养和社会主义核心价值观、提升学生职业素养和创新能力为目标,按照建构主义教学理论和信息化教学理念精心编写而成.

本教材主要面向初中起点五年制高等职业院校理工类和经管类各专业学生. 根据高等职业教育人才培养目标和后续专业课程对学生数学素养的要求,结合中职数学课程标准和高职学生的认知特点,我们按照"以必需、够用为度"的原则,注重"学用相长、知行合一",精心选取教材内容,重构知识和能力模块,将教材分为第一册和第二册. 第一册内容主要对接中职数学课程标准要求的数学知识、技能和素养,内容包括:第 1 章集合、逻辑关系,第 2 章函数,第 3 章三角函数,第 4 章平面向量,第 5 章复数,第 6 章空间图形,第 7 章直线、二次曲线,第 8 章参数方程、极坐标,以及 MATLAB 实验(一). 第二册是中职数学课程部分内容和高职数学课程基本内容的重构,内容包括:第 9 章数列及其极限,第 10 章函数的极限与连续,第 11 章导数与微分,第 12 章导数的应用,第 13 章积分及其应用,第 14 章计数原理,第 15 章概率初步,第 16 章线性代数初步,以及 MATLAB 实验(二).

本教材的作者均是从事高职数学教学的一线教师,专业素养高,具有丰富的教学改革经验和教材编写经验,熟悉当前教育对象的数学基础和认知特点,了解高职教育教改新方向. 在编写过程中努力做到直观性强、生动有趣、内容翔实、表达准确、通俗易读. 本书特色及更新说明如下:

1. 依托"i 教育"平台和二维码,提供了丰富的数字化资源

本次再版充分考虑到了目前学生的基础状况和教育信息化 2.0 时代的学习生态环境,增加了 78 个知识点总结微课视频(第一册 40 个、第二册 38 个)、18 个教材练习题讲解微课视频(第一册 9 个、第二册 9 个),扫描封面或书中二维码可在"i教育"上观看微课,方便学生进行个性化自主学习巩固;华东师范大学出版社官网上还配备了与教材对应的课件,方便教师和学生开展线上线下混合式教学和混合式学习.

2. "一衔接两适切",注重落实职业教育人才培养目标

本次再版编写过程中,保留了第 3 版教材的基本内容框架,保持教材内容与初中数学衔接,与中职数学和高职数学"两适切",既兼顾了目前五年制高职学生的数学基础和认知特点,又落实了中职数学课程标准和高职教育人才目标对数学课程的要求.

3. "二更新",强化了教材内容的职业性,落实党的二十大精神进教材

将教材中过时的案例**更新**为新技术、新经济中出现的新问题和专业案例. 例如:"新能源汽车的号牌问题"、"航天中的第二宇宙速度问题"等案例,将党的二十大精神"深入推进能源革命"和航天科技新成就等适时融入教材的课程思政;将第 3 版中 Mathematica 实验(一)和实验(二)**更新**为更常用、易学的 MATLAB 实验(一)和实验(二),并适时添加或将原教材中利用计算器计算的例题替换为 MATLAB 实验题或建模案例,强化了教材内容的职业性、实践性和时代性.

4. 课程思政资源丰富,融入途径多样

本教材的每一章前面都给出了一句名言,每一章后面都安排了一篇阅读材料,用名人名言、数学史、数学文化、简单建模案例为教师提供丰富的课程思政资源. 本次再版编写中,保留了这种课程思政融入途径,并添加了更多中国古今科学家的名言和故事,增加了案例嵌入课程思政元素等融入途径。更多中国数学文化等课程思政元素的融入,更有利于激发学生学习兴趣、拓宽视野、渗透应用意识,有助于培养学生的家国情怀、科学探索精神和职业素养.

5. 编排模式聚焦数学核心素养和应用能力的培养

本教材章节内容按**"名人名言、案例引入(或问题驱动)→概念→运算→应用(或 MATLAB 实验)→阅读"**模式编排,聚焦数学核心素养和应用能力的培养. 围绕数学课程六大核心素养:数学运算、直观想象、逻辑推理、数学抽象、数据分析和数学建模,适时融入生活和专业案例、融入思政元素、植入 MATLAB 数学实验,突出高职数学的职业性、实践性和协同育人功能.

6. 以学生为中心，高度重视细节的处理，契合高职学生的认知规律

本次再版的细节设计，处处为教学着想、为学生着想：每一节的开始都标出了本节内容的要点，方便学生学习和复习；每一节后的习题和每一章后的复习题都分 A、B 两组，A 组题反映的是教学基本要求，B 组题是提高题；标有 号的题目是供 MATLAB 数学实验活动选用的，降低了对复杂数学运算的要求，培养学生利用数学知识和数学软件解决实际问题的能力；标有 ∗ 号的内容供多学时专业或学有余力的同学选用. 这些无不体现"以学生为中心"的教材编写理念，方便不同学校教师参考选用，有利于不同层次学生自主学习.

《应用数学基础》(第 4 版)(第二册)由邓俊谦负责全书的设计与规划，书稿的第 10、11 章由邓俊谦提供；第 9、12 章由李静提供；第 13、16 章由周素静提供；第 14 章及附录中常用基本初等函数由廖淑华提供；第 15 章及 MATLAB 实验(二)由余敏提供，全书由邓俊谦完成统稿及定稿工作.

本教材在编写过程中，得到了郑州铁路职业技术学院、商丘商贸学校和永城职教中心的大力支持，在此对所有参与人员和提供帮助的老师表示衷心的感谢！受我们的水平所限，书中难免有不妥之处、甚至错误，真诚欢迎各位提出意见、批评指正.

《应用数学基础(第 4 版)》编写组

2019 年 1 月

目 录

第 16 章 线性代数初步

第9章　数列及其极限

迟序之数,非出神怪,有形可检,有数可推.

——祖冲之

据说著名数学家高斯(Gauss,1777—1855)10 岁那年,老师在黑板上写下一串长长的算式:

$$81\ 297+81\ 495+81\ 693+\cdots+100\ 899=?$$

后一数都比前一数大 198,一共 100 个数相加. 当别的孩子都在满头大汗地一个数一个数相加时,小高斯却很快给出了正确答案,老师非常惊讶. 高斯是怎么计算的? 学习了本章知识后,你就会明白,原来如此!

本章将学习数列的基本知识,等差数列、等比数列及简单应用,还有数列的极限等.

§9-1　数列

⊙数列的概念　⊙通项公式　⊙递推公式

一、数列的概念

先看下面的例子:

(1) 某次运动会男子跳高比赛起跳高度为 220 cm,以后每次将横竿升高 2 cm,最后升到 240 cm. 横竿高度(单位: cm)依次排成一列:

$$220,\ 222,\ 224,\ 226,\ 228,\ 230,\ 232,\ 234,\ 236,\ 238,\ 240; \qquad ①$$

(2) 庄子《天下篇》中说:"一尺之棰,日取其半,万世不竭." 把每天取出棰的长度排成一列:

$$\frac{1}{2},\ \frac{1}{2^2},\ \frac{1}{2^3},\ \frac{1}{2^4},\ \frac{1}{2^5},\ \cdots; \qquad ②$$

(3) 某种细菌每半小时分裂一次,每次一个分裂成两个. 一个这样的细菌,依此下去,细

菌的个数依次排成一列:

$$1, 2, 2^2, 2^3, 2^4, \cdots;$$ ③

(4) 某商店出售的一种鞋,共有 10 个不同号码,不论号码大小,每双售价均为 50 元. 这 10 个号码鞋的售价依次排成一列:

$$50, 50, \cdots, 50 \text{ (共 10 个 50)}.$$ ④

上面 4 个例子中排成的一列数就叫做数列.

> 一般地,按一定顺序排成的一列数
>
> $$a_1, a_2, \cdots, a_n, \cdots$$
>
> 叫做**数列**,记作$\{a_n\}$.

数列中的每一个数都叫做这个数列的**项**,各项依次叫做这个数列的第 1 项(或首项),第 2 项,第 3 项,$\cdots$,第 n 项,$\cdots$.

事实上,数列可以看成一个以正整数集 $\mathbf{N}_+$ 或它的子集 $\{1, 2, 3, \cdots, n\}$ 为定义域的函数,当自变量按照从小到大的顺序依次取值时所对应的一列函数值.

如果数列 $\{a_n\}$ 的第 n 项 a_n 与项数 n 之间的函数关系可以用一个解析式 $a_n = f(n)$ 表示,那么这个解析式叫做这个数列的**通项公式**.

例如,数列②的通项公式是 $a_n = \dfrac{1}{2^n}$ ($n = 1, 2, 3, \cdots$),数列③的通项公式是 $a_n = 2^{n-1}$ ($n = 1, 2, 3, \cdots$),数列④的通项公式是 $a_n = 50.$ ($n = 1, 2, \cdots, 10$)

如果知道了数列的通项公式,可以写出数列的任一项.

例1 已知数列的通项公式,写出数列 $\{a_n\}$ 的首项,第 5 项和第 10 项:

(1) $a_n = \dfrac{n-1}{2n+1}$; (2) $a_n = (-1)^{n+1}n.$

解 (1) 在通项公式中依次取 $n = 1, 5, 10$,得

$$a_1 = 0, \quad a_5 = \frac{4}{11}, \quad a_{10} = \frac{9}{21}.$$

(2) 在通项公式中依次取 $n = 1, 5, 10$,得

$$a_1 = 1, \quad a_5 = 5, \quad a_{10} = -10.$$

例2 写出下面数列的一个通项公式,使它的前 n 项分别是下列各数:

（1）$\dfrac{1}{2}, \dfrac{2}{3}, \dfrac{3}{4}, \dfrac{4}{5}, \dfrac{5}{6}, \cdots$；

（2）$\dfrac{2^2-1}{2}, \dfrac{3^2-2}{3}, \dfrac{4^2-3}{4}, \dfrac{5^2-4}{5}, \cdots$；

（3）$1, -4, 9, -16, 25, \cdots$.

解　（1）数列前 5 项的分母是项数加 1,分子都等于项数,所以这个数列的一个通项公式是

$$a_n = \frac{n}{n+1}.$$

（2）数列前 4 项的分母是项数加 1,分子是分母的平方减去项数,所以这个数列的一个通项公式是

$$a_n = \frac{(n+1)^2 - n}{n+1}.$$

（3）数列前 5 项的绝对值分别是项数的平方,且奇数项为正,偶数项为负,所以这个数列的一个通项公式是

$$a_n = (-1)^{n+1} n^2.$$

从前面的例子看到,有的数列的项数有限. 如数列①、④,这样的数列叫做**有穷数列**. 有的数列的项数无限. 如数列②、③,这样的数列叫做**无穷数列**. 如果一个数列从第 2 项起,每一项都比它前一项大,即 $a_{n+1} > a_n$,如数列①、③,这样的数列叫做**递增数列**；如果从第 2 项起,每一项都比它前一项小,即 $a_{n+1} < a_n$,如数列②,这样的数列叫做**递减数列**；如果一个数列的任何一项的绝对值都不超过某一个正数 M,即 $|a_n| \leqslant M$,那么称这个数列为**有界数列**；否则,就称这个数列为**无界数列**. 例如,前面所给出的数列①、②、④都是有界数列,数列③是无界数列.

练习

1. 根据下面数列的通项公式,写出数列的前 4 项和第 7 项：

　　（1）$a_n = \sin \dfrac{n\pi}{3}$；　　　　（2）$a_n = \dfrac{1}{n^3}$；　　　　（3）$a_n = \dfrac{(-1)^{n+1}\sqrt{n}}{n(n+1)}$.

2. 观察下面数列的特点,用适当的数填空,并写出每个数列的通项公式：

　　（1）$10, (\quad\quad), 30, (\quad\quad), 50, (\quad\quad)$；

　　（2）$1, \sqrt{2}, (\quad\quad), 2, \sqrt{5}, (\quad\quad), \sqrt{7}$；

(3) $1, 4, (\quad), 10, 13, (\quad), 19;$

(4) $-\dfrac{1}{2}, \dfrac{3}{4}, (\quad), \dfrac{7}{8}, (\quad);$

(5) $\dfrac{1}{2}, (\quad), \dfrac{9}{2}, 8, \dfrac{25}{2}, (\quad).$

二、递推公式

例3　(**斐波那契数列**)已知数列 $\{a_n\}$ 中，$a_1 = 1$，$a_2 = 1$，$a_n = a_{n-1} + a_{n-2}(n \geqslant 3)$，写出这个数列的前5项.

解
$$a_1 = 1;$$
$$a_2 = 1;$$
$$a_3 = a_2 + a_1 = 1 + 1 = 2;$$
$$a_4 = a_3 + a_2 = 2 + 1 = 3;$$
$$a_5 = a_4 + a_3 = 3 + 2 = 5.$$

如果一个数列 $\{a_n\}$ 从某一项起，它的任何一项 a_n 与它前面若干项之间的关系都可以用一个公式表示，那么这个数列就叫**递推数列**. 用来表示 a_n 与它前面若干项关系的公式叫**递推公式**.

练习
已知数列的递推公式 $a_1 = 2$，$a_n = a_{n-1} - 2 \ (n \geqslant 2)$，写出它的前5项.

§9-1　微课视频

习题 9-1

A　组

1. 观察数列的前几项，写出它的一个通项公式：

(1) $15, 25, 35, 45, \cdots;$

(2) $\dfrac{1}{1 \times 2}, -\dfrac{1}{2 \times 3}, \dfrac{1}{3 \times 4}, -\dfrac{1}{4 \times 5}, \cdots;$

(3) $1, \dfrac{1}{2}, \dfrac{1}{4}, \dfrac{1}{8}, \dfrac{1}{16}, \dfrac{1}{32}, \dfrac{1}{64}, \cdots$;

(4) $9, 99, 999, 9\,999, \cdots$.

2. 设数列 $\{a_n\}$ 的通项公式,写出数列的前 4 项:

(1) $a_n = 5n - 3$;   (2) $a_n = (-1)^{n+1} \dfrac{2n+1}{3n-1}$;   (3) $a_n = \left(-\dfrac{1}{3}\right)^n$.

3. 设数列 $\{a_n\}$ 的通项公式是 $a_n = n(n+2)$:

(1) 求这个数列的第 3 项和第 20 项;

(2) 80、100、120、255 是不是该数列的项. 如果是的话,是第几项?

4. 设数列的递推公式 $a_1 = 1$, $a_{n+1} = a_n + \dfrac{1}{a_n}$ ($n \geqslant 1$),写出它的前 5 项.

B 组

1. 根据下面数列的前几项,写出它的一个通项公式:

(1) $3, 5, 9, 17, 33, \cdots$;

(2) $\dfrac{1}{3}, \dfrac{4}{3}, 3, \dfrac{16}{3}, \dfrac{25}{3}, \cdots$.

2. 设数列 $\{a_n\}$ 满足, $a_{n+2} = a_n + a_{n+1}$,其中 $a_1 = 1$, $a_2 = 1$. 如果 $b_n = \dfrac{a_n}{a_{n+1}}$,写出数列 $\{b_n\}$ 的前 5 项.

§9-2 等差数列

> ⊙等差数列的概念 ⊙等差数列的通项公式、中项公式、前 n 项和公式

一、等差数列的概念

先看下面的数列.

(1) 由正偶数组成的数列:

$$2, 4, 6, 8, 10, \cdots;$$

(2) 在过去的 300 多年里,人们在下列年份看到了哈雷彗星:

$$1682, 1758, 1834, 1910, 1986;$$

（3）某个做匀减速直线运动的物体前5秒的速度分别是

$$60,\ 50,\ 40,\ 30,\ 20.$$

可以看出,这些数列的共同特点是,从第2项起,每一项与它前一项的差都等于同一个常数.

在数列（1）中,这个常数是 $4 - 2 = 6 - 4 = 8 - 6 = 10 - 8 = \cdots = 2$;在数列（2）中,这个常数是 $1758 - 1682 = 1834 - 1758 = 1910 - 1834 = 1986 - 1910 = 76$;在数列（3）中,这个常数是 $50 - 60 = 40 - 50 = 30 - 40 = 20 - 30 = -10$.

> 一般地,如果数列 $\{a_n\}$ 从第2项起,每一项与它前一项的差都等于同一个常数 d,即
>
> $$d = a_2 - a_1 = a_3 - a_2 = a_4 - a_3 = \cdots = a_n - a_{n-1} = \cdots,$$
>
> 那么这个数列就叫做**等差数列**,常数 d 叫做**公差**.

数列（1）、（2）、（3）都是等差数列,公差分别是2、7、-10.

在等差数列中,若公差 $d > 0$,则数列是递增数列;若 $d < 0$,则数列是递减数列;若 $d = 0$,则数列各项都相等,这样的数列也称为常数列,例如数列2,2,2,2,….

二、等差数列的通项公式

1. 通项公式

设 $\{a_n\}$ 是等差数列,公差是 d,由等差数列的定义,可知

$$a_2 = a_1 + d,$$
$$a_3 = a_2 + d = a_1 + 2d,$$
$$\cdots\cdots$$

依次类推,得到

$$a_n = a_1 + (n-1)d. \tag{9-1}$$

这就是**等差数列的通项公式**.

例1 求等差数列20,18,16,14,…的通项公式和第20项.

解 $a_1 = 20,\ d = 18 - 20 = -2$,所以

$$a_n = 20 + (n-1) \times (-2).$$

把 $n = 20$ 代入,得

$$a_{20} = 20 + (20 - 1) \times (-2) = -18.$$

例 2　在等差数列 $\{a_n\}$ 中,设 $a_3 = 3$, $a_{21} = 39$,求 a_{10}.

解　因为 $a_{21} = a_1 + (21 - 1)d = (a_1 + 2d) + (21 - 3)d = a_3 + 18d$,所以 $39 = 3 + 18d$, $d = 2$. 于是

$$a_{10} = a_3 + (10 - 3)d = 3 + 7 \times 2 = 17.$$

例 3　在 8 与 20 之间插入三个数,使它们与这两个数成等差数列,求这三个数.

解　设 $a_1 = 8$, $a_5 = 20$,代入公式(9-1),得

$$20 = 8 + 4d,$$
$$d = 3.$$

所以,所求三个数为 11、14、17.

2. 等差中项

如果 a、A、b 三个数成等差数列,那么 A 叫做 a 和 b 的**等差中项**,例如 2、4、6 三个数成等差数列,4 就是 2 和 6 的等差中项.

由等差数列的定义知,$A - a = b - A$,则

$$A = \frac{a + b}{2}. \tag{9-2}$$

一般地,在一个等差数列中,从第 2 项起,每一项(有穷等差数列的最后一项除外)都是它的前一项与后一项的等差中项.

练习

1. 求下列等差数列的公差、通项公式及第 7 项:
   (1) -5, -1, 3, 7, 11, $\cdots$;
   (2) 13, 10, 7, 4, $\cdots$.

2. 在等差数列 $\{a_n\}$ 中,设 $a_2 = 1$, $a_8 = 19$:
   (1) 求 a_1、d 及 a_5;
   (2) a_2、a_5、a_8 是否成等差数列?
   (3) 47 和 85 是不是这个数列的项? 如果是,是第几项?

3. 求两个数的等差中项:

(1) 12.5 和 15.5;　　　　　　　　　　(2) $\dfrac{8-\sqrt{2}}{2}$ 和 $\dfrac{12+\sqrt{2}}{2}$.

三、等差数列的前 n 项和

设等差数列 $\{a_n\}$ 的前 n 项和为 S_n,即

$$S_n = a_1 + a_2 + \cdots + a_n.$$

根据等差数列的通项公式,上式可以写成

$$S_n = a_1 + (a_1 + d) + \cdots + [a_1 + (n-1)d], \qquad ①$$

再把项的次序反过来,式①还可以写成

$$S_n = a_n + (a_n - d) + \cdots + [a_n - (n-1)d]. \qquad ②$$

把式①、②两边分别相加,得

$$\begin{aligned}2S_n &= (a_1 + a_n) + (a_1 + a_n) + \cdots + (a_1 + a_n) \\ &= n(a_1 + a_n),\end{aligned}$$

所以

$$S_n = \frac{n(a_1 + a_n)}{2}. \qquad (9-3)$$

这就是**等差数列的前 n 项和公式**.

公式(9-3)表明,等差数列的前 n 项和等于首末两项的和与项数乘积的一半. 利用这个公式我们就可以迅速计算出小高斯算出的那道数学题了:

$$S_{100} = \frac{100 \times (81\ 297 + 100\ 899)}{2} = 9\ 109\ 800.$$

把 $a_n = a_1 + (n-1)d$ 代入公式(9-3),即得到等差数列前 n 项和公式的另一种形式

$$S_n = na_1 + \frac{n(n-1)}{2}d. \qquad (9-4)$$

例 4　设 $\{a_n\}$ 为等差数列:

(1) 若 $a_1 = 5$, $a_{10} = 75$,求 S_{10};

（2）若 $a_1 = 100$，$d = -2$，求 S_{30}；

（3）若 $d = 2$，$a_n = 11$，$S_n = 35$，求 a_1 和 n.

解　（1）把 $a_1 = 5$，$n = 10$，$a_{10} = 75$ 代入公式（9-3），得

$$S_{10} = \frac{10 \times (5 + 75)}{2} = 400.$$

（2）把 $a_1 = 100$，$n = 30$，$d = -2$ 代入公式（9-4），得

$$S_{30} = 30 \times 100 + \frac{30 \times (30 - 1)}{2} \times (-2) = 3\,000 - 870 = 2\,130.$$

（3）由题意得

$$\begin{cases} a_1 + 2(n - 1) = 11, \\ \dfrac{n}{2}(a_1 + 11) = 35. \end{cases}$$

解方程组，得 $a_1 = 3$，$n = 5$ 或 $a_1 = -1$，$n = 7$.

例 5　自由落体第 1 秒降落 4.9 米，以后每秒比前一秒多落 9.8 米，求前 10 秒内物体下落的距离.

解　根据题意知，物体在第 1 秒，第 2 秒，…，第 10 秒的下落距离成等差数列，且

$$a_1 = 4.9,\ d = 9.8,\ n = 10,$$

代入公式（9-4），得

$$S_{10} = 10 \times 4.9 + \frac{10 \times (10 - 1)}{2} \times 9.8 = 490.$$

即物体在前 10 秒内下落的距离为 490 米.

练习

设 $\{a_n\}$ 为等差数列：

（1）若 $a_1 = 6$，$a_8 = 84$，求 S_8；

（2）若 $a_1 = 10$，$d = -3$，求 S_{15}；

（3）若 $a_1 = 3$，$d = -0.5$，$S_n = 7.5$，求 n.

§9-2　微课视频

习题 9-2

A 组

1. 在等差数列 $\{a_n\}$ 中，$a_1 = 12$，$d = -3$，求：(1) a_n；(2) a_7；(3) S_{10}.

2. 填空：3 与 11 的等差中项是_____；-5 与 17 的等差中项是_____.

3. 在等差数列 $\{a_n\}$ 中，$a_1 = 1$，$d = 3$，$a_n = 2\,005$，求项数 n.

4. 在 12 与 -8 之间插入四个数，使这六个数成等差数列，求插入的四个数.

5. 在等差数列 $\{a_n\}$ 中，$S_{16} = 112$，求 $a_7 + a_{10}$.

6. 某书店新进一批图书，共 6 000 本，计划第一天销售 135 本，以后每天比前一天多销售 10 本，多少天可以把这批图书卖完？

B 组

1. 一个等差数列的前 12 项之和为 354，前 12 项中偶数项之和与奇数项之和的比为 32：27，求公差.

2. 摄影胶片绕在盘上，空盘时盘芯直径 80 mm，满盘时直径为 160 mm. 已知胶片的厚度是 0.1 mm，求满盘时一盘胶片的长度.

3. 四个数成递增等差数列，中间两数的和为 2，首末两数的积为 -8，求这四个数.

4. 已知三个数成等差数列，其和是 9，积是 15，求这三个数.

§9-3 等比数列

> ⊙等比数列的概念　⊙等比数列的通项公式、中项公式、前 n 项和公式

一、等比数列的概念

观察下面几个数列：

(1) 1，2，4，8，16，…；

(2) $\dfrac{1}{3}$，$-\dfrac{1}{9}$，$\dfrac{1}{27}$，$-\dfrac{1}{81}$，…；

(3) -1，1，-1，1，-1，….

这些数列有一个共同的特点：从第 2 项起，每一项与它的前一项的比都等于同一个常

数. 数列(1)从第 2 项起,每一项与前一项的比都等于 2;数列(2)从第 2 项起,每一项与前一项的比都等于$-\dfrac{1}{3}$;数列(3)从第 2 项起,每一项与前一项的比都等于-1.

> 　　一般地,如果数列$\{a_n\}$从第 2 项起,每一项与它的前一项的比都等于同一个常数 $q\ (q \neq 0)$,那么这个数列就叫做**等比数列**,常数 q 叫做**公比**.

上面的数列(1)、(2)、(3)就分别是公比为 2、$-\dfrac{1}{3}$、-1 的等比数列.

二、等比数列的通项公式

1. 通项公式

设$\{a_n\}$是等比数列,公比是 q,由等比数列的定义,可知

$$a_2 = a_1 q,$$
$$a_3 = a_2 q = a_1 q^2,$$
$$a_4 = a_3 q = a_1 q^3,$$
$$\cdots\cdots$$

依次类推,得

> $$a_n = a_1 q^{n-1}. \qquad\qquad (9-5)$$

这就是**等比数列的通项公式**.

例 1　在等比数列$\{a_n\}$中,设 $a_1 = 3$,$q = -2$,(1)求 a_3;(2)-96 是第几项?

解　(1) $a_3 = a_1 q^2 = 3 \times (-2)^2 = 12$.

(2) 把 $a_1 = 3$,$q = -2$ 代入公式(9-5),得

$$-96 = 3 \times (-2)^{n-1},$$
$$(-2)^{n-1} = -32 = (-2)^5,$$
$$n - 1 = 5,$$
$$n = 6.$$

即-96 是第 6 项.

例 2　设等比数列中的第 2 项与第 3 项分别是 10 与 20,求它的第 1 项与第 4 项.

解　根据已知条件列方程组,得

$$\begin{cases} a_1 q = 10, & ① \\ a_1 q^2 = 20. & ② \end{cases}$$

② ÷ ① 得 $q = 2$，代入①，得

$$a_1 = 5, \quad a_4 = a_1 q^3 = 5 \times 2^3 = 40.$$

例3 在3与48之间插入3个数，使它们和这两个数成等比数列，求此三数.

解 把 $a_1 = 3$, $a_5 = 48$ 代入公式(9－5)，得

$$48 = 3q^4,$$
$$q^4 = 16, \quad q = \pm 2.$$

当 $q = 2$ 时，所求三数为6、12、24；当 $q = -2$ 时，所求三数为 -6、12、-24.

2. 等比中项

如果三个数 a、G、b 成等比数列，那么 G 就叫做 a 与 b 的**等比中项**.

由等比数列的定义，知 $\dfrac{G}{a} = \dfrac{b}{G}$，所以 $G^2 = ab$，则

$$G = \pm \sqrt{ab} \ (ab > 0). \tag{9－6}$$

例如，3和27的等比中项为 $G = \pm \sqrt{3 \times 27} = \pm 9$.

练习

1. 求下列等比数列的公比及通项公式：

(1) -2, 1, $-\dfrac{1}{2}$, $\dfrac{1}{4}$, …；

(2) $\sqrt{2}$, 1, $\dfrac{\sqrt{2}}{2}$, $\dfrac{1}{2}$, ….

2. 在等比数列 $\{a_n\}$ 中，设 $a_2 = 2$, $a_6 = 512$：

(1) 求 a_1、q 及通项公式；

(2) 32和169是不是这个数列的项？

(3) 求 a_4，不用 a_1 和 q 能求出 a_4 吗？

3. (1) 求 $5 - 2\sqrt{6}$ 与 $5 + 2\sqrt{6}$ 的等比中项；

(2) 设 $\sqrt{7}$ 是 x 与49的等比中项，求 x.

三、等比数列的前 n 项和

设等比数列 $\{a_n\}$ 的前 n 项和是 S_n，即

$$S_n = a_1 + a_2 + a_3 + \cdots + a_{n-1} + a_n. \tag{①}$$

根据等比数列的通项公式，式①可写成

$$S_n = a_1 + a_1 q + a_1 q^2 + \cdots + a_1 q^{n-2} + a_1 q^{n-1}. \tag{②}$$

再把式②两边同乘以 q，得

$$qS_n = a_1 q + a_1 q^2 + a_1 q^3 + \cdots + a_1 q^{n-1} + a_1 q^n. \tag{③}$$

②-③，得

$$(1 - q)S_n = a_1(1 - q^n),$$

当公比 $q \neq 1$ 时，得

$$S_n = \frac{a_1(1 - q^n)}{1 - q}. \tag{9-7}$$

这就是**等比数列的前 n 项和公式**.

显然，当公比 $q = 1$ 时，$S_n = na_1$.

又因为 $a_1 q^n = (a_1 q^{n-1})q = a_n q$，所以上面的公式还可以写成

$$S_n = \frac{a_1 - a_n q}{1 - q}. \tag{9-8}$$

例 4　（棋盘上的麦粒问题）一次，古印度舍罕王为奖赏宰相达依尔，决定让宰相自己要求得到什么赏赐. 宰相并没有要求任何金银财宝，只是指着面前的棋盘说："陛下，就请您赏给我一些麦子吧，它们只要摆满棋盘上全部六十四格就行了：第一个格里放 1 颗，第二个格里放 2 颗，第三个格里放 4 颗，……，以后每一个格里都是前一个格里的 2 倍. 只要把这些麦粒都赏给你的仆人就行了. "国王爽快地答应了，并吩咐人照办. 国王能办到吗？

解　根据宰相的要求，他想要的麦粒数为

$$S = 1 + 2 + 2^2 + 2^3 + \cdots + 2^{63}.$$

把 $a_1 = 1$，$n = 64$，$q = 2$ 代入公式(9-7)，得

$$S_{64} = \frac{1 \times (1 - 2^{64})}{1 - 2} = 2^{64} - 1 \approx 1.84 \times 10^{19}（粒小麦）.$$

别小看这个数字,它相当于全世界两千年小麦产量的总和,可以把地球全部表面积(包括海洋在内)铺上 2 米厚的小麦层,国王当然办不到!

例 5 在等比数列 $\{a_n\}$ 中,设 $a_1 = 2$,$S_3 = 26$,求 q 和 a_3.

解 由公式(9-5)和(9-7)得

$$\begin{cases} a_3 = a_1 q^2 = 2q^2, & ① \\ S_3 = \dfrac{2(1 - q^3)}{1 - q} = 26, & ② \end{cases}$$

由②化简得 $q^2 + q - 12 = 0$,解得 $q = -4$ 或 $q = 3$.

把 $q = -4$ 代入 ①,得 $a_3 = 32$;

把 $q = 3$ 代入 ①,得 $a_3 = 18$.

例 6 某家庭打算在 2023 年的年底花 15 万元购买一辆轿车,为此,计划从 2018 年年底开始,每年存入一笔购车专用款,使这笔款子到 2023 年年底连本带息达到 15 万元. 如果每年的存入数额相同,利息依年利率 5% 并按复利计算,问每年应存入多少元?

解 设每年存入 x 元,那么到 2023 年底(共 5 年)的本息和为

$$x(1 + 5\%) + x(1 + 5\%)^2 + \cdots + x(1 + 5\%)^5.$$

使它恰好等于 15 万元,得方程

$$x(1.05 + 1.05^2 + \cdots + 1.05^5) = 150\,000.$$

解方程,得

$$x \approx 25\,854(元).$$

练习

1. 在等比数列 $\{a_n\}$ 中:

(1) 设 $a_1 = 2$,$q = 3$,求 S_5;

(2) 设 $a_1 = 8$,$q = \dfrac{1}{2}$,$a_n = \dfrac{1}{2}$,求 S_n;

(3) 设 $a_1 = -27$,$q = -\dfrac{1}{3}$,$S_n = -20$,求 n.

2. 某化工厂计划其产品在今后的 5 年中,每年产量比前一年增长 20%,如果第一年计划产量是 8 万吨,求 5 年内的总产量(精确到 1 万吨).

§9-3 微课视频

习题 9-3

A 组

1. 在等比数列 $\{a_n\}$ 中：

   (1) 设 $a_2 = 18$，$a_4 = 8$，求 a_1 与 q；

   (2) 设 $a_5 = 4$，$a_7 = 16$，求 a_6；

   (3) 设 $a_1 = 1$，$S_3 = 7$，求 q 和 a_3.

2. 求下列各题中两数的等比中项：

   (1) 2 与 18；　　　　　　　　(2) $(a+b)^2$ 与 $(a-b)^2$，其中 $a > b$.

3. 某种细菌在培养过程中，每半小时分裂一次，一个分裂成两个，6 小时后这种细菌可由一个分裂成多少个？

4. 某单位去年植树 100 棵，计划在今后 5 年内每年比上一年植树量增长 10%，求这 5 年一共可以植树多少棵？

5. 在 1 与 81 之间插入三个数，使它们和这两个数成等比数列，求此三数.

B 组

1. 有四个正数，前三个数成等差数列，其和为 48，后三个数成等比数列，且最后一个数为 25，求前三个数.

2. 设 $\{a_n\}$、$\{b_n\}$ 是项数相同的等比数列，证明：$\{a_n \cdot b_n\}$ 也是等比数列.

3. 设成等比数列的三个数之和为 14，其积为 64，求这三个数.

4. 在等比数列 $\{a_n\}$ 中，证明：

   (1) $a_{n+1}^2 = a_n a_{n+2}$；　　　　　(2) 若 $m + n = p + q$，则 $a_m a_n = a_p a_q$.

§9-4 数列的极限

> ⊙数列极限的概念　⊙数列极限的运算法则　⊙无穷递缩等比数列的和

一、数列的极限

1. 数列极限的概念

考察下面三个无穷数列.

(1) $\dfrac{1}{2}$,$\dfrac{1}{2^2}$,$\dfrac{1}{2^3}$,$\dfrac{1}{2^4}$,$\cdots$,$\dfrac{1}{2^n}$,$\cdots$;

(2) 0.9,0.99,0.999,0.9 999,$\cdots$,$1-\dfrac{1}{10^n}$,$\cdots$;

(3) 0,1,0,1,$\cdots$,$\dfrac{1+(-1)^n}{2}$,$\cdots$;

(4) 3,6,9,12,$\cdots$,$3n$,$\cdots$.

观察以上四个数列的变化趋势,容易看出,当项数 n 无限增大(记作 $n\rightarrow\infty$,读作 n 趋向于无穷大)时,数列(1)中的项无限接近于 0,数列(2)中的项无限接近于 1,这两个数列当项数 n 无限增大时,都能无限接近于某一个确定的常数. 而数列(3)中的项在 0 与 1 之间来回跳动,不能无限接近于某一个确定的常数. 数列(4)中的项无限增大,也不能无限接近于某一确定的常数.

> 一般地,设 $\{a_n\}$ 为无穷数列,如果当 n 无限增大时,a_n 的值无限接近于一个常数 A,那么就说 A 是**数列 $\{a_n\}$ 的极限**,或 n 趋于无穷大时,数列 $\{a_n\}$ 的极限为 A,记作
>
> $$\lim_{n\rightarrow\infty} a_n = A,\text{或当 } n\rightarrow\infty \text{ 时},a_n\rightarrow A.$$

上面的数列(1)、(2)都有极限,也称存在极限,可分别记作 $\lim\limits_{n\rightarrow\infty}\dfrac{1}{2^n}=0$,$\lim\limits_{n\rightarrow\infty}\left(1-\dfrac{1}{10^n}\right)=1$;而数列(3)、(4)没有极限,也称极限不存在.

例 1 观察下面数列的变化趋势,写出它们的极限:

(1) $a_n=\dfrac{1}{\sqrt{n}}$;(2) $a_n=3+\dfrac{1}{n}$;(3) $a_n=\left(-\dfrac{1}{3}\right)^n$;(4) $a_n=1.5$.

解 列表观察当 $n\rightarrow\infty$ 时,这 4 个数列的变化趋势.

n	1	2	3	4	5	$\cdots$	$\rightarrow\infty$
$a_n=\dfrac{1}{\sqrt{n}}$	$\dfrac{1}{\sqrt{1}}$	$\dfrac{1}{\sqrt{2}}$	$\dfrac{1}{\sqrt{3}}$	$\dfrac{1}{\sqrt{4}}$	$\dfrac{1}{\sqrt{5}}$	$\cdots$	$\rightarrow 0$
$a_n=3+\dfrac{1}{n}$	$3+\dfrac{1}{1}$	$3+\dfrac{1}{2}$	$3+\dfrac{1}{3}$	$3+\dfrac{1}{4}$	$3+\dfrac{1}{5}$	$\cdots$	$\rightarrow 3$
$a_n=\left(-\dfrac{1}{3}\right)^n$	$-\dfrac{1}{3}$	$\dfrac{1}{9}$	$-\dfrac{1}{27}$	$\dfrac{1}{81}$	$-\dfrac{1}{243}$	$\cdots$	$\rightarrow 0$
$a_n=1.5$	1.5	1.5	1.5	1.5	1.5	$\cdots$	$\rightarrow 1.5$

由表中各数列的变化趋势可知:

$$\lim_{n \to \infty} \frac{1}{\sqrt{n}} = 0; \ \lim_{n \to \infty} \left(3 + \frac{1}{n}\right) = 3; \ \lim_{n \to \infty} \left(-\frac{1}{3}\right)^n = 0; \ \lim_{n \to \infty} 1.5 = 1.5.$$

下面几种数列极限常用到：

（1）$\lim\limits_{n \to \infty} q^n = 0$（$q$ 为常数，且 $|q| < 1$）；

（2）$\lim\limits_{n \to \infty} \dfrac{1}{n^\alpha} = 0$（$\alpha$ 为正常数）；

（3）$\lim\limits_{n \to \infty} C = C$（$C$ 为常数）.

2. 数列极限的运算法则

设 $\{a_n\}$、$\{b_n\}$ 是两个无穷数列，如果 $\lim\limits_{n \to \infty} a_n = A$，$\lim\limits_{n \to \infty} b_n = B$，那么

（1）**和、差法则**　　　$\lim\limits_{n \to \infty} (a_n \pm b_n) = \lim\limits_{n \to \infty} a_n \pm \lim\limits_{n \to \infty} b_n = A \pm B$；

（2）**积法则**　　　　　$\lim\limits_{n \to \infty} (a_n \cdot b_n) = \lim\limits_{n \to \infty} a_n \cdot \lim\limits_{n \to \infty} b_n = A \cdot B$；

特别地，　　　　　　　$\lim\limits_{n \to \infty} C a_n = C \lim\limits_{n \to \infty} a_n = CA$，$C$ 为常数；

（3）**乘方法则**　　　　$\lim\limits_{n \to \infty} a_n^m = \left(\lim\limits_{n \to \infty} a_n\right)^m = A^m$，$m \in \mathbf{N}_+$；

（4）**商法则**　　　　　$\lim\limits_{n \to \infty} \dfrac{a_n}{b_n} = \dfrac{\lim\limits_{n \to \infty} a_n}{\lim\limits_{n \to \infty} b_n} = \dfrac{A}{B}$（$B \neq 0$）.

法则（1）、（2）可以推广到有限多个数列的和与积的情形.

例2　设 $\lim\limits_{n \to \infty} a_n = -1$，$\lim\limits_{n \to \infty} b_n = 3$ 求：

（1）$\lim\limits_{n \to \infty} (2a_n + 3b_n)$；　　　　　　　　　（2）$\lim\limits_{n \to \infty} \dfrac{a_n - 2b_n}{3a_n + 1}$.

解　（1）$\lim\limits_{n \to \infty} (2a_n + 3b_n) = 2 \lim\limits_{n \to \infty} a_n + 3 \lim\limits_{n \to \infty} b_n = 2 \times (-1) + 3 \times 3 = 7.$

（2）$\lim\limits_{n \to \infty} \dfrac{a_n - 2b_n}{3a_n + 1} = \dfrac{\lim\limits_{n \to \infty} a_n - 2 \lim\limits_{n \to \infty} b_n}{3 \lim\limits_{n \to \infty} a_n + \lim\limits_{n \to \infty} 1} = \dfrac{(-1) - 2 \times 3}{3 \times (-1) + 1} = \dfrac{7}{2}.$

例3　求下列极限：

（1）$\lim\limits_{n \to \infty} \left(5 + \dfrac{1}{\sqrt{n}}\right)$；　　　　　　　　　（2）$\lim\limits_{n \to \infty} \dfrac{3n - 1}{2n + 3}$；

（3）$\lim\limits_{n \to \infty} \dfrac{2n^2 - 3n + 5}{n^2 - 1}$；　　　　　　　（4）$\lim\limits_{n \to \infty} \dfrac{1 + 2 + 3 + \cdots + n}{n^2}$.

解 （1）$\lim\limits_{n\to\infty}\left(5+\dfrac{1}{\sqrt{n}}\right)=\lim\limits_{n\to\infty}5+\lim\limits_{n\to\infty}\dfrac{1}{\sqrt{n}}=5+0=5.$

（2）当 n 无限增大时，分式 $\dfrac{3n-1}{2n+3}$ 中的分子，分母都无限增大、没有极限，前面的极限运算法则不能直接运用. 我们可以将分子、分母同除以 n 后再考察极限.

$$\lim\limits_{n\to\infty}\frac{3n-1}{2n+3}=\lim\limits_{n\to\infty}\frac{3-\dfrac{1}{n}}{2+\dfrac{3}{n}}=\frac{\lim\limits_{n\to\infty}\left(3-\dfrac{1}{n}\right)}{\lim\limits_{n\to\infty}\left(2+\dfrac{3}{n}\right)}=\frac{\lim\limits_{n\to\infty}3-\lim\limits_{n\to\infty}\dfrac{1}{n}}{\lim\limits_{n\to\infty}2+\lim\limits_{n\to\infty}\dfrac{3}{n}}=\frac{3}{2}.$$

（3）将分子、分母同除以 n^2 后再求极限.

$$\lim\limits_{n\to\infty}\frac{2n^2-3n+5}{n^2-1}=\lim\limits_{n\to\infty}\frac{2-\dfrac{3}{n}+\dfrac{5}{n^2}}{1-\dfrac{1}{n^2}}=\frac{\lim\limits_{n\to\infty}2-\lim\limits_{n\to\infty}\dfrac{3}{n}+\lim\limits_{n\to\infty}\dfrac{5}{n^2}}{\lim\limits_{n\to\infty}1-\lim\limits_{n\to\infty}\dfrac{1}{n^2}}=\frac{2-0+0}{1-0}=2.$$

（4）因为 $1+2+3+\cdots+n=\dfrac{n(n+1)}{2}$，所以

$$\lim\limits_{n\to\infty}\frac{1+2+3+\cdots+n}{n^2}=\lim\limits_{n\to\infty}\frac{\dfrac{n(n+1)}{2}}{n^2}=\lim\limits_{n\to\infty}\frac{n^2+n}{2n^2}$$

$$=\lim\limits_{n\to\infty}\frac{1+\dfrac{1}{n}}{2}=\frac{1+0}{2}=\frac{1}{2}.$$

解练习题
微课视频

练习

1. 设 $\lim\limits_{n\to\infty}a_n=4,\ \lim\limits_{n\to\infty}b_n=-2$，求：

（1）$\lim\limits_{n\to\infty}(2a_n-b_n+1)$；

（2）$\lim\limits_{n\to\infty}\left[(a_n)^2+2b_n\right]$；

（3）$\lim\limits_{n\to\infty}\dfrac{a_n+b_n}{a_n-b_n}.$

2. 求下列极限：

（1）$\lim\limits_{n\to\infty}(-1)^n\dfrac{7}{2^n}$；

（2）$\lim\limits_{n\to\infty}\left(4+\dfrac{1}{n^2}\right)$；

（3）$\lim\limits_{n\to\infty}\dfrac{n^2-n+5}{2n^2+2n-1}$；

（4）$\lim\limits_{n\to\infty}\dfrac{2+4+6+\cdots+2n}{n^2}.$

二、无穷递缩等比数列的和

例 4 求无穷数列 $\dfrac{1}{2}$，$\dfrac{1}{4}$，$\dfrac{1}{8}$，$\cdots$，$\dfrac{1}{2^n}$，$\cdots$ 前 n 项和当 $n \to \infty$ 时的极限.

解 $q = \dfrac{1}{2}$，由公式 $(9-7)$，得

$$S_n = \frac{\dfrac{1}{2}\left[1 - \left(\dfrac{1}{2}\right)^n\right]}{1 - \dfrac{1}{2}} = 1 - \frac{1}{2^n},$$

于是

$$\lim_{n \to \infty} S_n = \lim_{n \to \infty}\left(1 - \frac{1}{2^n}\right) = 1 - \lim_{n \to \infty}\frac{1}{2^n} = 1.$$

图 9-1

上述结果可以用图 9-1 表示，图中大正方形边长为 1，各小矩形与小正方形面积的和等于大正方形的面积.

例 4 中的无穷数列是一个公比的绝对值小于 1 的等比数列.

> 一般地，当公比 q 满足 $|q| < 1$ 时，等比数列
>
> $$a_1,\ a_1 q,\ a_1 q^2,\ \cdots,\ a_1 q^{n-1},\ \cdots$$
>
> 称为**无穷递缩等比数列**.

无穷递缩等比数列的前 n 项和 S_n 的极限为

$$\lim_{n \to \infty} S_n = \lim_{n \to \infty}\frac{a_1(1 - q^n)}{1 - q} = \frac{a_1}{1 - q}\lim_{n \to \infty}(1 - q^n) = \frac{a_1}{1 - q}\left(1 - \lim_{n \to \infty} q^n\right).$$

因为当 $|q| < 1$ 时，$\lim\limits_{n \to \infty} q^n = 0$，所以

$$\lim_{n \to \infty} S_n = \frac{a_1}{1 - q}\left(1 - \lim_{n \to \infty} q^n\right) = \frac{a_1}{1 - q}.$$

这个极限叫做**无穷递缩等比数列的和**，记作 S，即

$$S = \frac{a_1}{1 - q} \quad (|q| < 1). \tag{9-9}$$

例 5 求数列 $\dfrac{1}{3}$，$-\dfrac{1}{9}$，$\dfrac{1}{27}$，$-\dfrac{1}{81}$，$\cdots$，$(-1)^{n+1}\dfrac{1}{3^n}$，$\cdots$ 的和.

解　因为 $a_1 = \dfrac{1}{3}$，$q = -\dfrac{1}{3}$，$|q| = \dfrac{1}{3} < 1$，所以这是一个无穷递缩等比数列,由公式 (9-9)得,它的和

$$S = \frac{\dfrac{1}{3}}{1 - \left(-\dfrac{1}{3}\right)} = \frac{1}{4}.$$

例6　把循环小数 $1.2\dot{4}\dot{5}$ 化成分数.

解　$1.2\dot{4}\dot{5} = 1.245\,454\,5\cdots = 1.2 + 0.045 + 0.000\,45 + \cdots$

$$= \frac{6}{5} + \frac{45}{1\,000} + \frac{45}{100\,000} + \cdots$$

$$= \frac{6}{5} + \frac{\dfrac{45}{1\,000}}{1 - \dfrac{1}{100}} = \frac{137}{110}.$$

练习

1. 求下列无穷递缩等比数列的和:

(1) $3, 1, \dfrac{1}{3}, \dfrac{1}{9}, \dfrac{1}{27}, \cdots$；

(2) $-1, \dfrac{1}{2}, -\dfrac{1}{4}, \dfrac{1}{8}, -\dfrac{1}{16}, \cdots$.

2. 将下列循环小数化成分数:

(1) $0.\dot{3}$；　(2) $1.2\dot{7}$；　(3) $0.3\dot{2}\dot{1}$.

三、符号 $\sum$

在数学中常会遇到许多项求和的问题,如:

$$1+2+3+\cdots+20, \tag{①}$$

$$1^2+2^2+3^2+\cdots+n^2+\cdots. \tag{②}$$

为了书写简洁和运算方便,对于存在通项公式的数列之和,通常用希腊字母" $\sum$ "(读作:西

格玛)来表示进行加法运算.

对于有限项相加,记作 $\sum\limits_{i=m}^{n} a_i$,其中 a_i 表示通项,i 称为下标,$\sum\limits_{i=m}^{n} a_i$ 表示从项数 m 开始,按从小到大的顺序相加,一直加到项数为 n 的那一项的各项之和. 例如,上面式 ① 可表示为 $\sum\limits_{i=1}^{20} i.$

对于无限项相加,记作 $\sum\limits_{i=m}^{\infty} a_i$,表示从项数 m 取起的无限项之和. 例如,上面式 ② 可表示为 $\sum\limits_{i=1}^{\infty} i^2.$

例 7 将下列各式写成 $\sum$ 和式:

(1) $1 + 3 + 5 + 7 + 9 + \cdots + (2n - 1) + \cdots$;

(2) $\dfrac{2}{3} + \dfrac{3}{4} + \dfrac{4}{5} + \dfrac{5}{6} + \dfrac{6}{7} + \cdots + \dfrac{n + 1}{n + 2} + \cdots$.

解 (1) $1 + 3 + 5 + 7 + 9 + \cdots + (2n - 1) + \cdots = \sum\limits_{n=1}^{\infty} (2n - 1).$

(2) $\dfrac{2}{3} + \dfrac{3}{4} + \dfrac{4}{5} + \dfrac{5}{6} + \dfrac{6}{7} + \cdots + \dfrac{n + 1}{n + 2} + \cdots = \sum\limits_{n=1}^{\infty} \dfrac{n + 1}{n + 2}.$

下面介绍几个常用的公式.

(1) $\sum\limits_{i=1}^{n} i = 1 + 2 + 3 + \cdots + n = \dfrac{n(n + 1)}{2}$;

(2) $\sum\limits_{i=1}^{n} i^2 = 1^2 + 2^2 + 3^2 + \cdots + n^2 = \dfrac{n(n + 1)(2n + 1)}{6}.$

$\sum$ 和式具有以下性质:

(1) $\sum\limits_{i=m}^{n} Cf(i) = C \sum\limits_{i=m}^{n} f(i)$ (C 为常数);

(2) $\sum\limits_{i=m}^{n} [f(i) + g(i)] = \sum\limits_{i=m}^{n} f(i) + \sum\limits_{i=m}^{n} g(i).$

例 8 求 $\sum\limits_{n=1}^{10} (n^2 + 3n).$

解 $\sum\limits_{n=1}^{10} (n^2 + 3n) = \sum\limits_{n=1}^{10} n^2 + 3 \sum\limits_{n=1}^{10} n = \dfrac{10 \times 11 \times 21}{6} + 3 \times \dfrac{10 \times 11}{2} = 550.$

练习

1. 将下列各式写成 $\sum$ 和式:

(1) $2 + 4 + 6 + 8 + 10 + \cdots$;

(2) $\dfrac{1}{2} + \dfrac{3}{4} + \dfrac{5}{6} + \dfrac{7}{8} + \dfrac{9}{10}$.

2. 将下列 $\sum$ 和式展开:

(1) $\displaystyle\sum_{n=1}^{\infty} \dfrac{1}{n(n+1)}$;

(2) $\displaystyle\sum_{n=1}^{5} (2n^2 - n)$.

§9-4 微课视频

习题 9-4

A 组

1. 求下列极限:

(1) $\displaystyle\lim_{n\to\infty}\left(\dfrac{2}{3}\right)^n$;

(2) $\displaystyle\lim_{n\to\infty}\left(4 + \dfrac{3}{n} - \dfrac{7}{n^2}\right)$;

(3) $\displaystyle\lim_{n\to\infty}\dfrac{2n+3}{3n-5}$;

(4) $\displaystyle\lim_{n\to\infty}\dfrac{5n^2 - n + 1}{3n^2 + 2n - 6}$;

(5) $\displaystyle\lim_{n\to\infty}\dfrac{4n+3}{n^2 - 2n + 5}$;

(6) $\displaystyle\lim_{n\to\infty}\left[1 + \left(-\dfrac{5}{6}\right)^{n-1}\right]$.

2. 求下列无穷递缩等比数列的和:

(1) $\dfrac{8}{9}, \dfrac{2}{3}, \dfrac{1}{2}, \dfrac{3}{8}, \cdots$;

(2) $1, -\dfrac{2}{3}, \dfrac{4}{9}, -\dfrac{8}{27}, \cdots$.

3. 如图所示,等边三角形 ABC 的面积等于 S,连接这个三角形各边的中点得到一个小三角形,又连接这个小三角形各边的中点得到一个更小的三角形,如此无限继续下去,求所有这些三角形的面积之和.

(第 3 题图)

B 组

1. 求下列极限:

(1) $\displaystyle\lim_{n\to\infty}\dfrac{1 + \dfrac{1}{2} + \dfrac{1}{4} + \cdots + \dfrac{1}{2^{n-1}}}{1 + \dfrac{1}{3} + \dfrac{1}{9} + \cdots + \dfrac{1}{3^{n-1}}}$;

(2) $\displaystyle\lim_{n\to\infty}\dfrac{1 + 3 + 5 + \cdots + (2n-1)}{2 + 4 + 6 + \cdots + 2n}$;

(3) $\lim\limits_{n\to\infty}\left(\dfrac{1+2+\cdots+n}{n+3}-\dfrac{n}{2}\right)$.

2. 求 $\sqrt{2}\cdot\sqrt[4]{2}\cdot\sqrt[8]{2}\cdot\cdots\cdot\sqrt[2^n]{2}\cdots$ 的值.

📖 阅读

数列在经济生活中的应用

随着经济的不断发展,在日常生活中,我们经常会碰到储蓄、贷款、分期付款等事情. 在这些问题的计算中,往往要用到数列知识,下面就来介绍数列在这些方面的应用.

一、数列与储蓄存款

基本公式:

$$利息 = 本金 \times 存期 \times 利率;$$

$$利息税 = 利息 \times 税率.$$

例1 某人每月第一天都往银行存入 500 元,月利率按单利(单利指本金到期后的利息不再加入本金计算利息)0.15% 计算,问存满 12 个月后,他一共可以取出多少钱?

解 第 1 个月存入的 500 元,计息 12 个月,到期后的本利和 $a_1 = 500 + 500 \times 0.15\% \times 12 = 509(元)$;第 2 个月存入的 500 元,计息 11 个月,到期后本利和 $a_2 = 500 + 500 \times 0.15\% \times 11 = 508.25(元)$;第 3 个月存入的 500 元,计息 10 个月,到期后本利和 $a_3 = 500 + 500 \times 0.15\% \times 10 = 507.5(元)$;……,第 12 个月存入的 500 元,计息 1 个月,到期后本利和 $a_{12} = 500 + 500 \times 0.15\% \times 1 = 500.75(元)$. 那么 a_1,a_2,a_3,…,a_{12} 构成了一个公差 $d = -0.75$ 的等差数列,所以,存满 12 个月以后,他一共可以取出的钱为

$$S_{12} = \frac{12 \times (509 + 500.75)}{2} = 6\,058.5(元).$$

例2 某人 2018 年 1 月 1 日往银行存入 1 万元,假如银行按复利(复利指本金到期后的利息算入下月的本金,再一起计算利息)0.15% 计算月利率,问存满 12 个月后,他一共可以取出多少钱?

解 由题意,每月末的本利和依次为

$a_1 = 1 \times (1 + 0.15\%)$;

$a_2 = 1 \times (1 + 0.15\%) \times (1 + 0.15\%) = 1 \times (1 + 0.15\%)^2$;

$a_3 = 1 \times (1 + 0.15\%)^2 \times (1 + 0.15\%) = 1 \times (1 + 0.15\%)^3$;

……

这是一个 $a_1 = 1.0015$, $q = 1.0015$, $n = 12$ 的等比数列,那么,存满 12 个月以后,他一共可以取出的钱为

$$a_{12} = 1.0015 \times 1.0015^{12-1} = 1.0015^{12} \approx 1.0181(万元).$$

二、数列与分期付款

1. 分期付款的相关知识

(1) 分期付款就是可以不一次性将款付清就使用商品(或贷款),还款时可以分期将款逐步还清. 一般规定每次付款额相同,每期付款的时间间隔相同;

(2) 分期付款中,每月利息按复利计算(即上月的利息要计入下月的本金);

(3) 分期付款规定,各期所付的款之和,等于商品售价及从购买之日起到最后一次付款时的利息之和.

2. 应用举例

例 3 某大学生准备以分期付款的方式购买 1 台售价为 1 万元的电脑,在 1 年内分 12 次将款全部还清,每月还一次,每次还款数目相同. 假设商家提供贷款的月利率为 0.1%,那么他每月应还款多少元?(精确到 0.1 元)

解 设此人每月应还款 x 元,y_i 为购物后的第 i 个月还款后还欠商家的钱数($i = 0, 1, 2, \cdots, 12$). 则

$$y_0 = 10\,000,$$

$$y_1 = 10\,000(1 + 0.001) - x,$$

$$y_2 = [10\,000(1 + 0.001) - x](1 + 0.001) - x$$
$$= 10\,000(1 + 0.001)^2 - x[1 + (1 + 0.001)],$$

$$y_3 = 10\,000(1 + 0.001)^3 - x[1 + (1 + 0.001) + (1 + 0.001)^2],$$

$$\cdots\cdots$$

$$y_n = 10\,000(1 + 0.001)^n - x[1 + (1 + 0.001) + \cdots + (1 + 0.001)^{n-1}].$$

当 $n = 12$ 时,还清贷款,所以

$$y_{12} = 0,$$

即

$$10\,000(1 + 0.001)^{12} - x[1 + (1 + 0.001) + \cdots + (1 + 0.001)^{12-1}] = 0,$$

$$x \cdot \frac{1 - (1 + 0.001)^{12}}{1 - (1 + 0.001)} = 10\,000(1 + 0.001)^{12},$$

解得

$$x = 838.8.$$

即此人每月应向商家还款 838.8 元.

复习题九

A 组

1. 填空题:

(1) 已知数列 $\{a_n\}$ 的通项公式是 $a_n = \dfrac{2n+3}{n+1}$,则它的第 5 项 $a_5 = $ _____,前三项的和 $S_3 = $ _____.

(2) 已知等差数列 $\{a_n\}$ 中, $d = 2$, $n = 15$, $a_n = -10$,则 $a_1 = $ _____, $S_n = $ _____.

(3) 正整数数列中前 n 个奇数的和是_____,前 n 个偶数的和是_____.

(4) 已知 b 是 a 与 c 的等比中项,且 $abc = 27$,则 $b = $ _____.

(5) 已知 3, $\sqrt{a}$, b, $\sqrt{c}$, 48 成等比数列,则 $b = $ _____.

(6) 已知等比数列 $\{a_n\}$ 中, $a_1 = 2$, $q = 3$,则 $a_5 = $ _____, $S_5 = $ _____.

2. 选择题:

(1) 已知公差不为零的等差数列的第 1、2、5 项成等比数列,那么公比等于( ).

    (A) 1   (B) 2   (C) 3   (D) 4

(2) 已知数列 $\sqrt{3}$, $\sqrt{7}$, $\sqrt{11}$, $\sqrt{15}$, $\cdots$,则 $5\sqrt{3}$ 是它的第( )项.

    (A) 18   (B) 19   (C) 17   (D) 20

(3) 已知 $\{a_n\}$ 是等比数列,且 $a_n > 0$,那么 $\{\sqrt{a_n}\}$ 是( ).

    (A) 等差数列   (B) 等比数列

    (C) 既是等差数列又是等比数列   (D) 既不是等差数列又不是等比数列

3. 求下列极限:

(1) $\displaystyle\lim_{n\to\infty}\left(3 - \dfrac{1}{n} + \dfrac{5}{n^2}\right)$;

(2) $\displaystyle\lim_{n\to\infty}\dfrac{4n^3 - n + 3}{10n^3 + 3n - 7}$;

(3) $\displaystyle\lim_{n\to\infty}\dfrac{7n + 5}{3n^2 - 6n + 9}$;

(4) $\displaystyle\lim_{n\to\infty}\left[3 + \left(-\dfrac{2}{5}\right)^{n-1}\right]$.

4. 某人给希望小学捐款,第一年捐献 1 000 元,以后每年比前一年多捐献 200 元,那么 5 年他一共捐献了多少元?

5. 某种手机自投放市场以来,经过三次降价,单价由原来的 1 000 元降到 729 元,如果每次降价的百分率相同,求这个百分率.

B 组

1. 有 4 个数,前 3 个数成等比数列,它们的积是 216,后 3 个数成等差数列,它们的和是

12, 求这 4 个数.

2. 求 $\lim\limits_{n\to\infty}\left(\dfrac{1}{n^2+1}+\dfrac{2}{n^2+1}+\dfrac{3}{n^2+1}+\cdots+\dfrac{2n}{n^2+1}\right)$.

3. 在等差数列 $\{a_n\}$ 中, 已知 $S_n=48$, $S_{2n}=60$, 求 S_{3n}.

4. 在等比数列 $\{a_n\}$ 中, 已知 a_1 和 a_{10} 是方程 $3x^2+2x-6=0$ 的两根, 求 a_4a_7.

第10章 函数的极限与连续

> 当一个人怀着爱心和热情去从事数学活动时,他就能体会到其中所蕴含的深刻的美感.
>
> ——米盖尔·古斯曼(西班牙数学家)

微积分是科学史上的重大发明,是人类智慧最伟大的成就之一,它在物理学、天文学、工程技术、经济学、管理科学、社会科学、生物科学等众多领域都展示了强大威力.从本章开始我们将进入微积分内容的学习.微积分研究的基本对象是函数,函数和极限是微积分的基础,连续性是微积分中的一个基本概念.

朴素的极限和微积分思想出现很早.例如,早在公元前4世纪,我国就有"一尺之棰,日取其半,万世不竭"的说法.这就是说,一尺长的木棒,每天取走一半,永远也取不完;公元3世纪,著名数学家,魏晋时期的刘徽,创立了"割圆术",用圆内接多边形的面积去逼近圆面积,计算圆周率;他还用无限分割的方法研究锥体体积;还有南北朝时期杰出的数学家祖冲之父子在对体积的研究中,都有着极限和微积分概念的萌芽.微积分学的创立是在17世纪的后几十年间,由英国的牛顿和德国的莱布尼茨在许多数学家工作的基础上完成的.

本章将在原有函数知识的基础上,介绍初等函数的概念;学习函数的极限和连续性等基础知识.

§10-1 初等函数

⊙单值函数　⊙多值函数　⊙基本初等函数　⊙复合函数　⊙初等函数

一、基本初等函数

1. 函数概念

首先回顾一下在本书上册中给出的函数定义:

"设 x、y 是两个变量,它们的取值均为实数,x 取值的集合是非空集 D.如果按照某个对应规则 f,对于 D 中的每一个 x 的值,都有唯一确定的 y 值和它对应,那么就称 y 是定义在 D 上的 x 的函数,简称 y 是 x 的函数,记作 $y=f(x)$,称 x 是自变量,y 是因变量,D 为函数的定义域.与 x 值对应的 y 值叫做函数值,函数值的集合 M 叫做函数的值域".

这样定义的函数也叫做**单值函数**,定义要求"对于 D 中的每一个 x 的值,都有唯一确定的 y 值和它对应". 如果把这句话中的"唯一"二字去掉,并修改为"对于 D 中的每一个 x 的值,都有确定的 y 值和它对应,并且至少有一个 x 值与多个 y 值相对应",这样定义的函数叫做**多值函数**.

例如,方程 $y^2 = x$,对于 $[0, +\infty)$ 上的每一个 x 值,y 都有确定的值和它对应,并且对于任意一个大于零的 x,都有两个 y 值:$y_1 = \sqrt{x}$ 和 $y_2 = -\sqrt{x}$ 与 x 对应. 因此这个方程确定了一个以 x 为自变量,y 为因变量的多值函数.

本书对多值函数不作其他讨论,以后在说到函数时,若无特别声明,都理解为单值函数.

2. 基本初等函数

常值函数、幂函数、指数函数、对数函数、三角函数以及反三角函数,统称为**基本初等函数**. 为方便查阅,我们将常用的基本初等函数以及它们的图像、特性列成了表,排在本册书目录的前面.

二、初等函数

1. 复合函数

设函数 $y = f(u) = 3\sin u$,$u = \varphi(x) = 2x + \dfrac{\pi}{4}$,则函数 $y = f[\varphi(x)] = 3\sin\left(2x + \dfrac{\pi}{4}\right)$,称这个函数是由函数 $y = 3\sin u$ 和 $u = 2x + \dfrac{\pi}{4}$ "复合"而成的.

> 一般地,设 y 是 u 的函数,$y = f(u)$,u 又是 x 的函数,$u = \varphi(x)$,那么称以 x 为自变量的函数
>
> $$y = f[\varphi(x)]$$
>
> 为由 $y = f(u)$ 和 $u = \varphi(x)$ 复合而成的**复合函数**,简称复合函数,称 u 为**中间变量**.

类似地,可以说明由三个或更多函数复合而成的复合函数.

需要说明一下,并不是任何两个函数都能够复合成为一个复合函数的. 例如,$y = \ln u$,$u \in (0, +\infty)$ 和 $u = -x^2$,$x \in \mathbf{R}$ 分别是 u 和 x 的函数,将 $u = -x^2$ 代入 $y = \ln u$,得到 $y = \ln(-x^2)$,这就不是以 x 为自变量的函数,因为对任意的 x 值,都没有 y 值与它对应. 所以 $y = \ln u$,$u = -x^2$ 不能复合成为 x 的复合函数.

一般地,当 $y = f(u)$ 的定义域与 $u = \varphi(x)$ 的值域的交集非空时,$y = f(u)$ 与 $u = \varphi(x)$ 才能复合成为 x 的复合函数.

例 1 已知函数 $y = \ln u$,$u = \sqrt{v}$,$v = x^2 - 1$,把 y 表示成 x 的复合函数.

解　把 $v = x^2 - 1$ 代入 $u = \sqrt{v}$ 中，得 $u = \sqrt{x^2 - 1}$，再把 $u = \sqrt{x^2 - 1}$ 代入 $y = \ln u$ 中，即得 x 的复合函数

$$y = \ln \sqrt{x^2 - 1}.$$

有时需要把几个函数复合成为一个函数，有时又需要分清楚一个复合函数是由哪些简单函数复合而成的. 这里说的简单函数是指基本初等函数以及由它们的和、差、积、商所形成的函数.

例 2　说出下列复合函数是由怎样的简单函数复合而成的：

（1）$y = \cos^2 x$；　　　　（2）$y = e^{\cos x^2}$；　　　　（3）$y = \arctan \sqrt{\dfrac{1 - x}{1 + x^2}}$.

解　（1）函数 $y = \cos^2 x$ 可以看成是由简单函数 $y = u^2$ 和 $u = \cos x$ 复合而成的.

（2）函数 $y = e^{\cos x^2}$ 可以看成是由简单函数 $y = e^u$，$u = \cos v$ 和 $v = x^2$ 复合而成的.

（3）函数 $y = \arctan \sqrt{\dfrac{1 - x}{1 + x^2}}$ 可以看成是由简单函数 $y = \arctan u$，$u = \sqrt{v}$ 和 $v = \dfrac{1 - x}{1 + x^2}$ 复合而成的.

2. 初等函数

在科学技术中用得最多的函数就是初等函数.

> 由基本初等函数经过有限次四则运算以及有限次复合步骤所构成，并能用一个数学式子表示的函数，称为**初等函数**.

如上面例 1、例 2 中的各个函数，多项式函数、有理分式函数等等，都是初等函数.

练习

1. 把 y 表示成 x 的复合函数：

（1）$y = u^3$，$u = \dfrac{1}{x + 1}$；　　　　　　（2）$y = \sqrt{u}$，$u = \sin v$，$v = 2x$.

2. 说出下列复合函数是由哪些简单函数复合而成的：

（1）$y = \sin^2 x$；　　　　（2）$y = \sin x^2$；　　　　（3）$y = \sqrt{\ln(x^2 + 1)}$.

§10-1　微课视频

习题 10－1

A 组

1. 把 y 表示成 x 的函数：

(1) $y = \dfrac{1}{\sqrt{u}}$, $u = x - 1$；

(2) $y = \dfrac{1}{1 + u}$, $u = \cos x$；

(3) $y = u^2$, $u = \ln v$, $v = 1 + \sin x$；

(4) $y = 2^u$, $u = \arctan v$, $v = 2x$.

2. 说出下列函数是由哪些简单函数复合而成的：

(1) $y = \cos\sqrt{x}$；

(2) $y = \sqrt[3]{3x^2 + 1}$；

(3) $y = e^{\sin 3x}$；

(4) $y = \ln \sin \dfrac{x}{2}$；

(5) $y = \sin(\ln \cos x)$；

(6) $y = \arctan e^{\sqrt{x}}$.

3. 如图所示,把直径 d 为 0.5 米的圆木锯成长、宽分别为 x 米和 y 米的方木：

(1) 把 y 表示成 x 的函数,并写出函数的定义域；

(2) 说出这个函数是由哪些简单函数复合而成的.

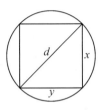

第 3 题图

4. 用肥皂水吹泡泡,假设在 t 秒时球形泡泡的半径为 $\sqrt{t}$(cm),试把泡泡的体积 V 表示成 t 的函数.

B 组

设函数 $f(x) = 1 - \dfrac{1}{x^2}$, $\varphi(x) = \sqrt{1 + \sin x}$. 求：

(1) 函数 $f[\varphi(x)]$ 以及函数值 $f[\varphi(0)]$ 和 $f\left[\varphi\left(\dfrac{\pi}{2}\right)\right]$；

(2) 函数 $f[f(x)]$ 和函数值 $f[f(2)]$.

§10－2 函数的极限

⊙ $x \to +\infty$ 、$x \to -\infty$ 、$x \to \infty$ 时,$f(x)$ 的极限 ⊙水平渐近线 ⊙ $x \to a$ 时,$f(x)$ 的极限 ⊙左、右极限 ⊙ $\lim\limits_{x \to a} f(x) = L$ 的充要条件 ⊙极限的四则运算、乘方、开方法则 ⊙两个重要极限

第9章中讨论了数列的极限,在本节中将讨论一般的函数极限.

一、$x \to \infty$ 时 $f(x)$ 的极限

x 无限增大,记作 $x \to +\infty$,x 无限减小,记作 $x \to -\infty$,这两个记号分别读作"x 趋向于正无穷大"和"x 趋向于负无穷大";不论正负,x 的绝对值无限增大,记作 $x \to \infty$,读作"x 趋向于无穷大".

1. $x \to \infty$ 时,$f(x)$ 的极限

引例【航天中的第二宇宙速度问题】 2020 年 7 月 23 日 12 时 41 分,我国成功发射火星探测器"天问一号",2021 年 5 月 15 日 7 时 18 分,"祝融号"火星车成功着陆于火星"乌托邦平原",在国际上首次实现:一次发射完成"绕、落、巡"三大任务,迈出了我国星际探测

我国"祝融号"火星车

征程的重要一步,实现了从地月系到行星际的跨越,使我国成为第二个成功着陆火星的国家,是我国航天事业发展的又一具有里程碑意义的进展。

根据物理学中能量守恒定律,要实现探测器脱离地球引力、飞向火星,就要使它获得充分大的初速度. 这个速度是多少呢? 下面我们来探究一下吧.

根据物理学原理,当探测器所要达到的最大高度为 h 时,发射探测器所需要的初速度为

$$v = f(h) = \sqrt{\frac{2gRh}{h+R}}, \quad h \in (0, +\infty), \qquad ①$$

其中 g、R 都是常数,g 是重力加速度,约为 $9.8 \ \text{m/s}^2$,R 是地球半径,约为 $6.4 \times 10^6 \ \text{m}$. 将式①改写成

$$v = \sqrt{\frac{2gR}{1 + \dfrac{R}{h}}}. \qquad ②$$

现在来考察当 $h \to +\infty$ 时函数 $v = f(h)$ 的变化趋势. 按式②计算(见表)并画出函数 $v = f(h)$ 的图像(如图 10-1 所示).

$h(\text{m})$	10^8	10^{10}	10^{12}	$\cdots$	$\to +\infty$
$v(\text{m/s})$	$\sqrt{\dfrac{2gR}{1.064}}$	$\sqrt{\dfrac{2gR}{1.000\,64}}$	$\sqrt{\dfrac{2gR}{1.000\,006\,4}}$	$\cdots$	$\to \sqrt{2gR}$

从计算出的 v 值可以看出,当 h 增大时,根号下的分子是常数 $2gR$,分母的值越来越小但总大于 1,v 的值越来越接近于 $\sqrt{2gR}$,当 h 无限增大时,根号下的分母无限接近于 1,从而 v

的值无限接近于常数 $\sqrt{2gR}$，从图 10-1 也可以看出这一趋势. 我们把常数 $\sqrt{2gR}$ 叫做函数 $v=f(h)$ 当 $h\to+\infty$ 时的极限，记作

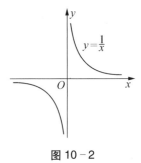

$$\lim_{h\to+\infty} f(h) = \lim_{h\to+\infty} \sqrt{\frac{2gRh}{h+R}} = \sqrt{2gR} \approx 11\,200(\text{m/s}).$$

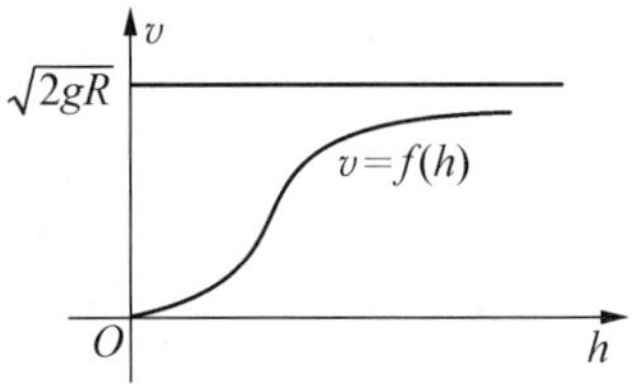

图 10-1

这个值就是要把探测器发射到距地球无穷远处，即脱离地心引力所需要的初速度，称为第二宇宙速度.

> **定义 1** 设函数 $y=f(x)$，如果当 $x\to+\infty$ 时，$f(x)$ 无限接近于一个常数 L，那么就说当 x 趋向于正无穷大时，**函数 $f(x)$ 的极限**是 L，记作
> $$\lim_{x\to+\infty} f(x) = L \text{ 或当 } x\to+\infty \text{ 时}, f(x)\to L.$$

类似地，如果当 $x\to-\infty$ 时，$f(x)$ 无限接近于一个常数 L，那么就说当 x 趋向于负无穷大时，函数 $f(x)$ 的极限是 L，记作

$$\lim_{x\to-\infty} f(x) = L \text{ 或当 } x\to-\infty \text{ 时}, f(x)\to L.$$

例 1 利用函数图像分别考察当 $x\to+\infty$ 和 $x\to-\infty$ 时函数 $y=\dfrac{1}{x}$ 的极限.

解 从图 10-2 可以看出

图 10-2

$$\lim_{x\to+\infty} \frac{1}{x} = 0, \quad \lim_{x\to-\infty} \frac{1}{x} = 0.$$

即当 $x\to+\infty$ 和 $x\to-\infty$ 时，函数 $y=\dfrac{1}{x}$ 都有极限，并且极限都是 0. 这时我们就说当 x 趋向于无穷大时，函数 $y=\dfrac{1}{x}$ 的极限是 0，记作

$$\lim_{x\to\infty} \frac{1}{x} = 0.$$

> **定义 2** 设函数 $y=f(x)$，如果 $\lim\limits_{x\to+\infty} f(x) = L$，且 $\lim\limits_{x\to-\infty} f(x) = L$，那么就说当 x 趋向于无穷大时，**函数 $f(x)$ 的极限**是 L，记作
> $$\lim_{x\to\infty} f(x) = L \text{ 或当 } x\to\infty \text{ 时}, f(x)\to L.$$

由此可知:

$$\lim_{x \to \infty} f(x) = L \text{ 的充要条件是} \lim_{x \to +\infty} f(x) = L \text{ 且} \lim_{x \to -\infty} f(x) = L.$$

根据定义可知,对常值函数 $f(x) = C$ $(x \in \mathbf{R})$,总有 $\lim\limits_{x \to \infty} C = C$.

例 2　考察 $\lim\limits_{x \to \infty} \arctan x$.

解　从函数 $y = \arctan x$ 的图像(图 10-3)可以看出

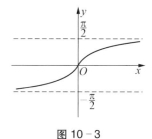

$$\lim_{x \to +\infty} \arctan x = \frac{\pi}{2}, \quad \lim_{x \to -\infty} \arctan x = -\frac{\pi}{2}.$$

这两个极限都存在,但不相等,所以 $\lim\limits_{x \to \infty} \arctan x$ 不存在.

图 10-3

2. 水平渐近线

从图像上看,$\lim\limits_{x \to +\infty} \arctan x = \frac{\pi}{2}$ 表明,当 $x \to +\infty$ 时曲线 $y = \arctan x$ 上的点无限接近于水平直线 $y = \frac{\pi}{2}$;$\lim\limits_{x \to -\infty} \arctan x = -\frac{\pi}{2}$ 表明,当 $x \to -\infty$ 时曲线 $y = \arctan x$ 上的点无限接近于水平直线 $y = -\frac{\pi}{2}$. 直线 $y = \frac{\pi}{2}$ 和 $y = -\frac{\pi}{2}$ 都叫做曲线 $y = \arctan x$ 的水平渐近线.

定义 3　设函数 $y = f(x)$,如果

$$\lim_{x \to +\infty} f(x) = L \text{ 或} \lim_{x \to -\infty} f(x) = L,$$

那么就称直线 $y = L$ 为曲线 $y = f(x)$ 的**水平渐近线**.

由本节例 1 的结果和定义 3 可知,直线 $y = 0$(即 x 轴)是曲线 $y = \frac{1}{x}$ 的水平渐近线(见图 10-2).

例 3　考察 $\lim\limits_{x \to \infty} \mathrm{e}^x$,并回答曲线 $y = \mathrm{e}^x$ 是否有水平渐近线.

解　从函数 $y = \mathrm{e}^x$ 的图像(图 10-4)可以看出,当 $x \to -\infty$ 时,$y = \mathrm{e}^x \to 0$,当 $x \to +\infty$ 时,$y = \mathrm{e}^x \to +\infty$,即

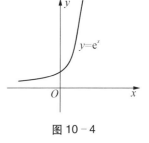

$$\lim_{x \to -\infty} \mathrm{e}^x = 0, \quad \lim_{x \to +\infty} \mathrm{e}^x \text{ 不存在},$$

图 10-4

所以 $\lim\limits_{x \to \infty} \mathrm{e}^x$ 不存在,曲线有一条水平渐近线 $y = 0$.

练习

1. 看图填空回答问题:

(1) $\lim\limits_{x\to-\infty}f(x)=$ _____ , $\lim\limits_{x\to+\infty}f(x)=$ _____ , $\lim\limits_{x\to\infty}f(x)$ 是否存在: _____ ;

曲线有无水平渐近线? 如果有,请写出来.

(2) $\lim\limits_{x\to-\infty}g(x)=$ _____ , $\lim\limits_{x\to+\infty}g(x)=$ _____ , $\lim\limits_{x\to\infty}g(x)$ 是否存在: _____ ;

曲线有无水平渐近线? 如果有,请写出来.

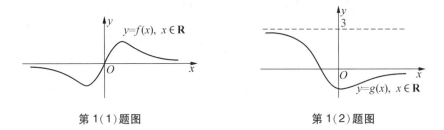

第1(1)题图   第1(2)题图

2. 考察 $\lim\limits_{x\to+\infty}f(x)$、$\lim\limits_{x\to-\infty}f(x)$ 和 $\lim\limits_{x\to\infty}f(x)$,并回答曲线 $y=f(x)$ 是否有水平渐近线,如果有,请写出来:

(1) $f(x)=2^{x}$;   (2) $f(x)=\left(\dfrac{1}{2}\right)^{x}$.

二、$x\to a$ 时 $f(x)$ 的极限

1. 瞬时速度

伽利略的自由落体定律告诉我们,在真空中从静止开始自由下落的物体,在下落的前 t 秒钟下落的距离为

$$s(t)=\frac{1}{2}gt^{2} \quad (g\text{ 是重力加速度}).\qquad\qquad ①$$

高水平的跳伞爱好者从 400 m 高的楼顶作低空跳伞表演,并在跳下后约 5 秒钟才打开降落伞. 忽略空气阻力等因素,试考察跳伞者在下落(记开始下落时刻为 $t=0$)后的第 4 秒末这一时刻下落的速度.

在打开降落伞之前,跳伞者下落的速度是不断改变的,不是匀速,因此,不能用匀速运动中的速度公式

$$v=\frac{s}{t}=\frac{\text{经过路程}}{\text{所用时间}}\qquad\qquad ②$$

来计算. 我们注意到,虽然下落速度是随时间而改变的,但时间间隔越短,速度的变化就越小. 取很小的时间区间 $[4,t]$($t>4$;当然也可以取 $[t,4]$,$t<4$),t 越接近 4,在 $[4,t]$ 内速

度的变化就越小,因此,在很小的时间段 $[4, t]$ 内,可以把下落近似看成匀速的. 这样,就可以用在 $[4, t]$ 内下落的平均速度,记作 $\bar{v}(t)$,来近似代替第 4 秒末这一时刻的下落速度.

下面计算 $\bar{v}(t)$. 由上面的公式①,在时间段 $[4, t]$ 内下落的距离为

$$\Delta s = s(t) - s(4) = \frac{1}{2}gt^2 - \frac{1}{2}g \times 4^2 = \frac{g}{2}(t^2 - 16),$$

所用时间为 $\Delta t = t - 4$,由平均速度公式②,并取 $g = 9.8 \text{ m/s}^2$,得

$$\bar{v}(t) = \frac{\Delta s}{\Delta t} = \frac{4.9(t^2 - 16)}{t - 4}. \qquad ③$$

取 t 的一系列越来越接近 4 的值计算,见下表,其中 t 的单位为 s,$\bar{v}(t)$ 的单位为 m/s.

t	4. 01	4. 000 1	4. 000 001	4. 000 000 01	$\cdots$	$\to 4$
$\bar{v}(t)$	39. 249	39. 200 49	39. 200 004 9	39. 200 000 049	$\cdots$	$\to 39. 2$

t 的值越接近 4,$\bar{v}(t)$ 的值作为第 4 秒末这一时刻速度的近似值,其近似程度越高,越能客观反映这一时刻速度的状况. 从表中可以看出,当 t 的值无限接近于 4 时,$\bar{v}(t)$ 的值无限接近于 39. 2,我们称常数 39. 2 是函数 $\bar{v}(t)$ 当 t 趋向于 4 时的极限,记作 $\lim\limits_{t \to 4}\bar{v}(t)$,即

$$\lim\limits_{t \to 4}\bar{v}(t) = \lim\limits_{t \to 4}\frac{\Delta s}{\Delta t} = \lim\limits_{t \to 4}\frac{4.9(t^2 - 16)}{t - 4} = 39. 2(\text{m/s}).$$

就把这个极限值定义为在第 4 秒末下落的速度,即这一时刻的**瞬时速度**.

科学技术中的许多概念都需要用极限来说明,许多问题的解决要用到函数极限这一工具.

2. $x \to a$ 时,$f(x)$ 的极限

设 a 是一个定值,x 从 a 的两侧以任何方式无限接近于 a,但始终不等于 a,用 "$x \to a$" 表示,读作 "x 趋向于 a".

> **定义 4** 设函数 $y = f(x)$ 在点 a 附近有定义(在点 a 可以没有定义),如果当 $x \to a$ 时,$f(x)$ 无限接近于一个常数 L,那么就说当 x 趋向于 a 时,**函数 $f(x)$ 的极限**是 L,记作
>
> $$\lim\limits_{x \to a}f(x) = L \text{ 或当 } x \to a \text{ 时},f(x) \to L.$$

说明两点:

(1) 定义 4 中说明 $f(x)$ 在点 a 可以没有定义,也就是说 a 可以不是 $f(x)$ 定义域内的点. 例如上面的式③,$\bar{v}(t)$ 在 $t = 4$ 就无定义,但却有极限.

(2) 当函数(包括数列)有极限时,极限是唯一的.

如图 10 - 5 所示,当 $x \to a$ 时 $f(x)$ 的极限是 L,从图像上看,就是当 x 不论从 a 的左侧还

是右侧无限接近于 a 时,曲线 $y = f(x)$ 上的点都无限接近于点 (a, L). 点 (a, L) 可以是函数图像上的点(如图 10-5(a)所示),也可以不是函数图像上的点(如图 10-5(b)、(c)所示).

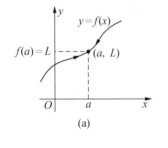 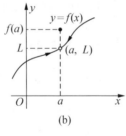 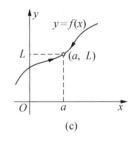

图 10-5

例 4 考察函数 $f(x) = \dfrac{x^2 - 1}{x - 1}$ 当 $x \to 1$ 时的极限.

解 因为当 $x \neq 1$ 时,$\dfrac{x^2 - 1}{x - 1} = x + 1$,所以函数 $y = \dfrac{x^2 - 1}{x - 1}$ 的图像就是函数 $y = x + 1 \ (x \neq 1)$ 的图像,如图 10-6 所示. 从图中可以看出,不论 x 从 1 的哪一侧趋向于 1,都有 $f(x) \to 2$,即

$$\lim_{x \to 1} \frac{x^2 - 1}{x - 1} = 2.$$

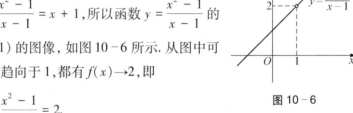

图 10-6

容易得出下面的常用极限:

$$\lim_{x \to a} C = C \ (C \text{ 为常数}); \ \lim_{x \to a} x = a \ (a \text{ 为定值}).$$

练习

1. 利用函数图像考察下列极限:

(1) $\lim\limits_{x \to 2}(3x - 1)$; 　(2) $\lim\limits_{x \to 0}(x^2 + 1)$; 　(3) $\lim\limits_{x \to 0}\sin x$; 　(4) $\lim\limits_{x \to 0}\cos x$.

2. 设函数 $f(x) = \dfrac{x - 1}{x^2 - 1}$,取 $x = 1.01,\ 1.000\ 1,\ 1.000\ 001,\ \cdots;\ 0.99,\ 0.999\ 9,$ $0.999\ 999, \cdots$,使用计算器计算 $f(x)$ 的值,推测 $\lim\limits_{x \to 1} f(x)$.

3. 左、右极限

x 仅从 a 的左侧,即小于 a 的一侧无限接近于 a 时,记作 $x \to a^-$;x 仅从 a 的右侧,即大于 a 的一侧无限接近于 a 时,记作 $x \to a^+$.

定义 5　设函数 $y = f(x)$，如果当 $x \to a^-$ 时，$f(x)$ 无限接近于一个常数 L，那么就说当 x 趋向于 a 时，函数 $f(x)$ 的**左极限**是 L，记作

$$\lim_{x \to a^-} f(x) = L，\text{或} f(a^-) = L;$$

如果当 $x \to a^+$ 时，$f(x)$ 无限接近于一个常数 L，那么就说当 x 趋向于 a 时，函数 $f(x)$ 的**右极限**是 L，记作

$$\lim_{x \to a^+} f(x) = L，\text{或} f(a^+) = L.$$

由定义 4 和定义 5 就得到极限存在的一个充分必要条件：$\lim\limits_{x \to a} f(x) = L$ **的充要条件**是 $f(a^-) = f(a^+) = L.$

例 5　设函数 $f(x) = \begin{cases} x - 1, & x \leqslant 2, \\ x - 3, & x > 2. \end{cases}$

（1）考察当 $x \to 2$ 时，$f(x)$ 的左、右极限；

（2）$\lim\limits_{x \to 2} f(x)$ 是否存在？

解　如图 10-7 所示.

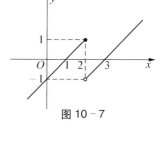

图 10-7

（1）当 $x < 2$ 时，$f(x) = x - 1$，所以

$$\lim_{x \to 2^-} f(x) = \lim_{x \to 2^-} (x - 1) = 1;$$

又当 $x > 2$ 时，$f(x) = x - 3$，所以

$$\lim_{x \to 2^+} f(x) = \lim_{x \to 2^+} (x - 3) = -1.$$

（2）左、右极限 $f(2^-)$ 和 $f(2^+)$ 都存在，但不相等，根据上面的充要条件，可知 $\lim\limits_{x \to 2} f(x)$ 不存在，即 $x \to 2$ 时 $f(x)$ 没有极限.

练习

1. 函数 $y = f(x)$ 的图像如图所示，填空：

（1）$f(0) =$ _____，$\lim\limits_{x \to 0^-} f(x) =$ _____，

$\lim\limits_{x \to 0^+} f(x) =$ _____；$f(2) =$ _____，

$\lim\limits_{x \to 2^-} f(x) =$ _____，$\lim\limits_{x \to 2^+} f(x) =$ _____；

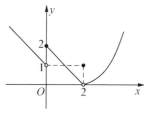

第 1 题图

（2）分别回答$\lim\limits_{x\to 0}f(x)$和$\lim\limits_{x\to 2}f(x)$是否存在,如果存在,写出其值.

2. 画出函数$y=f(x)$的图像,考察在指定点$x=a$处的左、右极限以及$\lim\limits_{x\to a}f(x)$是否存在,如果存在,请写出来:

（1）$f(x)=\begin{cases}1, & x<0, \\ x+1, & x\geqslant 0,\end{cases}$ $a=0$和$a=1$;

（2）$f(x)=\begin{cases}1-x, & x<1, \\ -1, & x=1, \\ x-3, & x>1,\end{cases}$ $a=1$和$a=3$.

三、极限运算法则

如果$\lim\limits_{x\to a}f(x)=L$, $\lim\limits_{x\to a}g(x)=M$,那么下列法则成立:

（1）**和、差法则**

$$\lim\limits_{x\to a}[f(x)\pm g(x)]=\lim\limits_{x\to a}f(x)\pm\lim\limits_{x\to a}g(x)=L\pm M;$$

（2）**乘积法测**

$$\lim\limits_{x\to a}[f(x)\cdot g(x)]=\lim\limits_{x\to a}f(x)\cdot\lim\limits_{x\to a}g(x)=L\cdot M;$$

特别地, $\quad\lim\limits_{x\to a}[Cf(x)]=C\lim\limits_{x\to a}f(x)=CL$, C为常数;

（3）**商法则**

$$\lim\limits_{x\to a}\frac{f(x)}{g(x)}=\frac{\lim\limits_{x\to a}f(x)}{\lim\limits_{x\to a}g(x)}=\frac{L}{M}, \ M\neq 0;$$

（4）**乘方法则**

$$\lim\limits_{x\to a}[f(x)]^n=\left[\lim\limits_{x\to a}f(x)\right]^n=L^n, \ n\in\mathbf{N}_+;$$

（5）**开方法则**

$$\lim\limits_{x\to a}\sqrt[n]{f(x)}=\sqrt[n]{\lim\limits_{x\to a}f(x)}=\sqrt[n]{L}, \ n\in\mathbf{N}_+,\text{当}n\text{为偶数时}L>0;$$

特别地, $\quad\lim\limits_{x\to a}\sqrt[n]{x}=\sqrt[n]{a}, \ n\in\mathbf{N}_+,\text{当}n\text{为偶数时}a>0.$

上面的法则（1）和（2）对有限多个函数的情形都适用. 另外,上述法则对于自变量趋向于无穷大的情形以及数列极限都成立.

例 6 已知 $\lim\limits_{x \to 0} \sin x = 0$, $\lim\limits_{x \to 0} \cos x = 1$, $\lim\limits_{x \to 0} e^x = 1$, 求:

(1) $\lim\limits_{x \to 0} (3\sin x - 4\cos x + 2e^x)$;　　　　　(2) $\lim\limits_{x \to 0} (5e^x \cos x + 3)$.

解 (1) $\lim\limits_{x \to 0} (3\sin x - 4\cos x + 2e^x) = \lim\limits_{x \to 0} (3\sin x) - \lim\limits_{x \to 0} (4\cos x) + \lim\limits_{x \to 0} (2e^x)$

$$= 3\lim\limits_{x \to 0} \sin x - 4\lim\limits_{x \to 0} \cos x + 2\lim\limits_{x \to 0} e^x$$

$$= 3 \times 0 - 4 \times 1 + 2 \times 1 = -2.$$

(2) $\lim\limits_{x \to 0} (5e^x \cos x + 3) = 5\lim\limits_{x \to 0} (e^x \cos x) + \lim\limits_{x \to 0} 3$

$$= 5\lim\limits_{x \to 0} e^x \cdot \lim\limits_{x \to 0} \cos x + 3 = 5 \times 1 \times 1 + 3 = 8.$$

例 7 设多项式 $f(x) = 3x^2 - 2x + 6$, 有理分式函数 $R(x) = \dfrac{2x^3 + 5x - 1}{3x^2 + 2}$, 求 $\lim\limits_{x \to a} f(x)$ 和 $\lim\limits_{x \to a} R(x)$.

解 $\lim\limits_{x \to a} f(x) = \lim\limits_{x \to a} (3x^2 - 2x + 6) = \lim\limits_{x \to a} (3x^2) - \lim\limits_{x \to a} (2x) + \lim\limits_{x \to a} 6$

$$= 3\lim\limits_{x \to a} x^2 - 2\lim\limits_{x \to a} x + 6 = 3a^2 - 2a + 6 = f(a).$$

$\lim\limits_{x \to a} R(x) = \lim\limits_{x \to a} \dfrac{2x^3 + 5x - 1}{3x^2 + 2} = \dfrac{\lim\limits_{x \to a} (2x^3 + 5x - 1)}{\lim\limits_{x \to a} (3x^2 + 2)}$

$$= \dfrac{2\lim\limits_{x \to a} x^3 + 5\lim\limits_{x \to a} x - \lim\limits_{x \to a} 1}{3\lim\limits_{x \to a} x^2 + \lim\limits_{x \to a} 2} = \dfrac{2a^3 + 5a - 1}{3a^2 + 2} = R(a).$$

一般地, 关于多项式和有理分式函数当 $x \to a$ 时的极限, 有以下结论:

(1) 设 $f(x)$ 为多项式, 则 $\lim\limits_{x \to a} f(x) = f(a)$;

(2) 设 $R(x) = \dfrac{P(x)}{Q(x)}$ 为有理分式函数, 且 $Q(a) \neq 0$, 则 $\lim\limits_{x \to a} R(x) = \dfrac{P(a)}{Q(a)}$.

例 8 求 $\lim\limits_{x \to -1} \dfrac{5x^2 + 3x}{x^2 - 2x + 3}$.

解 根据上面的结论, 得

$$\lim\limits_{x \to -1} \dfrac{5x^2 + 3x}{x^2 - 2x + 3} = \dfrac{5 \times (-1)^2 + 3 \times (-1)}{(-1)^2 - 2 \times (-1) + 3} = \dfrac{5 - 3}{1 + 2 + 3} = \dfrac{1}{3}.$$

例 9 求 $\lim\limits_{x \to 2} \sqrt{x^3 - 3x + 7}$.

解　$\lim\limits_{x \to 2} \sqrt{x^3 - 3x + 7} = \sqrt{\lim\limits_{x \to 2}(x^3 - 3x + 7)} = \sqrt{2^3 - 3 \times 2 + 7} = 3.$

例 10　求 $\lim\limits_{x \to 3} \dfrac{x^2 - 4x + 3}{x^2 - 2x - 3}.$

解　当 $x = 3$ 时, 分母为 0, 因此上面的结论不能用. 考察分子发现, $x = 3$ 时, 分子也为 0, 这表明分子、分母有公因式 $x - 3$. $x \to 3$ 的意义是 x 无限接近于 3, 但总不等于 3, 因此 $x - 3 \neq 0$. 这样就可以先约去这个使分子、分母同时为 0 的因式后再考察, 即

$$\lim\limits_{x \to 3} \frac{x^2 - 4x + 3}{x^2 - 2x - 3} = \lim\limits_{x \to 3} \frac{(x-3)(x-1)}{(x-3)(x+1)} = \lim\limits_{x \to 3} \frac{x-1}{x+1} = \frac{1}{2}.$$

练习

1. 设 $\lim\limits_{x \to a} f(x) = 3$, $\lim\limits_{x \to a} g(x) = -2$, 求:

(1) $\lim\limits_{x \to a}[5f(x) + 3g(x) - 2]$;　　(2) $\lim\limits_{x \to a}[f(x)]^2 g(x)$;　　(3) $\lim\limits_{x \to a} \dfrac{3f(x)}{5g(x)}$.

2. 求下列极限:

(1) $\lim\limits_{x \to -2} \dfrac{x^2 + 3x}{x^3 - 2}$;　　(2) $\lim\limits_{x \to 2} \sqrt[3]{3x^2 - 4}$;　　(3) $\lim\limits_{x \to -1} \dfrac{x^2 - 1}{x + 1}$.

四、两个重要极限

1. $\lim\limits_{x \to 0} \dfrac{\sin x}{x}$

由于分母 $x \to 0$, 所以不能使用极限运算的商法则来求这个极限. 下面计算一些函数值进行考察, 见下表:

x	± 0.5	± 0.1	± 0.01	± 0.005	± 0.001	$\cdots$
$\dfrac{\sin x}{x}$	0.958 851 08	0.998 334 17	0.999 983 33	0.999 995 83	0.999 999 83	$\cdots$

从计算考察可以看出, 当 $x \to 0$ 时, $\dfrac{\sin x}{x} \to 1$, 即

$$\lim\limits_{x \to 0} \frac{\sin x}{x} = 1.$$

函数 $y = \dfrac{\sin x}{x}$ 的图像，如图 10-8 所示.

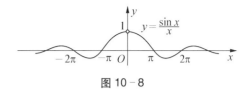

图 10-8

例 11　求 $\lim\limits_{x \to 0} \dfrac{\tan x}{x}$.

解
$$\lim_{x \to 0} \frac{\tan x}{x} = \lim_{x \to 0} \frac{\sin x}{x} \cdot \frac{1}{\cos x}$$
$$= \lim_{x \to 0} \frac{\sin x}{x} \cdot \lim_{x \to 0} \frac{1}{\cos x} = 1 \times 1 = 1.$$

例 12　求 $\lim\limits_{x \to 0} \dfrac{\sin 3x}{x}$.

解
$$\lim_{x \to 0} \frac{\sin 3x}{x} = \lim_{x \to 0} 3 \cdot \frac{\sin 3x}{3x} = 3 \lim_{x \to 0} \frac{\sin 3x}{3x}.$$

令 $t = 3x$ 作变量替换，则 $x \to 0$ 时，$t \to 0$，于是
$$3 \lim_{x \to 0} \frac{\sin 3x}{3x} = 3 \lim_{t \to 0} \frac{\sin t}{t} = 3 \times 1 = 3,$$

即
$$\lim_{x \to 0} \frac{\sin 3x}{x} = 3.$$

使用变量替换求极限时，替换过程有时可以省略.

例 13　求 $\lim\limits_{x \to 0} \dfrac{1 - \cos x}{x^2}$.

解
$$\lim_{x \to 0} \frac{1 - \cos x}{x^2} = \lim_{x \to 0} \frac{2\sin^2 \dfrac{x}{2}}{x^2} = \frac{1}{2} \lim_{x \to 0} \left(\frac{\sin \dfrac{x}{2}}{\dfrac{x}{2}} \right)^2 = \frac{1}{2} \times 1^2 = \frac{1}{2}.$$

这个例子中就省略了作替换 $t = \dfrac{x}{2}$ 的过程.

练习

求下列极限：

(1) $\lim\limits_{x \to 0} \dfrac{\sin 5x}{3x}$;

(2) $\lim\limits_{x \to 0} \dfrac{\sin 2x}{\sin 3x}$.

2. $\lim\limits_{x\to\infty}\left(1+\dfrac{1}{x}\right)^x$

这个极限的值就是作为自然对数底的那个著名无理数,即

$$\lim_{x\to\infty}\left(1+\frac{1}{x}\right)^x=\mathrm{e},$$

其中　$\mathrm{e}=2.718\,281\,828\,459\,045\cdots$.

$x\to\infty$ 时,$\left(1+\dfrac{1}{x}\right)^x$ 的变化趋势见下表:

x	10	1 000	1 000 000	10 000 000 000	$\cdots$
$\left(1+\dfrac{1}{x}\right)^x$	2. 593 742 460	2. 716 923 932	2. 718 280 469	2. 718 281 828	$\cdots$
x	-10	$-1\,000$	$-1\,000\,000$	$-10\,000\,000\,000$	$\cdots$
$\left(1+\dfrac{1}{x}\right)^x$	2. 867 971 991	2. 719 642 216	2. 718 283 188	2. 718 281 829	$\cdots$

令 $t=\dfrac{1}{x}$,则当 $x\to\infty$ 时,$t\to0$,所以

$$\lim_{x\to\infty}\left(1+\frac{1}{x}\right)^x=\lim_{t\to0}(1+t)^{\frac{1}{t}}.$$

这就得到第二个重要极限的另一种常用形式:

$$\lim_{t\to0}(1+t)^{\frac{1}{t}}=\mathrm{e}.$$

例 14　求 $\lim\limits_{x\to\infty}\left(1+\dfrac{2}{x}\right)^x$.

解　$\lim\limits_{x\to\infty}\left(1+\dfrac{2}{x}\right)^x=\lim\limits_{x\to\infty}\left[\left(1+\dfrac{2}{x}\right)^{\frac{x}{2}}\right]^2=\left[\lim\limits_{x\to\infty}\left(1+\dfrac{2}{x}\right)^{\frac{x}{2}}\right]^2=\mathrm{e}^2.$

在这里用到了极限运算的乘方法则,并省略了作替换 $t=\dfrac{2}{x}$ 的过程.

例 15 求 $\lim\limits_{x\to 0}(1-3x)^{\frac{1}{x}}$.

解　$\lim\limits_{x\to 0}(1-3x)^{\frac{1}{x}}=\lim\limits_{x\to 0}\left[(1-3x)^{\frac{1}{-3x}}\right]^{-3}=\lim\limits_{x\to 0}\dfrac{1}{\left[(1-3x)^{\frac{1}{-3x}}\right]^{3}}=\dfrac{1}{\mathrm{e}^{3}}.$

练习

求下列极限：

（1）$\lim\limits_{x\to\infty}\left(1+\dfrac{1}{x}\right)^{2x}$；

（2）$\lim\limits_{x\to 0}(1-x)^{\frac{1}{x}}$.

§10-2　微课视频

习题 10-2

A 组

1. 函数 $y=f(x)$ 的定义域为 $(-\infty,+\infty)$，它的图像如图所示，看图填空或回答问题：

   （1）$\lim\limits_{x\to-\infty}f(x)=$ _____，$\lim\limits_{x\to+\infty}f(x)=$ _____，

      $\lim\limits_{x\to\infty}f(x)$ 是否存在：_____.

   （2）曲线有无水平渐近线？如果有，写出来：_____.

   （3）$f(0)=$ _____，$\lim\limits_{x\to 0}f(x)=$ _____；

      $\lim\limits_{x\to 2^-}f(x)=$ _____，$\lim\limits_{x\to 2^+}f(x)=$ _____，

      $f(2)=$ _____，$\lim\limits_{x\to 2}f(x)$ 是否存在：_____.

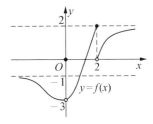

第 1 题图

2. 设函数 $y=f(x)$，下列说法是否正确，为什么？

   （1）如果 $f(x)$ 在 $x=3$ 无定义，那么 $\lim\limits_{x\to 3}f(x)$ 不存在；

   （2）如果 $f(x)$ 在 $x=3$ 有定义，那么 $\lim\limits_{x\to 3}f(x)$ 存在；

   （3）如果 $f(2)=1$，那么 $\lim\limits_{x\to 2}f(x)=1$；

   （4）如果 $\lim\limits_{x\to 2}f(x)=1$，那么 $f(2)=1$.

3. 求下列极限：

   （1）$\lim\limits_{x\to\infty}\dfrac{1}{x^2}$；

   （2）$\lim\limits_{x\to\infty}\left(1+\dfrac{1}{x}\right)$；

   （3）$\lim\limits_{x\to\infty}\left(\dfrac{1}{x^2}-2\right)$；

   （4）$\lim\limits_{x\to+\infty}\left(\dfrac{1}{10}\right)^{x}$；

   （5）$\lim\limits_{x\to-\infty}3^{x}$；

   （6）$\lim\limits_{x\to\infty}3^{x}$.

4. 设函数

$$f(x) = \begin{cases} -1 - x, & x < 0, \\ x, & 0 \leqslant x \leqslant 1, \\ 1, & x > 1, \end{cases}$$

画出函数 $y = f(x)$ 的图像,考察下列极限:

(1) $\lim\limits_{x \to 0^-} f(x)$, $\lim\limits_{x \to 0^+} f(x)$, $\lim\limits_{x \to 0} f(x)$;

(2) $\lim\limits_{x \to 1^-} f(x)$, $\lim\limits_{x \to 1^+} f(x)$, $\lim\limits_{x \to 1} f(x)$;

(3) $\lim\limits_{x \to -1} f(x)$, $\lim\limits_{x \to \frac{1}{2}} f(x)$, $\lim\limits_{x \to 2} f(x)$.

5. 求下列极限:

(1) $\lim\limits_{x \to 2}(x^2 - 3x + 2)$;　(2) $\lim\limits_{x \to 0} \dfrac{3x^4 + 2x^3 - 9}{2x^3 - 5x + 3}$;　(3) $\lim\limits_{x \to 1}(3x + 1)(2x^2 - 1)$;

(4) $\lim\limits_{x \to 2} x^3(x - 1)^2$;　(5) $\lim\limits_{x \to 6} \sqrt[4]{x + 10}$;　(6) $\lim\limits_{x \to 0} \dfrac{x}{x^2 + x}$;

(7) $\lim\limits_{x \to 4} \dfrac{x^2 - 16}{x - 4}$;　(8) $\lim\limits_{x \to 1} \dfrac{x^2 + x - 2}{x^2 + 2x - 3}$.

6. 求下列极限:

(1) $\lim\limits_{x \to 0} \dfrac{\tan 2x}{x}$;　(2) $\lim\limits_{x \to 0} \dfrac{\sin 5x}{\sin 2x}$;　(3) $\lim\limits_{x \to 0} \dfrac{\sin mx}{\sin nx}$ $(m 、 n \neq 0)$;

(4) $\lim\limits_{x \to 0} \dfrac{x}{\sin x}$;　(5) $\lim\limits_{x \to 0} \dfrac{1 - \cos 2x}{2x^2}$;　(6) $\lim\limits_{x \to \infty} x \sin \dfrac{1}{x}$.

7. 求下列极限:

(1) $\lim\limits_{x \to \infty}\left(1 + \dfrac{4}{x}\right)^x$;　(2) $\lim\limits_{x \to \infty}\left(1 + \dfrac{1}{x}\right)^{\frac{x}{2}}$;　(3) $\lim\limits_{x \to \infty}\left(1 - \dfrac{2}{x}\right)^x$;

(4) $\lim\limits_{x \to \infty}\left(\dfrac{x + 1}{x}\right)^{6x}$;　(5) $\lim\limits_{t \to 0}(1 + 2t)^{\frac{2}{t}}$;　(6) $\lim\limits_{t \to 0}(1 + t)^{-\frac{1}{t}}$.

B 组

1. 一只礼花炮燃放后从地面竖直冲上天空,在爆炸前的一段时间里,其高度 h 与时间 t 的关系为

$$h = 50t - 4.9t^2,$$

其中 t 的单位是 s,h 的单位是 m,求 $t = 3\,\text{s}$ 这一时刻礼花炮的速度.(提示:参考本节二中瞬时速度问题的解法)

2. 电容器充电和放电的电路如图所示,当开关 K 接在点 A 时,电容器充电,当开关 K 接在 B 点时,电容器放电. 已知电容器两端的电压 U_C 随时间 t 变化的规律为:

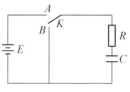

第 2 题图

(1) 充电时, $U_C = E(1 - \mathrm{e}^{-\frac{t}{RC}})$;

(2) 放电时, $U_C = E\mathrm{e}^{-\frac{t}{RC}}$,

其中 E、R、C 都是常量. 分别考察当 $t \to +\infty$ 时,充电与放电情形下 U_C 的变化趋势,并求 $\lim\limits_{t \to +\infty} E(1 - \mathrm{e}^{-\frac{t}{RC}})$ 和 $\lim\limits_{t \to +\infty} E\mathrm{e}^{-\frac{t}{RC}}$.

3. 利用 MATLAB 软件作函数 $v = f(h) = \sqrt{\dfrac{2gRh}{h + R}}$ 的图像,观察当 $h \to +\infty$ 时,v 的变化趋势.

4. 利用 MATLAB 作函数 $y = \dfrac{\sin x}{x}$ 的图像.

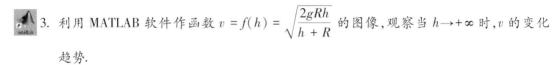

§10-3 无穷小与无穷大

⊙无穷小 ⊙无穷大 ⊙垂直渐近线 ⊙无穷大与无穷小的关系

一、无穷小与无穷大的概念

1. 无穷小

定义 1 如果当 $x \to a (x \to \infty)$ 时,函数 $f(x)$ 的极限为零,那么就称 $f(x)$ 是当 $x \to a (x \to \infty)$ 时的**无穷小量**,简称**无穷小**.

例 1 指出下列函数当 x 怎样变化时是无穷小:

(1) $f(x) = x - 1$; (2) $g(x) = \dfrac{1}{x}$; (3) $\varphi(x) = \left(\dfrac{1}{3}\right)^x$.

解 (1) 因为 $\lim\limits_{x \to 1}(x - 1) = 0$,所以函数 $f(x) = x - 1$ 是当 $x \to 1$ 时的无穷小.

(2) 因为 $\lim\limits_{x \to \infty} \dfrac{1}{x} = 0$,所以函数 $g(x) = \dfrac{1}{x}$ 是当 $x \to \infty$ 时的无穷小.

(3) 因为 $\lim\limits_{x \to +\infty} \left(\dfrac{1}{3}\right)^x = 0$,所以函数 $\varphi(x) = \left(\dfrac{1}{3}\right)^x$ 是当 $x \to +\infty$ 时的无穷小.

2. 无穷大

观察函数 $y = \dfrac{1}{x}$ 的图像(前面图 10−2)可以看出,当 $x \to 0$ 时函数没有极限,$\dfrac{1}{x}$ 的绝对值在无限地增大,具有这类变化趋势的变量称作无穷大量.

> **定义2** 如果当 $x \to a(x \to \infty)$ 时,$f(x)$ 的绝对值无限地增大,那么称函数 $f(x)$ 是当 $x \to a(x \to \infty)$ 时的**无穷大量**,简称**无穷大**,记作
>
> $$\lim_{x \to a} f(x) = \infty \left(\lim_{x \to \infty} f(x) = \infty \right).$$

当 $x \to a(x \to \infty)$ 时:

如果仅有 $f(x)$ 的值无限增大,则又称 $f(x)$ 是当 $x \to a(x \to \infty)$ 时的**正无穷大**,记作

$$\lim_{x \to a} f(x) = +\infty \left(\lim_{x \to \infty} f(x) = +\infty \right);$$

如果仅有 $f(x)$ 的值无限减小,则又称 $f(x)$ 是当 $x \to a\ (x \to \infty)$ 时的**负无穷大**,记作

$$\lim_{x \to a} f(x) = -\infty \left(\lim_{x \to \infty} f(x) = -\infty \right).$$

需要说明,当 $x \to a(x \to \infty)$ 时,$f(x)$ 是无穷大,这时 $f(x)$ 是没有极限的,记号 $\lim\limits_{x \to a} f(x) = \infty$ ($\lim\limits_{x \to \infty} f(x) = \infty$) 仅仅是用来表示函数这类变化趋势的一种记号而已,并不表明极限存在.这种记号具有直观性强、简洁明了的优点.

例2 指出下列函数当 x 怎样变化时是无穷大:

$$y = \tan x, \ x \in \left[0, \frac{\pi}{2}\right) \cup \left(\frac{\pi}{2}, \pi\right]; \qquad y = 2^x; \qquad y = \ln x.$$

解 三个函数的图像如图 10−9 所示,从图中可以看出:

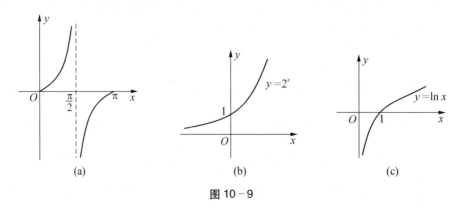

图 10−9

$$\lim_{x \to \frac{\pi}{2}} \tan x = \infty; \ \lim_{x \to +\infty} 2^x = +\infty; \ \lim_{x \to 0^+} \ln x = -\infty; \ \lim_{x \to +\infty} \ln x = +\infty.$$

所以 $y = \tan x$ 是当 $x \to \dfrac{\pi}{2}$ 时的无穷大，$y = 2^x$ 是当 $x \to +\infty$ 时的正无穷大，$y = \ln x$ 是当 $x \to 0^+$ 时的负无穷大，又是当 $x \to +\infty$ 时的正无穷大.

3. 垂直渐近线

从图像上看，$\lim\limits_{x \to \frac{\pi}{2}} \tan x = \infty$（图 $10-9(\mathrm{a})$）意味着当 x 不论从 $\dfrac{\pi}{2}$ 的左侧还是右侧无限接近于 $\dfrac{\pi}{2}$ 时，曲线 $y = \tan x$ 都向上或向下无限延伸，并无限接近垂直于 x 轴的直线 $x = \dfrac{\pi}{2}$；$\lim\limits_{x \to 0^+} \ln x = -\infty$（图 $10-9(\mathrm{c})$）意味着当 x 从 0 的右侧无限接近于 0 时，曲线 $y = \ln x$ 向下无限延伸，并无限接近垂直于 x 轴的直线 $x = 0$（即 y 轴）. 我们把直线 $x = \dfrac{\pi}{2}$ 和 $x = 0$ 分别叫做曲线 $y = \tan x$ 和 $y = \ln x$ 的垂直渐近线.

> **定义 3**　设函数 $y = f(x)$，a 是一个定值，如果
>
> $$\lim\limits_{x \to a^+} f(x) = +\infty \, (-\infty) \quad \text{或} \quad \lim\limits_{x \to a^-} f(x) = +\infty \, (-\infty),$$
>
> 那么就称直线 $x = a$ 为曲线 $y = f(x)$ 的**垂直渐近线**.

又如，因为 $\lim\limits_{x \to 0} \dfrac{1}{x^2} = +\infty$（如图 $10-10$ 所示），所以 $x = 0$，即 y 轴是曲线 $y = \dfrac{1}{x^2}$ 的垂直渐近线.

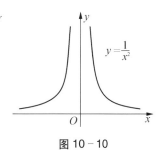

图 $10-10$

练习

1. 指出下列函数当 x 怎样变化时是无穷小：

(1) $f(x) = x + 2$；　　　　　　(2) $g(x) = \dfrac{1}{x^2}$；

(3) $\varphi(x) = 4^x$.

2. 当 x 怎样变化时，函数 $y = \left(\dfrac{1}{2} \right)^x$ 是无穷大？

二、无穷大与无穷小的关系

容易看出无穷大与无穷小之间具有以下关系：

> 无穷大的倒数是无穷小,无穷小(不为零)的倒数是无穷大.

例如,当 $x \to \infty$ 时,x^2 是无穷大,而 $\frac{1}{x^2}$ 是无穷小;当 $x \to 0$ 时,x^2 是无穷小,而 $\frac{1}{x^2}$ 是无穷大.

例3 当 x 怎样变化时,$f(x)$ 是无穷小? 当 x 怎样变化时,$f(x)$ 是无穷大? 若曲线 $y = f(x)$ 有垂直渐近线,把它写出来:

(1) $f(x) = 10^x$; (2) $f(x) = \dfrac{x-2}{x+5}$.

解 (1) 因为 $\lim\limits_{x \to -\infty} 10^x = 0$,所以,当 $x \to -\infty$ 时,$f(x) = 10^x$ 是无穷小;又因为 $\lim\limits_{x \to +\infty} 10^x = +\infty$,所以,当 $x \to +\infty$ 时,$f(x) = 10^x$ 是无穷大.

(2) 因为 $\lim\limits_{x \to 2} \dfrac{x-2}{x+5} = 0$,所以,当 $x \to 2$ 时,$f(x) = \dfrac{x-2}{x+5}$ 是无穷小;因为 $\lim\limits_{x \to -5} \dfrac{1}{f(x)}$ $= \lim\limits_{x \to -5} \dfrac{x+5}{x-2} = 0$,即 $x \to -5$ 时 $\dfrac{1}{f(x)}$ 是无穷小,所以,当 $x \to -5$ 时,$f(x) = \dfrac{x-2}{x+5}$ 是无穷大,因此,直线 $x = -5$ 是曲线 $y = \dfrac{x-2}{x+5}$ 的一条垂直渐近线.

例4 求 $\lim\limits_{x \to \infty} \dfrac{3x^2 - 2x + 1}{4x^2 + 5x - 2}$.

解 当 $x \to \infty$ 时,分子、分母都是无穷大,不能运用极限的商法则. 先将分子、分母同除以 x^2 后,再取极限,即

$$\lim_{x \to \infty} \frac{3x^2 - 2x + 1}{4x^2 + 5x - 2} = \lim_{x \to \infty} \frac{3 - \dfrac{2}{x} + \dfrac{1}{x^2}}{4 + \dfrac{5}{x} - \dfrac{2}{x^2}} = \frac{\lim\limits_{x \to \infty} \left(3 - \dfrac{2}{x} + \dfrac{1}{x^2}\right)}{\lim\limits_{x \to \infty} \left(4 + \dfrac{5}{x} - \dfrac{2}{x^2}\right)}$$

$$= \frac{3 - 0 + 0}{4 + 0 - 0} = \frac{3}{4}.$$

例5 求 $\lim\limits_{x \to \infty} \dfrac{7x^2 + 3x}{6x^3 + 5x - 3}$.

解 先将分子、分母同除以 x^3,再取极限,得

$$\lim_{x \to \infty} \frac{7x^2 + 3x}{6x^3 + 5x - 3} = \lim_{x \to \infty} \frac{\dfrac{7}{x} + \dfrac{3}{x^2}}{6 + \dfrac{5}{x^2} - \dfrac{3}{x^3}} = \frac{0 + 0}{6 + 0 - 0} = 0.$$

例 6　求 $\lim\limits_{x \to \infty} \dfrac{4x^3 - 3x + 5}{3x^2 + 7}$.

解　先考虑倒数的极限. 由于

$$\lim_{x \to \infty} \frac{3x^2 + 7}{4x^3 - 3x + 5} = \lim_{x \to \infty} \frac{\dfrac{3}{x} + \dfrac{7}{x^3}}{4 - \dfrac{3}{x^2} + \dfrac{5}{x^3}} = 0,$$

根据无穷大与无穷小的关系, 有

$$\lim_{x \to \infty} \frac{4x^3 - 3x + 5}{3x^2 + 7} = \infty.$$

上面的例 4~例 6 都是 $x \to \infty$ 时有理分式函数的极限, 对这种极限, 有下面的结论:

$$\lim_{x \to \infty} \frac{a_n x^n + a_{n-1} x^{n-1} + \cdots + a_1 x + a_0}{b_m x^m + b_{m-1} x^{m-1} + \cdots + b_1 x + b_0} = \begin{cases} \dfrac{a_n}{b_m}, & \text{当 } m = n, \\[2mm] 0, & \text{当 } m > n, \\[2mm] \infty, & \text{当 } m < n, \end{cases}$$

§10-3　微课视频

其中 m、n 都是正整数, 且 $a_n \neq 0$, $b_m \neq 0$.

练习

1. x 怎样变化时, $f(x)$ 是无穷小? x 怎样变化时, $f(x)$ 是无穷大? 如果曲线 $y = f(x)$ 有垂直渐近线, 请写出来:

　　(1) $f(x) = \dfrac{x + 3}{x - 1}$;　　　　　　　　　　(2) $f(x) = \dfrac{1}{x + 4}$.

2. 求下列极限:

　　(1) $\lim\limits_{x \to \infty} \dfrac{3x + 1}{2x^2 - 9}$;　　(2) $\lim\limits_{x \to \infty} \dfrac{5x^3 + x}{6x^3 - 1}$;　　(3) $\lim\limits_{x \to \infty} \dfrac{x^2 + 9x}{9x + 100}$.

解练习题
微课视频

习题 10－3

A 组

1. 在指定的自变量变化过程中,所给函数是无穷小还是无穷大? 或者二者都不是?

(1) $y = x^3$, $x \to 0$; 　　　(2) $y = \tan x$, $x \to 0$; 　　　(3) $y = 5^x$, $x \to +\infty$;

(4) $y = 0.9^x$, $x \to -\infty$; 　　(5) $y = \log_{0.5} x$, $x \to 0^+$; 　　(6) $y = 1 - \dfrac{\sin x}{x}$, $x \to 0$.

2. 下列函数,当自变量怎样变化时是无穷小? 当自变量怎样变化时是无穷大?

(1) $f(x) = 2x - 1$; 　　　(2) $f(x) = \dfrac{2}{x + 1}$; 　　　(3) $f(x) = e^{-x}$;

(4) $f(x) = \lg x$; 　　　(5) $f(x) = \dfrac{x + 2}{x - 3}$.

3. 求曲线 $y = f(x)$ 的垂直渐近线:

(1) $f(x) = \dfrac{1}{3x - 1}$; 　　　(2) $f(x) = \dfrac{x + 2}{x + 7}$; 　　　(3) $f(x) = \dfrac{1}{x^2 - 9}$.

4. 求下列极限:

(1) $\lim\limits_{x \to \infty} \dfrac{3x + 1}{2x + 3}$; 　　　　　　　　(2) $\lim\limits_{x \to \infty} \dfrac{4x + 5}{3x^2 - x + 2}$;

(3) $\lim\limits_{x \to \infty} \dfrac{x^3 + 4x + 1}{6x^2 + 5x + 9}$; 　　　　　(4) $\lim\limits_{n \to \infty} \dfrac{n^3 + 3n^2 - 5}{2n^3 - 8n + 3}$.

B 组

1. 求曲线 $y = f(x)$ 的水平或垂直渐近线:

(1) $f(x) = \dfrac{3x^2 - 5x - 2}{x^2 + x - 6}$; 　　　　　　(2) $f(x) = 1 + \dfrac{10 - x}{10 + x}$.

2. 求极限: $\lim\limits_{x \to +\infty} \dfrac{\sqrt{x} + 3}{3\sqrt{x} + 4}$.

3. 分别考察当 $x \to 0^+$ 和 $x \to 0^-$ 时, $f(x) = e^{\frac{1}{x}}$ 的极限.

4. 利用 MATLAB 软件作函数 $f(x) = x\sin\dfrac{1}{x}$ 的图像,并观察 $\lim\limits_{x \to 0} f(x)$.

5. 利用 MATLAB 软件作函数 $f(x) = \dfrac{3x^2 + x + 3}{x^2 + 3x - 1}$ 的图像.

§10-4　函数的连续性

> ⊙函数在一点连续的定义　⊙间断点　⊙左连续、右连续　⊙初等函数的连续性
> ⊙最大值、最小值性质

一、函数连续性的概念

事物总是在变化的,有许多现象给人以"连续"变化的感觉. 例如,气温的变化、正常儿童身高的增长、海水的涨落、飞机升高或下降过程中高度的改变、行驶在途中的汽车燃料的减少等等,这些量的变化就是"连续"的,也就是"渐变",而非"突变". 例如,某中学生在这一年中长高了许多,可是一天内,一个小时内,他的身高又会改变多少呢? 用 t 表示时间,h 表示身高,那么 h 是 t 的函数. 在从某一确定时刻 t_0 到 $t_0 + \Delta t$ 这段时间内,可以想象,$|\Delta t|$ 很小时,身高的改变 $|\Delta h|$ 就很小,当 $\Delta t \to 0$ 时,就应该有 $\Delta h \to 0$,即 $\lim\limits_{\Delta t \to 0} \Delta h = 0$. 这就是"连续"的特征.

1. 函数在一点连续的概念

设函数 $y = f(x)$,$x = a$ 是其定义域内一点,当 x 从 a 变到 $a + \Delta x$ 时,函数增量

$$\Delta y = f(a + \Delta x) - f(a).$$

令 $x = a + \Delta x$,则当 $\Delta x \to 0$ 时,$x \to a$,于是 $\lim\limits_{\Delta x \to 0} \Delta y = 0$,即

$$\lim\limits_{\Delta x \to 0} [f(a + \Delta x) - f(a)] = 0$$

就化为

$$\lim\limits_{x \to a} [f(x) - f(a)] = 0,$$

即

$$\lim\limits_{x \to a} f(x) = f(a).$$

> **定义 1**　设函数 $f(x)$ 在点 $x = a$ 及其附近有定义,如果
>
> $$\lim\limits_{x \to a} f(x) = f(a),$$
>
> 那么就说函数 $f(x)$ 在**点 $x = a$ 处连续**,称 $x = a$ 是 $f(x)$ 的一个**连续点**.

定义中对函数 $f(x)$ 在点 $x = a$ 处连续要求了以下条件:

(1) $f(x)$ 在点 $x = a$ 有定义(即有函数值 $f(a)$);

(2) $\lim\limits_{x \to a} f(x)$ 存在;

(3) $\lim\limits_{x \to a} f(x) = f(a)$(即函数当 $x \to a$ 时的极限必须等于在 a 的函数值).

这三条中任何一条不满足,就说函数 $f(x)$ 在点 $x = a$ 处不连续,这时点 $x = a$ 叫做函数 $f(x)$ 的

不连续点或**间断点**.

从函数图像上看,函数在某点 $x = a$ 处连续,就是图像在点 $(a, f(a))$ 处无断开,在某点 $x = b$ 处不连续,就是图像在 $x = b$ 处断开了.

例 1　说明下列函数在指定点处是否连续:

(1) $f(x) = \dfrac{1}{x}$, $x = 0$;

(2) $g(x) = \dfrac{x^2 - 1}{x - 1}$, $x = 1$、$x = 2$;

(3) $\varphi(x) = \begin{cases} x + 1, & x \neq 1, \\ 1, & x = 1, \end{cases}$ $x = 1$;

(4) $h(x) = \begin{cases} -x, & x < -1, \\ x - 1, & x \geqslant -1, \end{cases}$ $x = -1$.

解　(1) 因为 $f(x)$ 在 $x = 0$ 无定义,所以函数 $f(x)$ 在点 $x = 0$ 处不连续(如图 10-11(a) 所示).

(2) 因为 $g(x)$ 在 $x = 1$ 无定义,所以函数 $g(x)$ 在点 $x = 1$ 处不连续(如图 10-11(b) 所示). $g(x)$ 在 $x = 2$ 有定义,$g(2) = 3$,又

$$\lim_{x \to 2} g(x) = \lim_{x \to 2} \frac{x^2 - 1}{x - 1} = \frac{2^2 - 1}{2 - 1} = 3 = g(2),$$

所以,函数 $g(x)$ 在点 $x = 2$ 处连续.

(3) $\varphi(x)$ 在 $x = 1$ 有定义,$\varphi(1) = 1$,但

$$\lim_{x \to 1} \varphi(x) = \lim_{x \to 1}(x + 1) = 2 \neq \varphi(1),$$

所以函数 $\varphi(x)$ 在点 $x = 1$ 处不连续(如图 10-11(c) 所示).

(4) $h(x)$ 在 $x = -1$ 有定义,$h(-1) = -1 - 1 = -2$,但

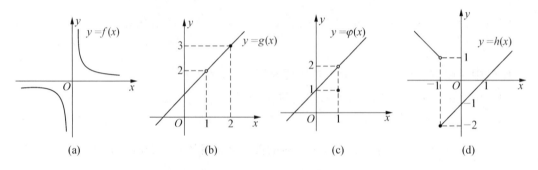

| (a) | (b) | (c) | (d) |

图 10-11

$$\lim_{x \to -1^-} h(x) = \lim_{x \to -1^-} (-x) = 1, \ \lim_{x \to -1^+} h(x) = \lim_{x \to -1^+} (x-1) = -2,$$

因此 $\lim_{x \to -1} h(x)$ 不存在,所以函数 $h(x)$ 在点 $x = -1$ 处不连续(如图 $10-11(d)$ 所示).

> **定义 2** 如果 $\lim_{x \to a^-} f(x) = f(a)$,那么就说函数 $f(x)$ 在点 $x = a$ 处**左连续**;
>
> 如果 $\lim_{x \to a^+} f(x) = f(a)$,那么就说函数 $f(x)$ 在点 $x = a$ 处**右连续**.

如图 $10-11$ 所示,函数 $h(x)$ 在点 $x = -1$ 处右连续;函数 $g(x)$ 在点 $x = 2$ 处既左连续又右连续.

根据定义 1、定义 2 容易知道:函数 $f(x)$ 在点 $x = a$ 处连续的充分必要条件是 $f(x)$ 在点 $x = a$ 处既左连续又右连续.

练习

1. 设函数 $y = f(x)$ 的图像如图所示,说出函数 $f(x)$ 的间断点,并进而说明在这些点处函数是否左连续或右连续.

2. 判断下列函数在指定的点处是否连续:

   (1) $f(x) = \dfrac{1}{x-2}$,$x = 2$、$x = 3$;

   (2) $g(x) = \begin{cases} x, & x \leqslant 1, \\ x+2, & x > 1, \end{cases} \ x = 1.$

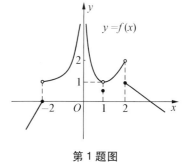

第 1 题图

2. 函数在区间上连续的概念

在某个区间上有定义的函数,如果区间是半开区间或闭区间,在有定义的端点处说函数连续,指的只是左连续或右连续,这样就可以说明函数在区间上连续的意义:

> 如果函数 $f(x)$ 在某个区间上的每一个点处都连续,那么就说 $f(x)$ 在该**区间上连续**,并称 $f(x)$ 是这个**区间上的连续函数**.

在某个区间上连续的函数,在该区间上,函数的图像就是一条连续无间断的曲线.

关于初等函数的连续性,有下面的结论:

一切初等函数在其定义区间内都是连续的.

例2 说出下列函数在哪些区间上连续：

(1) $f(x) = 2\sin x - 3\cos x$；
(2) $g(x) = \dfrac{x^2 - 5x + 1}{x + 3}$.

解 (1) 因为 $f(x) = 2\sin x - 3\cos x$ 是初等函数,其定义域为 $(-\infty, +\infty)$,所以函数 $f(x)$ 在区间 $(-\infty, +\infty)$ 上连续.

(2) 由分母 $x + 3 \neq 0$,得 $x \in (-\infty, -3) \cup (-3, +\infty)$,即函数 $g(x)$ 的定义域为 $(-\infty, -3) \cup (-3, +\infty)$. 因 $g(x)$ 是初等函数,所以 $g(x)$ 分别在区间 $(-\infty, -3)$ 和 $(-3, +\infty)$ 上连续.

3. 利用连续性求极限

由定义 1,如果已知 $x = a$ 是函数 $f(x)$ 的连续点,那么

$$\lim_{x \to a} f(x) = f(a).$$

这样,当 a 是 $f(x)$ 的连续点时,求 $\lim\limits_{x \to a} f(x)$ 就是求函数值 $f(a)$.

例3 求下列极限：

(1) $\lim\limits_{x \to \frac{\pi}{2}} (3\sin 2x + 5\cos 2x)$；
(2) $\lim\limits_{x \to 0} \sqrt[3]{\ln(1 + x)}$.

解 (1) 函数 $f(x) = 3\sin 2x + 5\cos 2x$ 是初等函数,其定义区间为 $(-\infty, +\infty)$,即 $f(x)$ 处处连续,所以

$$\lim_{x \to \frac{\pi}{2}} (3\sin 2x + 5\cos 2x) = 3\sin\left(2 \cdot \frac{\pi}{2}\right) + 5\cos\left(2 \cdot \frac{\pi}{2}\right)$$

$$= 3\sin \pi + 5\cos \pi = -5.$$

(2) 函数 $f(x) = \sqrt[3]{\ln(1 + x)}$ 是初等函数,其定义域为 $(-1, +\infty)$,又 $0 \in (-1, +\infty)$,所以

$$\lim_{x \to 0} \sqrt[3]{\ln(1 + x)} = \sqrt[3]{\ln(1 + 0)} = \sqrt[3]{\ln 1} = \sqrt[3]{0} = 0.$$

下面再给出一个利用连续性求某些复合函数极限的方法.

定理 1 设函数 $y = f(u)$，$u = \varphi(x)$，$\lim\limits_{x \to a} \varphi(x) = b$，$f(u)$ 在点 $u = b$ 处连续，那么

$$\lim_{x \to a} f[\varphi(x)] = f[\lim_{x \to a} \varphi(x)] = f(b).$$

例 4 求 $\lim\limits_{x \to 0} \dfrac{\ln(1 + x)}{x}$.

解 因为 $\dfrac{\ln(1 + x)}{x} = \ln(1 + x)^{\frac{1}{x}}$，

而 $y = \ln(1 + x)^{\frac{1}{x}}$ 可看成是由 $y = \ln u$，$u = (1 + x)^{\frac{1}{x}}$ 复合而成的复合函数，且 $\lim\limits_{x \to 0} (1 + x)^{\frac{1}{x}} = $ e，$y = \ln u$ 在点 $u = $ e 处连续，根据定理 1，可得

$$\lim_{x \to 0} \frac{\ln(1 + x)}{x} = \lim_{x \to 0} \ln(1 + x)^{\frac{1}{x}} = \ln[\lim_{x \to 0} (1 + x)^{\frac{1}{x}}] = \ln e = 1.$$

练习

1. 说出下列函数在哪些区间上连续，如果有间断点，请指出来：

(1) $f(x) = 3\ln x$；　　　　(2) $g(x) = e^{\frac{1}{x}}$；　　　　(3) $\varphi(x) = \dfrac{x - 1}{x + 2}$.

2. 求下列极限：

(1) $\lim\limits_{x \to \frac{\pi}{2}} \sqrt{1 + \sin x}$；　　(2) $\lim\limits_{x \to 0} \dfrac{e^{\sin x}}{1 + x^2}$；　　(3) $\lim\limits_{x \to 0} 2\ln(x^2 + e^2)$.

二、连续函数的性质

1. 最大值、最小值性质

设函数 $f(x)$ 在 D 上有定义，$c \in D$，对任意的 $x \in D$：

如果都有 $f(c) \geqslant f(x)$，那么称 $f(c)$ 是函数 $f(x)$ 在 D 上的**最大值**；

如果都有 $f(c) \leqslant f(x)$，那么称 $f(c)$ 是函数 $f(x)$ 在 D 上的**最小值**.

定理 2 如果函数 $f(x)$ 在闭区间 $[a, b]$ 上连续，那么 $f(x)$ 在 $[a, b]$ 上一定有最大值和最小值.

如图 10 - 12 所示，函数 $f(x)$ 在 $[a, b]$ 上连续，在 $x = c_1$ 处有最小值 $f(c_1)$，在 $x = c_2$ 处有最大值 $f(c_2)$.

*2. 介值性质

定理 3(介值性质)　如果函数 $f(x)$ 在闭区间 $[a, b]$ 上连续，且两端点处的函数值 $f(a) \neq f(b)$，m 是介于 $f(a)$ 与 $f(b)$ 之间的任意一个数，那么在 (a, b) 内至少存在一点 c，使得 $f(c) = m$.

特别地，如果 $f(a)$ 与 $f(b)$ 符号相反，那么在 (a, b) 内至少存在一点 c，使得 $f(c) = 0$.

从图像上看，介值性质的意义是：如果 $y = m$ 是介于两条水平直线 $y = f(a)$ 与 $y = f(b)$ 之间的一条水平直线，那么连续的曲线 $y = f(x)$ 与直线 $y = m$ 至少要相交一次(如图 10 - 13(a) 所示).

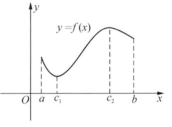

图 10 - 12

在特殊情形下，$f(a)$ 与 $f(b)$ 符号相反，这时取 $m = 0$，则直线 $y = 0$(即 x 轴)介于水平直线 $y = f(a)$ 与 $y = f(b)$ 之间，连续曲线 $y = f(x)$ 至少要与 x 轴相交一次，即至少有一个交点 $(c, 0)$，如图 10 - 13(b) 所示. 由 $f(c) = 0$ 可知，$x = c$ 是方程 $f(x) = 0$ 的一个实数根.

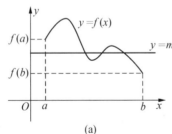

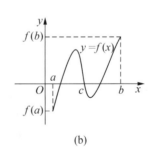

图 10 - 13

例 5　证明方程 $x^3 - 3x + 1 = 0$ 在 0 与 1 之间有实数根.

证　设 $f(x) = x^3 - 3x + 1$，$f(x)$ 是初等函数，定义域为 $(-\infty, +\infty)$，所以 $f(x)$ 在闭区间 $[0, 1]$ 上连续，又 $f(0) = 1 > 0$，$f(1) = -1 < 0$，由介值性质，在 $(0, 1)$ 内至少有一个实数 c，使得

$$f(c) = c^3 - 3c + 1 = 0,$$

即 $x = c$ 就是方程 $x^3 - 3x + 1 = 0$ 在 0 与 1 之间的一个实数根.

练习

证明：方程 $3x^4 - x - 1 = 0$ 在区间 $(-1, 0)$ 内有实数根.

§ 10 - 4　微课视频

习题 10 - 4

A 组

1. 说出下列函数在指定的点处是否连续：

(1) $f(x) = \dfrac{1}{x^2}$, $x = 0$, $x = 1$；

(2) $f(x) = \dfrac{x^2 + x}{x + 1}$, $x = -1$, $x = 0$；

(3) $f(x) = \begin{cases} x - 2, & x < 1, \\ 1 - x, & x \geqslant 1, \end{cases}$ $x = 1$；

(4) $f(x) = \begin{cases} \dfrac{\sin x}{x}, & x \neq 0, \\ 1, & x = 0, \end{cases}$ $x = 0$.

2. 画出函数图像，说出函数的间断点，并指出在间断点处是否左连续或右连续：

(1) $f(x) = 1 + \dfrac{1}{x}$；

(2) $f(x) = \dfrac{x^2 - 1}{x + 1}$；

(3) $f(x) = \begin{cases} x^2, & x < 0, \\ x + 1, & x \geqslant 0; \end{cases}$

(4) $f(x) = \begin{cases} x - 1, & x \leqslant 2, \\ x - 2, & x > 2. \end{cases}$

3. 说出下列函数在哪些区间上连续：

(1) $f(x) = 2x^3 + 5x - 3$；

(2) $f(x) = \dfrac{x + 3}{x - 5}$；

(3) $f(x) = 3\ln(x - 2)$；

(4) $f(x) = \tan x$；

(5) $f(x) = \dfrac{1}{\sqrt{x + 3}}$；

(6) $f(x) = \dfrac{x^2 + 6x - 1}{x^2 - 1}$.

4. 求下列极限：

(1) $\lim\limits_{x \to \pi}(x^2 + 3\sin^2 x + \tan x)$；

(2) $\lim\limits_{x \to \frac{\pi}{2}} e^{\sin x}$；

(3) $\lim\limits_{x \to \frac{\pi}{4}} \ln \sin 2x$；

(4) $\lim\limits_{x \to 9} \dfrac{\sqrt{x} + 2}{\sqrt{x + 7}}$；

(5) $\lim\limits_{x \to 0} 2e^{x^2}$；

(6) $\lim\limits_{x \to 1}\left(\arctan x + \dfrac{\pi}{4}x\right)$.

5. 画出函数图像，说出函数的最大值、最小值：

(1) $y = 1 + 3\sin x$, $x \in [0, 2\pi]$；

(2) $y = x^2 + 1$, $x \in [0, 1]$.

*6. 证明：方程在指定的区间内有实数根：

(1) $4x^3 + x - 2 = 0$, 在 $\left(\dfrac{1}{2}, 1\right)$ 内；

(2) $x = 1 - \sin x$, 在 $\left(0, \dfrac{\pi}{2}\right)$ 内.

B 组

1. 说出下列函数在哪些区间上连续:

(1) $f(x) = \dfrac{x^2 + 2x + 3}{x^2 + x - 2}$;

(2) $f(x) = \sqrt{x^2 - 9}$;

(3) $f(x) = \mathrm{e}^{\frac{1}{x+1}}$;

(4) $f(x) = \begin{cases} \dfrac{1 - \cos x}{x^2}, & x \neq 0, \\ \dfrac{1}{2}, & x = 0. \end{cases}$

2. 求下列极限:

(1) $\lim\limits_{x \to 0} \arctan \dfrac{x^2 + x}{x}$;

(2) $\lim\limits_{x \to +\infty} x[\ln(x + a) - \ln x]$;

(3) $\lim\limits_{x \to 0} \dfrac{\mathrm{e}^x - 1}{x}$.（提示：作代换 $\mathrm{e}^x - 1 = t$ 后再考察）

 3. 利用 MATLAB 解方程 $4x^3 - 12x^2 + 3x + 5 = 0$.

 阅读

无限性概念的早期探索

希腊人在理性数学活动的早期,已经接触到了无限性、连续性等深刻的概念,对这些概念的着意探讨,也是雅典时期希腊数学的特征之一. 这方面最有代表性的人物是伊利亚学派的芝诺. 芝诺提出了四个著名的悖论,将无限性概念所遭遇的困难揭示无遗. 根据亚里士多德《物理学》记载,这四个悖论如下:

(1) 两分法:运动不存在. 因为位移事物在到达目的地之前必先抵达一半处;在抵达一半处之前又必达四分之一处,……,依此类推可至无穷.

(2) 阿基里斯:阿基里斯永远追不上一只乌龟. 因为若乌龟的起跑点领先一段距离,阿基里斯必须首先跑到乌龟的出发点,而在这段时间里乌龟又向前爬过一段距离,如此直至无穷.

(3) 飞箭:飞着的箭是静止的. 因为任何事物当它是在一个和自己大小相同的空间里时,它是静止的,而飞箭在飞行过程中得每一"瞬间"都是如此.

(4) 运动场:空间和时间不能由不可分割的单元组成. 假设不然,运动场跑道上三排队列 A, B, C,令 C 往右移动,A 往左移动,其速度相对于 B 而言都是每瞬间移动一个点. 这样一来,A 上的点就在每瞬间离开 C 两个点的距离,因而必存在一更小的时间单元.

　　芝诺悖论的前两个,是针对事物无限可分的观点,而后两个则矛头直指不可分无限小量的思想.要澄清这些悖论需要极限、连续及无穷集合等抽象概念,当时的希腊数学家尚不可能给予清晰地解答.但芝诺悖论成为希腊数学家追求逻辑精确性的强力激素.

　　与希腊雅典学派时代相当,战国(前 475—前 221)诸子百家,学派林立.其中“墨家”与“名家”的著作中含有理论数学的萌芽.如《墨经》(约公元前 4 世纪著作)中涉及“有穷”与“无穷”,说“或不容尺,有穷;莫不容尺,无穷”.以善辩著称的名家对无穷概念则有更进一步的认识.如据《庄子》记载,属名家的惠施曾提出:“至大无外谓之大一;至小无内谓之小一”,这里“大一”、“小一”有无穷大和无限小之意.《庄子》还记载有:

　　矩不方,规不可以为圆;

　　飞鸟之影未尝动也;

　　镞矢之疾,而有不行不止之时;

　　一尺之棰,日取其半,万世不竭,

等等.可以说与希腊伊利亚学派的芝诺悖论遥相呼应.

复习题十

A 组

1. 判断正误：

   (1) 如果 $\lim\limits_{x \to a} f(x)$ 存在，那么 $\lim\limits_{x \to a} f(x) = f(a)$. (　　)

   (2) 如果 $\lim\limits_{x \to -\infty} f(x)$ 与 $\lim\limits_{x \to +\infty} f(x)$ 都存在，那么 $\lim\limits_{x \to \infty} f(x)$ 存在. (　　)

   (3) 如果 $\lim\limits_{x \to a^+} f(x)$ 与 $\lim\limits_{x \to a^-} f(x)$ 都存在但不相等，那么 $\lim\limits_{x \to a} f(x)$ 不存在. (　　)

   (4) 如果函数 $f(x)$ 在区间 (a, b) 内连续，$c \in (a, b)$，那么 $\lim\limits_{x \to c} f(x) = f(c)$. (　　)

   (5) 零是无穷小量. (　　)

   (6) 函数的图像可以有无限多条垂直渐近线. (　　)

   (7) 函数的图像最多可以有两条水平渐近线. (　　)

2. 填空题：

   (1) 设函数 $f(x) = 2^{\cos x^3}$，$f(x)$ 的定义域是 _____ ；$y = f(x)$ 可以看成是由函数 $y =$ _____ ，$u =$ _____ 和 $v =$ _____ 复合而成的.

   (2) 设函数 $f(x) = \dfrac{1}{\sqrt{1 - x^2}}$，$\varphi(x) = \sin x$，那么 $f[\varphi(x)] =$ _____ ，$f[\varphi(\pi)] =$ _____ .

   (3) 设函数 $f(x) = 1 + e^x$，那么 $\lim\limits_{x \to +\infty} f(x) =$ _____ ，$\lim\limits_{x \to -\infty} f(x) =$ _____ ，$\lim\limits_{x \to \infty} f(x)$ 是否存在：_____ .

   (4) 设函数 $f(x) = \dfrac{|x|}{x}$，那么 $\lim\limits_{x \to 0^+} f(x) =$ _____ ，$\lim\limits_{x \to 0^-} f(x) =$ _____ ，$\lim\limits_{x \to 0} f(x)$ 是否存在：_____ .

   (5) 设函数 $f(x) = \dfrac{1}{1 + x^2}$，当 $x \to$ _____ 时，$f(x)$ 是无穷小，曲线 $y = f(x)$ 是否有水平或垂直渐近线：_____ .

   (6) 设函数 $f(x) = \dfrac{x - 10}{2x - 1}$，当 $x \to$ _____ 时，$f(x)$ 是无穷小，当 $x \to$ _____ 时，$f(x)$ 是无穷大，曲线 $y = f(x)$ 的水平渐近线是 _____ ，垂直渐近线是 _____ .

   (7) 设 $\lim\limits_{x \to \infty} \dfrac{ax^3 + 9x^2 + 2}{3x^3 - 2x + 1} = 2$，那么常数 $a =$ _____ .

   (8) 设函数 $f(x) = \dfrac{x + 3}{x + 2}$，$f(x)$ 的间断点是 $x =$ _____ ，$f(x)$ 在区间 _____ 上

连续.

(9) 设函数 $f(x) = \ln\sqrt{4 - x^2}$，$f(x)$ 的定义域是 _____，$f(x)$ 在区间 _____ 上连续.

3. 选择题：

(1) 设 $\lim\limits_{x \to a^+} f(x) = \lim\limits_{x \to a^-} f(x) = L$，则（　　）.

(A) $f(a) = L$ (B) $\lim\limits_{x \to a} f(x) = L$

(C) $f(x)$ 在点 a 处连续   (D) $f(x)$ 在点 a 处不连续

(2) 在 $\lim\limits_{t \to 0} \dfrac{\sin t}{t}$、$\lim\limits_{x \to 2} \dfrac{\sin(x - 2)}{x - 2}$、$\lim\limits_{x \to \infty} x^2 \sin\dfrac{1}{x^2}$ 和 $\lim\limits_{x \to 1} \dfrac{\sin x}{x}$ 中，极限值等于 1 的共有（　　）.

(A) 1 个   (B) 2 个   (C) 3 个   (D) 4 个

4. 求下列极限：

(1) $\lim\limits_{x \to 0} \dfrac{x^2 + 3x + 2}{x + 1}$；   (2) $\lim\limits_{x \to -1} \dfrac{x^2 + 3x + 2}{x + 1}$；   (3) $\lim\limits_{x \to 3} \dfrac{x^2 - 2x - 3}{x^2 + x - 12}$；

(4) $\lim\limits_{x \to 0} \dfrac{2\cos x}{\sqrt{2 - \sin^2 x}}$；   (5) $\lim\limits_{x \to \pi} \log_2 \sin\dfrac{x}{2}$；   (6) $\lim\limits_{x \to \infty} \dfrac{x^3 - 5x + 1}{10x^3 + 9x}$；

(7) $\lim\limits_{x \to \infty} \dfrac{3x^2 + 5x}{4x^3 - 3x + 1}$；   (8) $\lim\limits_{x \to \infty} \dfrac{3 - 5x^3}{100 + x^2}$；   (9) $\lim\limits_{x \to 0} \dfrac{x}{\sin 3x}$；

(10) $\lim\limits_{x \to 0} (1 + \sin x)^{\frac{2}{\sin x}}$；   (11) $\lim\limits_{x \to \infty} x\sin\dfrac{1}{2x}$；   (12) $\lim\limits_{x \to \infty} \left(1 + \dfrac{1}{3x}\right)^x$.

B　组

1. 一个种群的数量 P 与时间 t 之间的关系为

$$P(t) = \dfrac{900}{1 + 8\mathrm{e}^{-0.078t}}.$$

(1) 求 $\lim\limits_{t \to +\infty} P(t)$；

(2) 试说明上面求出的极限在这个问题中的实际意义.

2. 设函数 $f(x)$ 在点 $x = 7$ 处连续，且 $f(7) = -1$，那么 $\lim\limits_{x \to \frac{\pi}{2}} f(3\sin x + 4) =$ _____.

3. 设 $\lim\limits_{x \to \infty} \left(\dfrac{x + a}{x + 1}\right)^{x+1} = \mathrm{e}^2$，那么常数 $a =$ _____.

第 11 章　导数与微分

他以几乎神一般的思维力,最先说明了行星的运动和图像,彗星的轨道和大海的潮汐.

——摘自牛顿墓志铭

....

有了极限这一工具后,现在我们就可以进入微积分核心内容的学习了.导数就是微积分的核心概念之一.已知作变速直线运动物体的位置函数,求物体在某一时刻的瞬时速度,这样的问题在第 10 章中曾经讨论过,即考察跳伞者下落速度问题,并将跳伞者下落后(未打开降落伞之前)第 4 秒末这一时刻的瞬时速度定义为一种极限.在科学、技术、经济等众多领域中,许多互不相同的实际问题,例如,非恒定电流的电流强度、线密度、瞬时功率、种群的变化速度、放射性物质的衰减速度、一杯热牛奶温度的下降速度、经济中的"边际"等等,从数学上来看,它们都与变速直线运动的速度问题是一回事,都是用同一种类型的极限描述的,这种极限就是导数.通过学习,你会逐步体会到导数是一个应用极其广泛的有力工具.

微分是另一个重要的基本概念.学习了微分后,你就会知道利用加、减、乘、除四则运算就能够轻而易举地计算出许多函数值的近似值,例如,像 $\sqrt[4]{1.08}$、$\sin 0.03$、$\mathrm{e}^{0.02}$、$\ln 1.05$……而这在之前,除非借助计算工具,否则你将束手无策.

在本章中将要学习导数的概念、求导数的方法、微分及其简单应用等内容.

§11-1　导数的概念

⊙变速直线运动的速度　⊙切线　⊙导数定义　⊙导数的几何意义　⊙可导与连续的关系　⊙常值函数、幂函数、正弦函数、余弦函数、对数函数的导数

一、导数的概念

1. 变速直线运动的速度

在第 10 章中,我们考察了跳伞者在下落后第 4 秒末这一时刻的速度,这一速度定义为下面的极限:

$$\lim_{t \to 4} \frac{\Delta s}{\Delta t} = \lim_{t \to 4} \frac{s(t) - s(4)}{t - 4}.$$

由 $\Delta t = t - 4$，得 $t = 4 + \Delta t$，当 $t \to 4$ 时，$\Delta t \to 0$. 这样，上面的极限又可以写为

$$\lim_{t \to 4} \frac{\Delta s}{\Delta t} = \lim_{\Delta t \to 0} \frac{s(4 + \Delta t) - s(4)}{\Delta t}$$

$$= \lim_{\Delta t \to 0} \left(4g + \frac{1}{2} g \cdot \Delta t \right)$$

$$= 4g = 39.2. \ (g \text{ 取 } 9.8)$$

即第 4 秒末跳伞者下落的速度是平均速度 $\dfrac{\Delta s}{\Delta t}$ 当 $\Delta t \to 0$ 时的极限.

一般地，设物体沿直线运动，运动方程为 $s = s(t)$，s 表示在时刻 t 物体相对于原点的位移，函数 $s = s(t)$ 称为**位置函数**. 对于物体在运动中的某一时刻 $t = a$，如果当 $\Delta t \to 0$ 时，平均速度 $\dfrac{\Delta s}{\Delta t}$ 的极限

$$\lim_{\Delta t \to 0} \frac{\Delta s}{\Delta t} = \lim_{\Delta t \to 0} \frac{s(a + \Delta t) - s(a)}{\Delta t} \qquad \text{①}$$

存在，那么该极限就叫做物体在 $t = a$ **这一时刻的速度**，也称**瞬时速度**.

2. 切线

连接曲线上两点的直线叫做曲线的割线. 设函数 $y = f(x)$，如图 11-1 所示，在曲线上点 $P(a, f(a))$ 附近另外取一点 $M(a + \Delta x, f(a + \Delta x))$，则割线 PM 的斜率为

$$\frac{\Delta y}{\Delta x} = \frac{f(a + \Delta x) - f(a)}{\Delta x}.$$

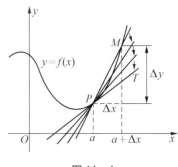

图 11-1

当 $\Delta x \to 0$ 时，点 M 就沿着曲线趋向于点 P，如果割线 PM 的斜率有极限 k，即

$$\lim_{\Delta x \to 0} \frac{\Delta y}{\Delta x} = \lim_{\Delta x \to 0} \frac{f(a + \Delta x) - f(a)}{\Delta x}$$

$$= k, \qquad \text{②}$$

那么就称过点 P 以 k 为斜率的直线 PT（如图 11-1 所示）是曲线 $y = f(x)$ 在点 $P(a, f(a))$ 处的**切线**. 即切线 PT 是割线 PM 当 M 沿曲线趋向于 P 时的极限位置.

3. 导数的定义

从上面的讨论看到，力学中直线运动的速度与几何中切线的斜率这两个不同领域中的问题，都是用像式①与式②这种相同形式的极限来描述的. 科学技术中的许多问题都需要用这种形式的极限来说明，对这种形式的极限给出下面的定义.

定义 1 设函数 $y = f(x)$ 在点 a 及其附近有定义,如果

$$\lim_{\Delta x \to 0} \frac{\Delta y}{\Delta x} = \lim_{\Delta x \to 0} \frac{f(a + \Delta x) - f(a)}{\Delta x}$$

存在,那么称函数 $f(x)$ 在点 a 处**可导**,把这个极限叫做 $f(x)$ 在点 a 的**导数**,记作 $f'(a)$,即

$$f'(a) = \lim_{\Delta x \to 0} \frac{f(a + \Delta x) - f(a)}{\Delta x}. \tag{11-1}$$

如果 $\lim\limits_{\Delta x \to 0} \dfrac{\Delta y}{\Delta x}$ 不存在,则称函数 $f(x)$ 在点 a 处**不可导**.

函数的增量与自变量增量之商 $\dfrac{\Delta y}{\Delta x}$ 称为**差商**或**函数的平均变化率**,导数 $f'(a)$ 也叫做函数 $f(x)$ 在**点 a 处相对于自变量 x 的变化率**,通常简称为 $f(x)$ 在点 a 处的变化率.

由上面的讨论可知,沿直线运动的物体在时刻 $t = a$ 的速度 $v(a)$ 就是位置函数 $s(t)$ 在点 $t = a$ 的导数,即

$$v(a) = s'(a).$$

令 $x = a + \Delta x$,则当 $\Delta x \to 0$ 时, $x \to a$,由公式(11-1)得

$$f'(a) = \lim_{x \to a} \frac{f(x) - f(a)}{x - a}. \tag{11-1'}$$

这是导数另一种形式的定义式.

如果函数 $f(x)$ 在某个区间内的每一点都可导,就称 $f(x)$ 在该区间内可导. 这时,对该区间内的每一个 x 值,都有唯一的导数值和它对应,因此形成了一个以 x 为自变量,函数值是 $f(x)$ 的导数值的新函数,称为函数 $f(x)$ 的**导函数**,记作 $f'(x)$,由公式(11-1)可知

$$f'(x) = \lim_{\Delta x \to 0} \frac{f(x + \Delta x) - f(x)}{\Delta x}.$$

由导数的定义和导函数的意义可知,函数 $y = f(x)$ 在某点 a 处的导数 $f'(a)$ 就是导函数 $f'(x)$ 在 $x = a$ 的函数值,即

$$f'(a) = f'(x) \mid_{x=a}.$$

函数 $y = f(x)$ 的导函数通常简称为 $f(x)$ 的导数. $y = f(x)$ 的导数 $f'(x)$ 还常记作

$$y', \quad \frac{\mathrm{d}y}{\mathrm{d}x}, \quad \frac{\mathrm{d}}{\mathrm{d}x}f(x).$$

相应地，$y=f(x)$ 在点 a 处的导数 $f'(a)$ 也常记作

$$y'\big|_{x=a},\quad \frac{\mathrm{d}y}{\mathrm{d}x}\bigg|_{x=a},\quad \frac{\mathrm{d}}{\mathrm{d}x}f(x)\bigg|_{x=a}.$$

例 1　设函数 $y=f(x)=x^2-3x+1$，求 $f'(x)$ 和 $f'(2)$.

解　第一步，计算函数的增量：

$$\begin{aligned}
\Delta y &= f(x+\Delta x)-f(x)\\
&= \left[(x+\Delta x)^2-3(x+\Delta x)+1\right]-(x^2-3x+1)\\
&= (\Delta x)^2+2x\cdot\Delta x-3\Delta x;
\end{aligned}$$

第二步，计算差商：

$$\frac{\Delta y}{\Delta x}=\frac{(\Delta x)^2+2x\cdot\Delta x-3\Delta x}{\Delta x}=\Delta x+2x-3;$$

第三步，取极限：

$$\lim_{\Delta x\to 0}\frac{\Delta y}{\Delta x}=\lim_{\Delta x\to 0}(\Delta x+2x-3)=2x-3,$$

即

$$f'(x)=2x-3.$$

把 $x=2$ 代入，得 $f(x)$ 在 $x=2$ 处的导数 $f'(2)=2\times 2-3=1$.

练习

设函数 $f(x)=x^2+2x$，求 $f'(x)$ 和 $f'(1)$.

4. 几个问题中的导数

导数概念广泛应用于众多领域，下面仅指出在物理、经济方面的几个常见问题中导数的具体意义.

（1）**速度、加速度**　设物体沿直线运动，在时刻 t 的位移为 $s(t)$，速度为 $v(t)$，加速度为 $a(t)$. 根据前面的讨论可以知道

$$s'(t)=v(t),$$

再根据加速度的概念，进而可知

$$v'(t)=a(t).$$

即在沿直线的运动中,位移对时间 t 的导数是速度,速度对时间 t 的导数是加速度.

（2）**非恒定电流的电流强度**　设非恒定电流从 0 到 t 这段时间内通过导线横截面的电量为 $Q(t)$,在时刻 t 的电流强度为 $i(t)$,那么

$$Q'(t) = i(t).$$

（3）**瞬时功率**　设功 W 是时间 t 的函数,$W = W(t)$,在时刻 t 的功率,即瞬时功率为 $P(t)$,那么

$$W'(t) = P(t).$$

（4）**非均匀杆的线密度**　将一根质量分布非均匀的细杆放在 x 轴上,它的一端位于原点,细杆在 $[0, x]$ 一段的质量为 $m = m(x)$,设细杆在点 x 处的密度（即线密度）为 $\rho(x)$,那么

$$m'(x) = \rho(x).$$

*（5）**边际**　设生产某种产品 x 件的总成本为 $C(x)$,销售 x 件产品的总收益为 $R(x)$,总利润为 $L(x)$,那么导数 $C'(x)$、$R'(x)$、$L'(x)$ 分别叫做**边际成本**、**边际收益**和**边际利润**.

5. 导数的几何意义

在不同的问题中,导数有不同的具体实际意义,但从图像上看,不论什么问题中的导数,其意义都是相同的. 由前面关于切线的讨论和导数的定义,即可知导数的几何意义.

> **导数的几何意义**　函数 $y = f(x)$ 在点 a 处的导数 $f'(a)$ 就是曲线 $y = f(x)$ 在点 $(a, f(a))$ 处的切线的斜率 $k|_{x=a}$,即
>
> $$f'(a) = k|_{x=a}.$$

如图 11-2 所示,根据导数的几何意义可知,$f'(a) > 0$, $f'(b) > 0$, $f'(a) > f'(b)$;$f'(c) = 0$, $f'(d) < 0$, $f'(e) < 0$, $|f'(e)| > |f'(d)|$. $f'(a)$、$f'(e)$ 的绝对值相对较大,意味着在 $x = a$、$x = e$ 附近曲线较陡,说明函数值变化较快;$f'(b)$、$f'(d)$ 的绝对值相对较小,意味着在 $x = b$、$x = d$ 附近曲线较平缓,说明函数值变化较慢.

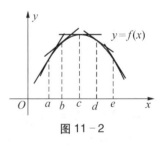

图 11-2

如果函数 $y = f(x)$ 在点 a 处有导数 $f'(a)$,根据导数的几何意义,可知曲线 $y = f(x)$ 在点 $(a, f(a))$ 处的切线的点斜式方程为

$$y - f(a) = f'(a)(x - a).$$

例 2　求曲线 $y = x^2 - 3x + 1$ 在 $x = 2$ 的点处的切线方程.

解 当 $x = 2$ 时, $y = 2^2 - 3 \times 2 + 1 = -1$, 即曲线上 $x = 2$ 的点为 $(2, -1)$. 由上面例 1, $f'(2) = 1$, 即曲线 $y = x^2 - 3x + 1$ 在点 $(2, -1)$ 处的切线的斜率 $k = 1$, 所以要求的切线方程为

$$y - (-1) = 1 \cdot (x - 2),$$

即
$$x - y - 3 = 0.$$

练习

1. 如图所示,已知函数 $y = f(x)$ 表示的曲线和当 $x = x_1$、x_2、x_3、x_4、x_5 时曲线上的点,那么,在 x_1、x_2、x_3、x_4、x_5 中,此函数在点 _____ 处导数大于零,在点 _____ 处导数等于零,在点 _____ 处导数小于零; $f'(x_1)$、$f'(x_2)$、$f'(x_3)$、$f'(x_4)$、$f'(x_5)$ 从小到大的顺序为:

_____.

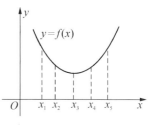

第 1 题图

2. 不计算,说出线性函数 $y = kx + b$ 的导数 y', 然后说明直线上任一点处的切线与直线本身有何关系.

6. 可导与连续的关系

如图 11 - 3 所示,容易知道,函数 $y = |x|$ 在点 $x = 0$ 处连续,但 $f'(0)$ 并不存在.

又根据导数的定义和连续的定义,有 $\lim\limits_{\Delta x \to 0} \Delta y = \lim\limits_{\Delta x \to 0} \dfrac{\Delta y}{\Delta x} \cdot \Delta x = \lim\limits_{\Delta x \to 0} \dfrac{\Delta y}{\Delta x} \cdot \lim\limits_{\Delta x \to 0} \Delta x = f'(a) 0 = 0$, 可以得出:

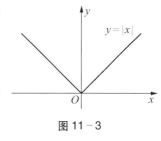

图 11 - 3

"如果函数 $f(x)$ 在点 $x = a$ 处可导,那么 $f(x)$ 在点 $x = a$ 处连续."

因此,函数在某一点的可导性与连续性之间有如下关系:

可导必连续,连续不一定可导.

二、部分基本初等函数的导数

例 3 求常值函数 $f(x) = C$ $(x \in \mathbf{R})$ 的导数.

解 设 $y = f(x) = C$, 则

$$\Delta y = f(x + \Delta x) - f(x) = C - C = 0,$$

$$\frac{\Delta y}{\Delta x} = 0,$$

所以

$$\lim_{\Delta x \to 0} \frac{\Delta y}{\Delta x} = 0.$$

即

$$(C)' = 0 \ (C \ 为常数).$$

例 4 求下列函数的导数:

(1) $y = x$;   (2) $y = x^2$;   (3) $y = x^{-1}$;   (4) $y = x^{\frac{1}{2}}$.

解 (1) $\Delta y = f(x + \Delta x) - f(x) = x + \Delta x - x = \Delta x$, 所以

$$\frac{\Delta y}{\Delta x} = \frac{\Delta x}{\Delta x} = 1,$$

$$y' = \lim_{\Delta x \to 0} \frac{\Delta y}{\Delta x} = \lim_{\Delta x \to 0} 1 = 1.$$

即

$$(x)' = 1.$$

(2) $\Delta y = f(x + \Delta x) - f(x) = (x + \Delta x)^2 - x^2 = 2x \cdot \Delta x + (\Delta x)^2$, 所以

$$\frac{\Delta y}{\Delta x} = \frac{2x \cdot \Delta x + (\Delta x)^2}{\Delta x} = 2x + \Delta x,$$

$$y' = \lim_{\Delta x \to 0} \frac{\Delta y}{\Delta x} = \lim_{\Delta x \to 0} (2x + \Delta x) = 2x.$$

即

$$(x^2)' = 2x.$$

(3) $y = x^{-1} = \frac{1}{x}$, $\Delta y = \frac{1}{x + \Delta x} - \frac{1}{x} = \frac{-\Delta x}{x(x + \Delta x)}$,

$$\frac{\Delta y}{\Delta x} = -\frac{1}{x(x + \Delta x)},$$

$$y' = \lim_{\Delta x \to 0} \frac{\Delta y}{\Delta x} = \lim_{\Delta x \to 0} \left[-\frac{1}{x(x + \Delta x)} \right] = -\frac{1}{x^2} = -x^{-2}.$$

即

$$(x^{-1})' = -x^{-2}.$$

（4）$y = x^{\frac{1}{2}} = \sqrt{x}$，$\Delta y = \sqrt{x + \Delta x} - \sqrt{x}$，

$$\frac{\Delta y}{\Delta x} = \frac{\sqrt{x + \Delta x} - \sqrt{x}}{\Delta x} = \frac{(\sqrt{x + \Delta x} - \sqrt{x})(\sqrt{x + \Delta x} + \sqrt{x})}{\Delta x(\sqrt{x + \Delta x} + \sqrt{x})} = \frac{1}{\sqrt{x + \Delta x} + \sqrt{x}},$$

$$y' = \lim_{\Delta x \to 0} \frac{\Delta y}{\Delta x} = \lim_{\Delta x \to 0} \frac{1}{\sqrt{x + \Delta x} + \sqrt{x}} = \frac{1}{2\sqrt{x}} = \frac{1}{2} x^{-\frac{1}{2}}.$$

即

$$\left(x^{\frac{1}{2}}\right)' = \frac{1}{2} x^{-\frac{1}{2}}.$$

可以得出，一般地，幂函数 $y = x^{\alpha}$（α 为实常数）的导数为

$$(x^{\alpha})' = \alpha x^{\alpha - 1}.$$

例 5　求正弦函数 $y = \sin x$ 的导数.

解　$y' = \lim\limits_{\Delta x \to 0} \dfrac{\Delta y}{\Delta x} = \lim\limits_{\Delta x \to 0} \dfrac{\sin(x + \Delta x) - \sin x}{\Delta x}$

$$= \lim_{\Delta x \to 0} \frac{2\cos\left(x + \dfrac{\Delta x}{2}\right)\sin\dfrac{\Delta x}{2}}{\Delta x}$$

$$= \lim_{\Delta x \to 0} \cos\left(x + \frac{\Delta x}{2}\right) \cdot \lim_{\Delta x \to 0} \frac{\sin\dfrac{\Delta x}{2}}{\dfrac{\Delta x}{2}} = \cos x \cdot 1 = \cos x.$$

即

$$(\sin x)' = \cos x.$$

类似地，可得

$$(\cos x)' = -\sin x.$$

例 6　求对数函数 $y = \log_a x$ 的导数.

解　$y' = \lim\limits_{\Delta x \to 0} \dfrac{\Delta y}{\Delta x} = \lim\limits_{\Delta x \to 0} \dfrac{\log_a(x + \Delta x) - \log_a x}{\Delta x}$

$$= \lim_{\Delta x \to 0} \frac{\dfrac{x}{\Delta x} \cdot \log_a\left(1 + \dfrac{\Delta x}{x}\right)}{x}$$

$$= \lim_{\Delta x \to 0} \frac{\log_a\left(1 + \dfrac{\Delta x}{x}\right)^{\frac{x}{\Delta x}}}{x}$$

$$= \frac{1}{x}\log_a e = \frac{1}{x} \cdot \frac{\ln e}{\ln a} = \frac{1}{x\ln a}.$$

即

$$(\log_a x)' = \frac{1}{x\ln a}.$$

把 $a = e$ 代入上式,即得自然对数函数的求导公式:

$$(\ln x)' = \frac{1}{x}.$$

练习

1. 按幂函数的导数公式求下列函数的导数:

$y = x^4$; $y = x^{\frac{1}{3}}$; $y = x^{-\frac{1}{3}}$; $y = \dfrac{1}{x^2}$.

§11-1　微课视频

2. 求曲线 $y = \sin x$ 在点 $\left(\dfrac{\pi}{3}, \dfrac{\sqrt{3}}{2}\right)$ 处的切线方程.

习题 11-1

A 组

1. 一架直升机旋停在离地面 100 m 高的空中,从直升机上丢下一重物,在时刻 t(单位:s)重物的高度为 $h = 100 - 4.9t^2(\text{m})$. 求:

(1) 在时刻 t 到 $t + \Delta t$ 这段时间内重物下落的平均速度;

(2) 在时刻 t 重物下落的速度;

(3) 在 3 s 这一时刻重物下落的速度和重物的高度.

2. 设函数 $y = kx + b$（k、b 为常数），根据导数定义证明 $y' = k$.

3. 设函数 $f(x) = \dfrac{1}{x + 1}$，按导数定义求 $f'(x)$，然后求 $f'(1)$.

4. 按幂函数的导数公式求下列函数的导数：

(1) $y = x^6$；　　　　　　(2) $y = x^{-3}$；　　　　　　(3) $y = \sqrt[4]{x^3}$；

(4) $y = \dfrac{1}{\sqrt[5]{x}}$；　　　　　(5) $y = \sqrt{x} \cdot \sqrt[5]{x}$；　　　　(6) $y = \dfrac{x^2}{\sqrt[3]{x}}$.

5. 求曲线 $y = f(x)$ 在指定点处的切线方程：

(1) $f(x) = \ln x$，点 $(1, 0)$；　　　　　(2) $f(x) = \sqrt[3]{x}$，$x = 8$ 的点.

6. 设 $f(x) = \cos x$，$x \in (0, \pi)$，$f'(a) = -\dfrac{1}{2}$，求 a 的值.

7. 设一物体沿直线运动，其运动方程为 $s = t^3$（t、s 的单位分别为 s 和 m），求物体在 $t = 5$ s 时的速度.

B 组

1. 按导数定义证明余弦函数的导数公式：$(\cos x)' = -\sin x$.

2. 设 $f'(a) = -2$，求 $\lim\limits_{x \to a} \dfrac{f(a) - f(x)}{x - a}$.

3. 过曲线上一点且与该点处的切线垂直的直线，叫做曲线在该点处的**法线**. 求曲线 $y = \sqrt{x}$ 在点 $(4, 2)$ 处的法线方程.

4. 按上面 A 组第 7 题条件，求加速度函数 $a(t)$ 和 $t = 5$ 秒时的加速度.

*5. 生产某种产品 x（百件）的总收益为 $R(x) = 96x - 0.8x^2$（万元），求边际收益 $R'(x)$ 和 $R'(50)$.

6. 设 $\lim\limits_{h \to 0} \dfrac{(3 + h)^3 - 27}{h} = f'(a)$，求 a 和 $f(x)$.

§11-2　函数的和、差、积、商的求导法则

> ⊙ 函数求导的和、差法则、积法则、商法则　⊙ 正切函数的导数

如果函数 $u = u(x)$ 和 $v = v(x)$ 都在点 x 处可导，那么由它们的和、差、积、商形成的函数

也在点 x 处可导,且有

> （1）和、差法则　　　　$(u \pm v)' = u' \pm v'$;
>
> （2）积法则　　　　　　$(uv)' = u'v + uv'$,
>
> 特别地,　　　　　　　　$(Cu)' = Cu'$（C 为常数）;
>
> （3）商法则　　　　　　$\left(\dfrac{u}{v}\right)' = \dfrac{u'v - uv'}{v^2}$ （$v \neq 0$）.

上面的和、差法则可以推广到有限多个可导函数的情形.

例 1　设函数 $y = 2x^3 + 3\cos x - 4\ln x$, 求 y'.

解　$y' = (2x^3 + 3\cos x - 4\ln x)'$

$\qquad = (2x^3)' + (3\cos x)' - (4\ln x)'$

$\qquad = 6x^2 - 3\sin x - \dfrac{4}{x}$.

例 2　设函数 $y = \sqrt{x}\sin x$, 求 y'.

解　$y' = (\sqrt{x}\sin x)'$

$\qquad = (\sqrt{x})'\sin x + \sqrt{x}(\sin x)'$

$\qquad = \dfrac{1}{2\sqrt{x}}\sin x + \sqrt{x}\cos x$.

例 3　设 $y = \tan x$, 求 y'.

解　$y' = (\tan x)' = \left(\dfrac{\sin x}{\cos x}\right)'$

$\qquad = \dfrac{(\sin x)'\cos x - \sin x(\cos x)'}{\cos^2 x}$

$\qquad = \dfrac{\cos^2 x + \sin^2 x}{\cos^2 x} = \dfrac{1}{\cos^2 x}$.

现将所学的三个三角函数的求导公式汇总如下:

> $(\sin x)' = \cos x$;　　$(\cos x)' = -\sin x$;　　$(\tan x)' = \dfrac{1}{\cos^2 x}$.

例 4 求曲线 $y = \dfrac{1 - \tan x}{1 + \tan x}$ 在 $x = \dfrac{\pi}{4}$ 处的切线方程.

解 当 $x = \dfrac{\pi}{4}$ 时, $y = 0$,即 $x = \dfrac{\pi}{4}$ 的点为 $\left(\dfrac{\pi}{4},\ 0\right)$. 设在该点处切线的斜率为 k.

$$y' = \left(\frac{1 - \tan x}{1 + \tan x}\right)' = \frac{(1 - \tan x)'(1 + \tan x) - (1 - \tan x)(1 + \tan x)'}{(1 + \tan x)^2}$$

$$= \frac{-\dfrac{1}{\cos^2 x} \cdot (1 + \tan x) - (1 - \tan x) \cdot \dfrac{1}{\cos^2 x}}{(1 + \tan x)^2}$$

$$= -\frac{2}{(1 + \tan x)^2 \cdot \cos^2 x}.$$

于是
$$k = y'\Big|_{x = \frac{\pi}{4}} = -\frac{2}{(1 + \tan x)^2 \cdot \cos^2 x}\bigg|_{x = \frac{\pi}{4}} = -1.$$

所以,要求的切线方程为

$$y - 0 = -\left(x - \frac{\pi}{4}\right),$$

即
$$x + y - \frac{\pi}{4} = 0.$$

§ 11-2 微课视频

练习

求下列函数的导数:

(1) $y = 3x^4 + 2\sin x - \dfrac{1}{x}$;

(2) $y = (x^3 - 1)\ln x$;

(3) $y = \dfrac{\cos x}{1 + x}$;

(4) $y = \dfrac{3x + 4\sqrt{x} - 5}{\sqrt{x}}$.

习题 11-2

A 组

1. 求下列函数的导数:

(1) $y = 5x^3 - 2\sqrt{x} + \pi^2$;   (2) $y = (1 - x^2)\tan x$;   (3) $y = 2x^4 \ln x$;

(4) $y = \dfrac{1}{1 + x^2}$;

(5) $y = \dfrac{1 + \cos x}{1 - \cos x}$;

(6) $y = \dfrac{1 + \ln x}{x}$;

(7) $s = \dfrac{3t}{9 + t^2}$;

(8) $y = \dfrac{2x\log_3 x - x\sqrt{x} - 3}{x}$;

(9) $y = \dfrac{x\sin x}{1 + \cos x}$.

2. 求曲线 $y = \dfrac{1}{x - 1}$ 在点 $(2, 1)$ 处的切线方程.

3. 求曲线 $y = 1 - \dfrac{1}{1 + x^2}$ 在点 $\left(-1, \dfrac{1}{2}\right)$ 处的切线方程.

4. 曲线 $y = \dfrac{x}{1 + x^2}$ 上哪些点处的切线平行于 x 轴?

5. 一质点沿 s 轴运动, 在时刻 t(单位: s)的位移 s(单位: m)为

$$s = -\frac{1}{3}t^3 + 6t^2 - 10.$$

(1) 求在时刻 t 质点的速度 $v(t)$;

(2) 求 $t = 2\,\text{s}$ 和 $t = 4\,\text{s}$ 时质点的速度;

(3) 何时速度零?

6. 在时刻 t(单位: s)通过导线某指定截面的电量 Q(单位: C)为

$$Q = t^3 - 3t^2 + 9t + 1.$$

分别求 $t = 1\,\text{s}$ 和 $t = 2\,\text{s}$ 时导线内的电流强度.

B 组

1. 某人患病发烧, 其体温 θ(单位: ℃)与时间 t(单位: h)的关系近似为

$$\theta = \frac{12t}{t^2 + 4} + 37.$$

(1) 求在时刻 t 体温相对于时间的变化率;

(2) 分别求 $t = 1\,\text{h}$, $t = 4\,\text{h}$ 时体温的变化率;

*(3) 试说明(2)中结果的具体实际意义.

2. 假设抛物线 $y = ax^2 + bx + 1$ 在点 $(1, 2)$ 处的切线方程为 $y = 4x - 2$, 求 a、b 的值.

3. (1) 设三个函数 $u = u(x)$, $v = v(x)$ 和 $w = w(x)$ 均在点 x 处可导, 试运用本节中的积法则证明:

$$(uvw)' = u'vw + uv'w + uvw'.$$

(2) 利用(1)的结果求函数 $y = x^3 \cdot \sin x \cdot \ln x$ 的导数.

§11-3 复合函数的导数 参数方程表示的函数的导数

⊙复合函数求导法则 ⊙参数方程表示的函数的求导公式

一、复合函数的求导法则

函数 $y = \sin 2x$ 可以看成由 $y = \sin u$，$u = 2x$ 复合而成. 下面来看 $\dfrac{dy}{dx}$ 与 $\dfrac{dy}{du} \cdot \dfrac{du}{dx}$ 之间的关系.

因为 $y = \sin 2x = 2\sin x \cos x$，所以

$$\frac{dy}{dx} = (2\sin x \cos x)' = 2\big[(\sin x)'\cos x + \sin x(\cos x)'\big]$$

$$= 2(\cos^2 x - \sin^2 x) = 2\cos 2x;$$

$$\frac{dy}{du} = (\sin u)' = \cos u = \cos 2x, \quad \frac{du}{dx} = (2x)' = 2,$$

于是

$$\frac{dy}{du} \cdot \frac{du}{dx} = 2\cos 2x = \frac{dy}{dx}.$$

关于复合函数的导数，一般地，有如下法则：

> **复合函数求导法则** 如果函数 $u = \varphi(x)$ 在点 x 处可导，函数 $y = f(u)$ 在对应点 u 处可导，那么复合函数 $y = f[\varphi(x)]$ 在点 x 处可导，且
>
> $$\frac{dy}{dx} = \frac{dy}{du} \cdot \frac{du}{dx}, \qquad (11-2)$$
>
> 或写成
> $$y'_x = y'_u \cdot u'_x.$$

即复合函数 $y = f[\varphi(x)]$ 对自变量 x 的导数，等于 y 对中间变量 u 的导数乘以 u 对自变量 x 的导数.

例 1 求函数 $y = (3x - 1)^{10}$ 的导数.

解 函数 $y = (3x - 1)^{10}$ 可以看成由 $y = u^{10}$，$u = 3x - 1$ 复合而成. 因为

$$\frac{dy}{du} = 10u^9, \qquad \frac{du}{dx} = 3,$$

所以

$$\frac{dy}{dx} = \frac{dy}{du} \cdot \frac{du}{dx} = 3 \times 10u^9 = 30(3x - 1)^9.$$

当复合函数由三个或更多的函数复合而成时,例如,$y = f(u)$、$u = g(v)$、$v = \varphi(x)$ 复合成 $y = f(g(\varphi(x)))$,由(11 - 2)得

$$\frac{\mathrm{d}y}{\mathrm{d}x} = \frac{\mathrm{d}y}{\mathrm{d}u} \cdot \frac{\mathrm{d}u}{\mathrm{d}x} = \frac{\mathrm{d}y}{\mathrm{d}u} \cdot \left(\frac{\mathrm{d}u}{\mathrm{d}v} \cdot \frac{\mathrm{d}v}{\mathrm{d}x} \right) = \frac{\mathrm{d}y}{\mathrm{d}u} \cdot \frac{\mathrm{d}u}{\mathrm{d}v} \cdot \frac{\mathrm{d}v}{\mathrm{d}x}.$$

因为 u 仍是 x 的复合函数,所以在上式中对 $\dfrac{\mathrm{d}u}{\mathrm{d}x}$ 也运用了公式(11 - 2).

例 2 求函数 $y = \sqrt{\ln(1 + x^2)}$ 的导数.

解 函数 $y = \sqrt{\ln(1 + x^2)}$ 可以看成由 $y = \sqrt{u}$,$u = \ln v$,$v = 1 + x^2$ 复合而成. 因为

$$\frac{\mathrm{d}y}{\mathrm{d}u} = \frac{1}{2\sqrt{u}}, \ \frac{\mathrm{d}u}{\mathrm{d}v} = \frac{1}{v}, \ \frac{\mathrm{d}v}{\mathrm{d}x} = 2x,$$

所以

$$\frac{\mathrm{d}y}{\mathrm{d}x} = \frac{\mathrm{d}y}{\mathrm{d}u} \cdot \frac{\mathrm{d}u}{\mathrm{d}v} \cdot \frac{\mathrm{d}v}{\mathrm{d}x} = \frac{1}{2\sqrt{u}} \cdot \frac{1}{v} \cdot 2x = \frac{x}{(1 + x^2)\sqrt{\ln(1 + x^2)}}.$$

在运用公式(11 - 2)求导时,中间变量可以不写出来,默记在心里,逐步求导即可. 例如,对上面例 1、例 2 中的函数求导,过程可以写成:

$$\left[(3x - 1)^{10} \right]' = 10(3x - 1)^9 (3x - 1)' = 30(3x - 1)^9;$$

$$\left(\sqrt{\ln(1 + x^2)} \right)' = \frac{1}{2\sqrt{\ln(1 + x^2)}} \cdot \left[\ln(1 + x^2) \right]'$$

$$= \frac{1}{2\sqrt{\ln(1 + x^2)}} \cdot \frac{1}{1 + x^2} \cdot (1 + x^2)'$$

$$= \frac{x}{(1 + x^2)\sqrt{\ln(1 + x^2)}}.$$

例 3 求函数 $y = \sin^2 3x$ 的导数.

解 $y' = (\sin^2 3x)' = 2\sin 3x \cdot (\sin 3x)'$

$\qquad = 2\sin 3x \cdot \cos 3x \cdot (3x)' = 3\sin 6x.$

解练习题
微课视频

练习

求下列函数的导数:

(1) $y = \sin 5x$;　　　　　(2) $y = (2x + 3)^5$;　　　　　(3) $y = (1 - 3x)^6$;

(4) $y = \cos x^2$;　　　　　　(5) $y = \cos^2 x$;　　　　　　(6) $y = \tan(x^2 + 1)$.

二、参数方程表示的函数的求导公式

假设函数 $y = f(x)$ 由参数方程

$$\begin{cases} x = \varphi(t), \\ y = \psi(t) \end{cases}$$ ①

确定. 下面来看怎样由参数方程①求出 y 对 x 的导数 $\dfrac{\mathrm{d}y}{\mathrm{d}x}$.

函数 $y = \psi(t)$ 可以看成是由 $y = f(x)$ 和 $x = \varphi(t)$ 复合而成的复合函数 $y = f(\varphi(t))$, x 是中间变量. 设 $x = \varphi(t)$, $y = \psi(t)$ 都在 t 处可导, $y = f(x)$ 在 x 处可导. 由公式(11–2), 得

$$\frac{\mathrm{d}y}{\mathrm{d}t} = \frac{\mathrm{d}y}{\mathrm{d}x} \cdot \frac{\mathrm{d}x}{\mathrm{d}t},$$

当 $\dfrac{\mathrm{d}x}{\mathrm{d}t} \neq 0$ 时, 在上式两边同时除以 $\dfrac{\mathrm{d}x}{\mathrm{d}t}$, 得

$$\frac{\mathrm{d}y}{\mathrm{d}x} = \frac{\dfrac{\mathrm{d}y}{\mathrm{d}t}}{\dfrac{\mathrm{d}x}{\mathrm{d}t}} = \frac{\psi'(t)}{\varphi'(t)}. \tag{11–3}$$

这就是由参数方程①求 y 对 x 导数的公式.

例 4　求曲线 $\begin{cases} x = t + \dfrac{1}{t}, \\ y = t - \dfrac{1}{t} \end{cases}$ 在 $t = 2$ 时所对应的点处的切线方程.

解　$t = 2$ 时, $x = \dfrac{5}{2}$, $y = \dfrac{3}{2}$, 即 $t = 2$ 时的点为 $\left(\dfrac{5}{2}, \dfrac{3}{2}\right)$. 由公式(11–3)得

$$\frac{\mathrm{d}y}{\mathrm{d}x} = \frac{\left(t - \dfrac{1}{t}\right)'}{\left(t + \dfrac{1}{t}\right)'} = \frac{t^2 + 1}{t^2 - 1},$$

所以所求切线的斜率为

$$k = \frac{dy}{dx}\bigg|_{t=2} = \frac{t^2+1}{t^2-1}\bigg|_{t=2} = \frac{5}{3}.$$

故所求的切线方程为

$$y - \frac{3}{2} = \frac{5}{3}\left(x - \frac{5}{2}\right),$$

即

$$5x - 3y - 8 = 0.$$

§11-3 微课视频

练习

求由下列参数方程确定的函数的导数 $\dfrac{dy}{dx}$:

(1) $\begin{cases} x = 3 - 5t, \\ y = 5 + 2t; \end{cases}$ 　　　　　　(2) $\begin{cases} x = 5\cos\theta, \\ y = 4\sin\theta. \end{cases}$

习题 11-3

A 组

1. 求下列函数的导数:

(1) $y = (x + 5)^3$;　　　(2) $y = (2 - 7x)^5$;　　　(3) $y = (3x^2 - 5x + 1)^2$;

(4) $y = \sqrt{2x + 3}$;　　　(5) $y = \sqrt[3]{1 + x^2}$;　　　(6) $y = \sin x^3$;

(7) $y = \cos^3 x$;　　　(8) $y = \tan(2x + 1)$;　　　(9) $y = \ln 3x$;

(10) $y = \ln(x^2 - 1)$;　　　(11) $y = \cos^2\sqrt{x}$;　　　(12) $y = \ln\sin 2x$;

(13) $y = \sin\dfrac{1}{x}$;　　　(14) $y = \tan^3 x$;　　　(15) $y = \ln[\ln(\ln x)]$.

2. 设函数 $y = \dfrac{1}{\varphi(x)}$, $\varphi(x)$ 在点 x 处可导,利用公式(11-2)证明

$$\frac{dy}{dx} = -\frac{\varphi'(x)}{[\varphi(x)]^2}.$$

3. 利用上面第2题证明的公式,求下列函数的导数:

(1) $y = \dfrac{1}{a^2 + x^2}$ (a 为常数);　　　　　(2) $y = \dfrac{3}{3x^2 + 5x - 1}$;

（3）$y = \dfrac{1}{\ln(x+1)}$；

（4）$y = \dfrac{1}{\sqrt{ax+b}}$（$a$、$b$ 为常数，$a \neq 0$）．

4. 求由参数方程表示的函数的导数 $\dfrac{\mathrm{d}y}{\mathrm{d}x}$：

（1）$\begin{cases} x = t^2 - 1, \\ y = 3 - 2t; \end{cases}$

（2）$\begin{cases} x = 2\cos t, \\ y = t - \cos t; \end{cases}$

（3）$\begin{cases} x = 2\sin \theta, \\ y = 4\cos 2\theta. \end{cases}$

5. 求曲线在指定点处的切线方程：

（1）$y = (1 + 2x)^6$，点$(0, 1)$；

（2）$y = \ln(2x - 1)$，点$(1, 0)$；

（3）$\begin{cases} x = \ln t, \\ y = \sqrt{t}, \end{cases}$（$t \geqslant 1$），$t = 4$ 时；

（4）$\begin{cases} x = t^2 + 2t, \\ y = t - 1, \end{cases}$ $t = 1$ 时．

6. 一物体沿直线作上下振动，在时刻 t（单位：s）的位移 s（单位：cm）为

$$s = 15 + 3\sin(10\pi t).$$

（1）求物体在时刻 t s 时的速度；

（2）求物体在 $t = 0.5$ s 时的速度．

B　组

1. 求下列函数的导数：

（1）$y = \sqrt{x + \sqrt{x}}$；

（2）$y = \sqrt{x\sqrt{x\sqrt{x}}}$；

（3）$y = \cos(\cos(\cos x))$；

（4）$y = \ln\sqrt{1 + \sin^2 x}$．

2. 一球状物，其半径 r 随时间 t 而变，如果 $r = \sqrt{t}$，试求当 $t = 4$ 时物体体积相对于时间的变化率．

3. 设质点离起点的距离为 s 米时的瞬时速度为 $v = k\sqrt{s}$（m/s），k 为常数，试证明质点的加速度为常数．

4. 证明：

（1）奇函数的导数是偶函数；

（2）偶函数的导数是奇函数．

§11-4　隐函数的导数

⊙隐函数的导数　⊙指数函数、三个反三角函数的导数　⊙对数求导法

一、隐函数的导数

1. 隐函数的概念

前面见到的函数,大都是因变量 y 用关于自变量 x 的表达式来表示的,如 $y = (3x - 1)^{10}$,$y = \sqrt{x} \sin x$ 等,这样表示的函数,也称为**显函数**. 下面来看方程

$$x^2 + y^2 = 16.$$

对区间 $[-4, 4]$ 上的每一个 x 的值,按这个方程,都有一或两个确定的 y 值和它对应,因此,这个方程确定了一个(多值)函数 $y = y(x)$.

一般地,如果因变量 y 未用关于自变量 x 的表达式来表示,x 与 y 之间的对应关系由一个方程 $F(x, y) = 0$ 确定,这样表示的函数称为**隐函数**.

由方程 $x^2 + y^2 = 16$ 解得

$$y = \sqrt{16 - x^2} \text{ 和 } y = -\sqrt{16 - x^2},$$

这就得到两个单值的显函数.

事实上,许多方程是很难或不能够把因变量解出来的.

例如,从方程

$$y - x - \varepsilon \sin y = 0 \ (\varepsilon \text{ 为常数})$$

就不能解出 y.

2. 隐函数的导数

下面通过例子来说明如何直接由方程求出隐函数的导数.

例 1 求由方程 $y - x - \varepsilon \sin y = 0$ 所确定的隐函数的导数 $\dfrac{\mathrm{d}y}{\mathrm{d}x}$.

解 把 x 看作自变量,y 看作 x 的函数,在方程两边对 x 求导,得

$$y'_x - (x)'_x - \varepsilon (\sin y)'_x = 0,$$
$$y'_x - 1 - \varepsilon (\cos y) \cdot y'_x = 0,$$

解出 y'_x,即 $\dfrac{\mathrm{d}y}{\mathrm{d}x}$,得

$$\frac{\mathrm{d}y}{\mathrm{d}x} = \frac{1}{1 - \varepsilon \cos y}. \quad (1 - \varepsilon \cos y \neq 0)$$

因为 y 是 x 的函数,所以 $\sin y$ 是以 y 为中间变量的 x 的复合函数,因此,在上面例 1 中求 $\sin y$ 对 x 的导数时运用了公式(11-2).

一般地,在求隐函数的导数 $\dfrac{\mathrm{d}y}{\mathrm{d}x}$ 时,如果遇到 y 的函数 $\varphi(y)$,那么 $\varphi(y)$ 就应看成是以 y 为

中间变量的 x 的复合函数,要运用复合函数求导法则去求 $\varphi(y)$ 对 x 的导数,即

$$\frac{\mathrm{d}}{\mathrm{d}x}\varphi(y) = \frac{\mathrm{d}}{\mathrm{d}y}\varphi(y) \cdot \frac{\mathrm{d}y}{\mathrm{d}x}$$

$$= \varphi'(y) \cdot y'_x.$$

例 2 求曲线 $x^2 + 2xy - y^2 + x = 2$ 在点 $(1, 2)$ 处的切线方程.

解 在方程两边对 x 求导,得

$$2x + 2(y + xy'_x) - 2y \cdot y'_x + 1 = 0,$$

解得

$$y'_x = \frac{2x + 2y + 1}{2y - 2x} \quad (y \neq x).$$

所求切线的斜率为

$$k = y'_x \Big|_{\substack{x=1 \\ y=2}} = \frac{2 \times 1 + 2 \times 2 + 1}{2 \times 2 - 2 \times 1} = \frac{7}{2},$$

曲线在点 $(1, 2)$ 处的切线方程为

$$y - 2 = \frac{7}{2}(x - 1),$$

即

$$7x - 2y - 3 = 0.$$

例 3 求指数函数 $y = a^x$ 的导数.

解 把指数式 $y = a^x$ 写成对数式:

$$\log_a y = x.$$

在上式两边对 x 求导,得

$$\frac{1}{y \ln a} y'_x = 1,$$

$$y'_x = y \ln a = a^x \ln a.$$

这就得到指数函数 $y = a^x$ 的求导公式:

$$(a^x)' = a^x \ln a.$$

把 $a = \mathrm{e}$ 代入上式,即得自然指数函数的求导公式:

$$(\mathrm{e}^x)' = \mathrm{e}^x.$$

例 4 求反正弦函数 $y = \arcsin x$ 的导数.

解 由 $y = \arcsin x$ $(-1 < x < 1)$ 得

$$\sin y = x \quad \left(-\frac{\pi}{2} < y < \frac{\pi}{2}\right).$$

在上式两边对 x 求导,得

$$(\cos y) \cdot y'_x = 1,$$

$$y'_x = \frac{1}{\cos y}.$$

因为当 $-\frac{\pi}{2} < y < \frac{\pi}{2}$ 时,$\cos y > 0$,所以 $\cos y = \sqrt{1 - \sin^2 y} = \sqrt{1 - x^2}$,于是

$$(\arcsin x)' = y'_x = \frac{1}{\cos y} = \frac{1}{\sqrt{1 - x^2}}.$$

类似地,可以得出:

$$(\arccos x)' = -\frac{1}{\sqrt{1 - x^2}}; \quad (\arctan x)' = \frac{1}{1 + x^2}.$$

例 5 求下列函数的导数:

(1) $y = (\arcsin x)^2$; (2) $y = e^{\arctan x}$.

解 (1) $y' = [(\arcsin x)^2]' = 2\arcsin x (\arcsin x)' = \frac{2\arcsin x}{\sqrt{1 - x^2}}.$

(2) $y' = (e^{\arctan x})' = e^{\arctan x} \cdot (\arctan x)' = \frac{e^{\arctan x}}{1 + x^2}.$

现将以上所学的基本初等函数的求导公式汇于下表:

1	$(C)' = 0(C \text{ 为常数})$	**2**	$(x^{\alpha})' = \alpha x^{\alpha - 1}$
3	$(a^x)' = a^x \ln a$	**4**	$(e^x)' = e^x$
5	$(\log_a x)' = \frac{1}{x \ln a}$	**6**	$(\ln x)' = \frac{1}{x}$
7	$(\sin x)' = \cos x$	**8**	$(\cos x)' = -\sin x$
9	$(\tan x)' = \frac{1}{\cos^2 x}$	**10**	$(\arcsin x)' = \frac{1}{\sqrt{1 - x^2}}$
11	$(\arccos x)' = -\frac{1}{\sqrt{1 - x^2}}$	**12**	$(\arctan x)' = \frac{1}{1 + x^2}$

练习

1. 求下列隐函数的导数 $\dfrac{\mathrm{d}y}{\mathrm{d}x}$：

(1) $2x + 3y - 9 = 0$；　　(2) $y^2 = 8 - 2x$；　　(3) $x^3 + y^3 = 2xy$.

2. 求下列函数的导数：

(1) $y = 2^x$；　　(2) $y = \left(\dfrac{1}{2}\right)^x$；　　(3) $y = \mathrm{e}^{-x}$；

(4) $y = \mathrm{e}^{x^2}$；　　(5) $y = \mathrm{e}^{\arcsin x}$；　　(6) $y = (\arccos x)^3$；

(7) $y = 2\arcsin \dfrac{x}{3}$；　　(8) $y = \ln(\arctan x)$；　　(9) $y = \arctan\sqrt{x}$.

二、对数求导法

先看一个例子.

例 6　求函数 $y = \dfrac{\sqrt{(x-2)(x^2+1)}}{\sqrt[3]{(3x+2)^2}}$ 的导数.

解　在等式两边取自然对数，并根据对数运算性质，得

$$\ln y = \frac{1}{2}\ln(x-2) + \frac{1}{2}\ln(x^2+1) - \frac{2}{3}\ln(3x+2).$$

运用隐函数的求导方法，在上式两边对 x 求导，得，

$$\frac{1}{y} \cdot y' = \frac{1}{2(x-2)} + \frac{x}{x^2+1} - \frac{2}{3x+2},$$

解出 y'，得

$$y' = y\left[\frac{1}{2(x-2)} + \frac{x}{x^2+1} - \frac{2}{3x+2}\right]$$

$$= \frac{\sqrt{(x-2)(x^2+1)}}{\sqrt[3]{(3x+2)^2}}\left[\frac{1}{2(x-2)} + \frac{x}{x^2+1} - \frac{2}{3x+2}\right].$$

像例 6 这样，首先在表示函数的等式两边取自然对数然后再求导数的方法，称为**对数求导法**. 当函数的表达式由较复杂的积、商、幂构成时，运用对数求导法求导数往往较为简便. 形如 $y = f(x)^{\varphi(x)}$ 的函数，称为**幂指函数**，对数求导法也适用于求这类函数的导数.

例7 求函数 $y = x^{\sin x}(x > 0)$ 的导数.

解 在等式两边取自然对数,得

$$\ln y = \sin x \cdot \ln x,$$

在上式两边对 x 求导,得

$$\frac{1}{y}y' = \cos x \cdot \ln x + \frac{\sin x}{x},$$

$$y' = y\left(\cos x \cdot \ln x + \frac{\sin x}{x}\right)$$

$$= x^{\sin x}\left(\cos x \cdot \ln x + \frac{\sin x}{x}\right).$$

练习

求下列函数的导数:

(1) $y = \dfrac{\sqrt[5]{(x+3)^2}}{(x^2+1)^6}$;   (2) $y = x^x(x > 0)$.

§11-4 微课视频

习题 11-4

A 组

1. 求由下列方程确定的隐函数的导数 $\dfrac{dy}{dx}$:

(1) $x^2 + y^2 = 4$;   (2) $y^3 = x^2$;   (3) $3x^2 + 4y^2 = 12$;

(4) $x^3 + y^3 - 4xy = 0$;   (5) $\sin y = \sqrt{x}$;   (6) $\sin x - \cos y = 0$;

(7) $x = 1 + \sqrt{y}$;   (8) $\sqrt{x} + \sqrt{y} = 1$;   (9) $e^y = xy$.

2. 求下列曲线在指定点处的切线方程:

(1) $y^2 = 9x$, 点 $(1, 3)$;

(2) $x^2 + xy + y^2 - 4 = 0$, 点 $(-2, 2)$.

3. 求下列函数的导数:

(1) $y = 10^x$;   (2) $y = e^{3x+1}$;   (3) $y = e^{-\frac{x^2}{2}}$;

(4) $y = \arctan e^x$;   (5) $y = 2(\arcsin x)^3$;   (6) $y = \arccos(2x)$;

（7）$y = \arctan \dfrac{1}{x}$；　　　（8）$y = \dfrac{1}{\arctan x}$；　　　（9）$y = \mathrm{e}^{\arcsin\sqrt{x}}$.

4. 已知在电阻与电容串联的电路中，充电时电容上电压的变化规律为

$$u = E(1 - \mathrm{e}^{-\frac{t}{RC}}) \quad (E、R、C \text{ 为正常数}).$$

（1）求电容充电的速度 $\dfrac{\mathrm{d}u}{\mathrm{d}t}$；

（2）求 $t = RC$ 时的充电速度.

5. 已知某种细菌在时刻 t（单位：h）的总数为

$$f(t) = 100 \cdot 4^t.$$

求 3 个小时后细菌数量的增长速度（保留整数）.

6. m_0 克碳 14，t 年后质量衰减为

$$m = m_0 \mathrm{e}^{-0.000\,121t}.$$

求碳 14 在 t 年时的衰减速度.

7. 用对数求导法求导数：

（1）$y = x^3 \cdot \sqrt[3]{x - 1}$；　　（2）$y = \dfrac{(x + 2)^3}{\sqrt[5]{x - 2}}$；　　（3）$y = x^{\sqrt{x}}$.

B 组

1. 求下列函数的导数：

（1）$y = \ln(\mathrm{e}^{\sin x} \cdot \cos 2x)$；　　（2）$y = \ln \dfrac{1 + \sin x}{1 - \sin x}$；　　（3）$y = \sin \mathrm{e}^{-t^2}$.

2. 用对数求导法求导数：

（1）$y = \sqrt[3]{\dfrac{x^5(x - 3)}{1 + x^2}}$；　　（2）$y = x^{\ln x}$；　　（3）$y = (\sin x)^x$.

3. 按照相对论，当物体以接近光速运动时，它的质量将由静止时的 m_0 变得更大，且质量 m 与运动速度 v 的关系为

$$m = \dfrac{m_0}{\sqrt{1 - \dfrac{v^2}{c^2}}},$$

其中 c 是常数，即光速.

（1）求质量 m 相对于速度 v 的变化率；

（2）考察当 $v \to c^-$ 时质量将发生怎样的变化.

§11-5　高阶导数

⊙ 二阶导数、n 阶导数　⊙ 直线运动中位移对时间的二阶导数的意义

设函数 $y = f(x)$ 可导,如果它的导数 y' 仍可导,则把 y' 的导数 $(y')'$ 叫做函数 $y = f(x)$ 的**二阶导数**,记作 y'',即 $y'' = (y')'$. 除此外,还常用下面的记号表示 $y = f(x)$ 的二阶导数:

$$f''(x), \frac{\mathrm{d}^2 y}{\mathrm{d} x^2}.$$

同样道理,函数 $y = f(x)$ 的二阶导数的导数叫做 $y = f(x)$ 的三阶导数,$y = f(x)$ 的三阶导数的导数叫做 $y = f(x)$ 的四阶导数,依此类推,$y = f(x)$ 的 $n - 1$ 阶导数的导数叫做 $y = f(x)$ 的 n 阶导数. $y = f(x)$ 的三阶,四阶,$\cdots$,n 阶导数分别记作

$$y''', f'''(x), \frac{\mathrm{d}^3 y}{\mathrm{d} x^3};$$

$$y^{(4)}, f^{(4)}(x), \frac{\mathrm{d}^4 y}{\mathrm{d} x^4};$$

$$\cdots\cdots$$

$$y^{(n)}, f^{(n)}(x), \frac{\mathrm{d}^n y}{\mathrm{d} x^n}.$$

二阶及二阶以上的导数称为**高阶导数**.

在前面已经知道,如果物体沿直线运动,其位置函数 $s(t)$ 对时间 t 的导数是速度 $v(t)$,而速度函数 $v(t)$ 对时间 t 的导数则是物体的加速度,因此

在直线运动中,位移 $s(t)$ 对时间 t 的二阶导数就是加速度 $a(t)$.

例1　一物体沿直线运动,位置函数为

$$s(t) = t^3 - 10t^2 + 1(t \text{ 单位}: \text{s}, s \text{ 单位}: \text{m}).$$

（1）求速度函数和加速度函数;

（2）求 $t = 3 \text{ s}$ 时的加速度.

解　（1）设速度函数、加速度函数分别是 $v(t)$ 和 $a(t)$,则

$$v(t) = s'(t) = (t^3 - 10t^2 + 1)' = 3t^2 - 20t;$$

$$a(t) = s''(t) = (3t^2 - 20t)' = 6t - 20.$$

（2）$t = 3\,\mathrm{s}$ 时的加速度为

$$a(3) = s''(3) = 6 \times 3 - 20 = -2(\mathrm{m/s^2}).$$

例 2　求三次多项式 $P_3(x) = a_3 x^3 + a_2 x^2 + a_1 x + a_0$ 的三阶导数.

解　$P_3'(x) = 3a_3 x^2 + 2a_2 x + a_1$,

$P_3''(x) = 3 \cdot 2 \cdot a_3 x + 2 \cdot 1 \cdot a_2$,

$P_3'''(x) = 3 \cdot 2 \cdot 1 \cdot a_3 = 3! \cdot a_3$.

说明　这里用的记号 3!,读作 3 的**阶乘**,表示 1×2×3. 一般地,记号 n!读作 n 的阶乘,表示 $1 \times 2 \times 3 \times \cdots \times n$,即

$$n! = 1 \times 2 \times 3 \times \cdots \times n.$$

特别地,$1! = 1$,并规定 $0! = 1$.

一般地,设 n 次多项式 $P_n(x) = a_n x^n + a_{n-1} x^{n-1} + \cdots + a_1 x + a_0$,则

$$P_n^{(n)}(x) = n! \cdot a_n.$$

*　**例 3**　求函数 $y = \ln x$ 的 n 阶导数:

解　$y' = \dfrac{1}{x} = x^{-1}$, $y'' = (-1)^1 x^{-2}$,

$y''' = (-1)(-2)x^{-3} = (-1)^2 \cdot 2! \cdot x^{-3}$,

$y^{(4)} = (-1)^2 \cdot 2! \cdot (-3)x^{-4} = (-1)^3 \cdot 3! \cdot x^{-4}$,

……

$$y^{(n)} = (-1)^{n-1} \cdot (n-1)! \cdot x^{-n} = \frac{(-1)^{n-1}(n-1)!}{x^n}.$$

例 4　设 $y = x^2 \mathrm{e}^{5x}$,利用 MATLAB 求 y' 和 y'''.

解　在 MATLAB 的命令窗口中"＞＞"提示符后输入下面语句:

```
syms x
y1 = diff(x^2 * exp(5 * x),x)              %求一阶导数 y' 存入变量 y1
y3 = diff(x^2 * exp(5 * x),x,3)            %求三阶导数 y''' 存入变量 y3
```

运行结果为

```
y1 = 2 * x * exp(5 * x) + 5 * x^2 * exp(5 * x)
```

$$y3 = 30 * \exp(5 * x) + 150 * x * \exp(5 * x) + 125 * x^2 * \exp(5 * x)$$

即

$$y' = (2x + 5x^2)e^{5x}, \quad y''' = (30 + 150x + 125x^2)e^{5x}.$$

 练习

求下列函数的四阶导数:

(1) $y = x^3 + 9x^2$;　　　　　　　(2) $y = \dfrac{x^4}{24} - 1$;

(3) $y = 2^x$.

§11-5　微课视频

习题 11-5

A　组

1. 求下列函数的二阶导数:

(1) $y = (x - 2)^3$;　　　　(2) $y = e^{-x^2}$;　　　　(3) $y = \sin 2x$;

(4) $y = \cos^2 x$;　　　　(5) $y = xe^x$;　　　　(6) $y = x\ln x$;

(7) $y = x\sin \dfrac{x}{2}$;　　　　(8) $y = (x^2 + 1)^2$;　　　　(9) $y = (x^2 + 1)\arctan x$.

2. 设函数 $f(x) = 2x^3 + 5x^2 + 1$, 求 $f''(1)$.

3. 设函数 $y = \sqrt{1 - 2x}$, 求 $y''|_{x=0}$.

4. 求下列函数的 n 阶导数:

(1) $y = e^x$;　　　　　　　　(2) $y = 3^x$.

5. 设物体沿直线运动, 在时刻 t(单位:s)的位移 s(单位:m)为

$$s(t) = t^3 - 6t^2 + 9t + 1 \ (t \geqslant 0).$$

(1) 求在时刻 t 物体运动的加速度 $a(t)$;

(2) 求物体在速度等于零时的加速度.

B　组

*1. 求下列函数的 n 阶导数:

(1) $y = \dfrac{1}{1 + x}$;　　　　　　　　(2) $y = \cos x$.

2. 设函数 $y = Ax^2 + Bx + 1$ 满足 $y'' + y' = 3x$，求常数 A、B.

3. 利用 MATLAB 求高阶导数：

（1）$y = x^2 e^x$，求 $y^{(5)}$；

（2）$y = \dfrac{1}{1 + x^2}$，求 $y^{(4)}$.

§11-6 微分及其应用

⊙微分定义及其几何意义　⊙微分与导数的关系　⊙近似计算函数增量
⊙线性近似式

一、微分

设函数 $y = f(x)$ 在点 a 处可导，则

$$\lim_{\Delta x \to 0} \frac{\Delta y}{\Delta x} = f'(a).$$

因此当 $|\Delta x|$ 很小时，有

$$\frac{\Delta y}{\Delta x} \approx f'(a),$$

即

$$\Delta y \approx f'(a)\Delta x. \tag{11-4}$$

如图 11-4 所示，函数增量 Δy 是当自变量 x 从 a 变到 $a+\Delta x$ 时，曲线 $y = f(x)$ 上点的纵坐标的增量. 由

$$f'(a)\Delta x = \tan \alpha \cdot \Delta x = QT$$

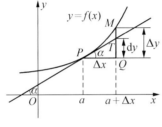

图 11-4

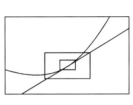

图 11-5

可知, $f'(a)\Delta x$ 是曲线在点 P 处的切线 PT 的纵坐标的增量. 因此, 近似式(11-4)表明的是当 $|\Delta x|$ 很小时, 在微小的局部范围内, 可"以直代曲", 即用切线近似代替曲线. 曲线段截得越短, 就越接近于直线段, 这是很明显的, 如图 11-5 所示.

> **定义** 设函数 $y=f(x)$ 在点 a 处可导, Δx 是自变量 x 在 a 的增量, 则把 $f'(a)\Delta x$ 叫做函数 $y=f(x)$ 在点 a 处的**微分**, 记作 $\mathrm{d}y$, 即
>
> $$\mathrm{d}y = f'(a)\Delta x. \tag{11-5}$$

即函数在点 a 处的微分就是在该点处的导数与自变量增量的乘积.

例如, 设 $y=x^2$, 取 $x=3$, $\Delta x=0.01$, 则

$$\mathrm{d}y = (x^2)'\Delta x \Big|_{\substack{x=3 \\ \Delta x=0.01}} = 2x \cdot \Delta x \Big|_{\substack{x=3 \\ \Delta x=0.01}} = 2 \times 3 \times 0.01 = 0.06.$$

规定: 自变量 x 的增量 Δx 为自变量 x 的微分, 即

$$\mathrm{d}x = \Delta x.$$

于是, 式(11-5)又写成

$$\mathrm{d}y = f'(a)\mathrm{d}x. \tag{11-5'}$$

> 一般地, 把函数 $y=f(x)$ 在其可导的任意点 x 处的微分
>
> $$\mathrm{d}y = f'(x)\mathrm{d}x \tag{11-6}$$
>
> 叫做**函数 $y=f(x)$ 的微分**.

由式(11-6)得

$$\frac{\mathrm{d}y}{\mathrm{d}x} = f'(x).$$

由此可知, 有了微分的概念, 此前仅是导数记号的 $\dfrac{\mathrm{d}y}{\mathrm{d}x}$ 也有了新的意义——微分之商. 即函数 $y=f(x)$ 的导数就是自变量 x 的微分 $\mathrm{d}x$ 去除函数 y 的微分 $\mathrm{d}y$ 所得的商. 有了这种关系, 利用微分求导数有时是比较方便的.

例 1 设曲线由参数方程 $\begin{cases} x=\cos 2t \\ y=\sin 2t \end{cases}$ 表示, 求曲线在 $t=\dfrac{\pi}{8}$ 对应点处的切线斜率 k.

解 因为

$$\frac{dy}{dx} = \frac{d(\sin 2t)}{d(\cos 2t)} = \frac{(\sin 2t)'dt}{(\cos 2t)'dt}$$

$$= \frac{2\cos 2t}{-2\sin 2t} = -\frac{1}{\tan 2t},$$

所以

$$k = \frac{dy}{dx}\bigg|_{t=\frac{\pi}{8}} = -\frac{1}{\tan 2t}\bigg|_{t=\frac{\pi}{8}} = -\frac{1}{\tan \frac{\pi}{4}} = -1.$$

在上面的讨论中已经知道：

函数 $y = f(x)$ 在点 a 处的微分 $f'(a)dx$ 就是曲线 $y = f(x)$ 在点 $P(a, f(a))$ 处的切线 PT 的纵坐标的增量（如图 11-4 所示）. 这就是**微分的几何意义**.

例2 设函数 $y = f(x) = x^3$，按下列条件计算 Δy、dy 以及误差 $|\Delta y - dy|$.

（1）x 从 2 变到 2.1；

（2）x 从 2 变到 2.01.

解 （1）$\Delta y = f(2.1) - f(2) = 2.1^3 - 2^3 = 1.261.$

因 $dx = 2.1 - 2 = 0.1$，所以

$$dy\bigg|_{\substack{x=2\\dx=0.1}} = (x^3)'dx\bigg|_{\substack{x=2\\dx=0.1}} = 3x^2dx\bigg|_{\substack{x=2\\dx=0.1}} = 3 \times 2^2 \times 0.1 = 1.2.$$

于是

$$|\Delta y - dy| = |1.261 - 1.2| = 0.061.$$

误差小于十分之一.

（2）$\Delta y = f(2.01) - f(2) = 2.01^3 - 2^3 = 0.120601.$

因 $dx = 2.01 - 2 = 0.01$，所以

$$dy\bigg|_{\substack{x=2\\dx=0.01}} = 3x^2dx\bigg|_{\substack{x=2\\dx=0.01}} = 3 \times 2^2 \times 0.01 = 0.12.$$

于是

$$|\Delta y - dy| = |0.120601 - 0.12| = 0.000601.$$

误差已小于千分之一.

从上面的计算清楚看到，$|\Delta x|$ 相对较小时，dy 与 Δy 的近似程度就相对较高.

练习

1. 求函数的微分 dy：

(1) $y = 3x^4 - 2x + 1$；　　(2) $y = \sin 3x$；　　(3) $y = e^{\frac{x}{2}}$．

2. 设函数 $y = x^2 + 3x$，按条件计算 Δy、dy 及误差 $|\Delta y - dy|$：

(1) x 从 1 变到 1.01；

(2) x 从 1 变到 1.001．

二、微分的应用

1. 近似计算函数的增量

由式(11-4)和(11-5)可知

$$\Delta y \approx dy. \quad (|\Delta x| \text{ 很小})$$

即当 $|\Delta x|$ 相对较小时，函数的增量与函数的微分近似相等.

计算函数的增量往往比较麻烦、困难，而微分是自变量增量的线性函数，计算起来通常相对比较简便. 因此，当 $|\Delta x|$ 相对较小时，常用微分 dy 的值作为增量 Δy 的近似值.

例3　球壳外径 20 cm，厚度 2 mm，求球壳体积的近似值.

解　因为半径为 R 的球的体积为 $V(R) = \dfrac{4}{3}\pi R^3$，所以球壳的体积为

$$|\Delta V| = |V(10 - 0.2) - V(10)| = |V(9.8) - V(10)| \ (\text{cm}^3).$$

由于壳的厚度 $|\Delta R| = 0.2$ cm，相对于半径 $R = 10$ cm 来说较小，因而可以用 $|dV|$ 近似代替 $|\Delta V|$：

$$|dV| = |4\pi R^2 \cdot \Delta R|,$$

把 $R = 10$，$\Delta R = -0.2$ 代入上式，得

$$|\Delta V| \approx |dV| = |4\pi \times 10^2 \times (-0.2)| \approx 251.3(\text{cm}^3).$$

练习

设正方形的边长 x 从 a 变到 $a + \Delta x$，问正方形的面积约改变了多少？

2. 线性近似

设函数 $y = f(x)$，当 x 从 a 变到 $a + \Delta x(|\Delta x|$ 很小$)$时，按式(11-4)，有

$$f(a + \Delta x) - f(a) \approx f'(a)\Delta x,$$

即 $$f(a + \Delta x) \approx f(a) + f'(a)\Delta x.$$

记 $a + \Delta x = x$，则 $\Delta x = x - a$，这样，上式又写成

$$f(x) \approx f(a) + f'(a)(x - a) \quad (|x - a| \text{ 很小}). \tag{11-7}$$

式 (11-7) 叫做函数 $f(x)$ 在 $x = a$ 附近的**线性近似式**. 特别地，令 $a = 0$，就得到 $f(x)$ 在 $x = 0$ 附近的线性近似式

$$f(x) \approx f(0) + f'(0)x \quad (|x| \text{ 很小}). \tag{11-8}$$

例 4 证明：当 $|x|$ 很小时，

$$\sqrt[n]{1 + x} \approx 1 + \frac{1}{n}x,$$

并计算 $\sqrt{1.01}$ 的近似值.

证 设 $f(x) = \sqrt[n]{1 + x}$，则 $f'(x) = \frac{1}{n}(1 + x)^{\frac{1}{n} - 1}$，$f'(0) = \frac{1}{n}$，$f(0) = 1$，由公式 (11-8) 即得

$$\sqrt[n]{1 + x} \approx 1 + \frac{1}{n}x.$$

由上式得 $$\sqrt{1.01} = \sqrt{1 + 0.01} \approx 1 + \frac{1}{2} \times 0.01 = 1.005.$$

直接使用计算器计算得到的 $\sqrt{1.01}$ 的近似值为 $1.004\,987\,562$. 两种计算的误差为

$$|1.005 - 1.004\,987\,562| = 1.243\,8 \times 10^{-5},$$

小于万分之一，而前一种算法，除了笔和纸外，没有借助其他工具，计算过程也很简单.

现将几个比较有用的在 $x = 0$ 附近的线性近似式列在下面，它们可以很容易地由式 (11-8) 得出.

当 $|x|$ 很小时，有

$$\sin x \approx x; \quad \cos x \approx 1; \quad \tan x \approx x; \quad e^x \approx 1 + x;$$
$$\ln(1 + x) \approx x; \quad (1 + x)^\alpha \approx 1 + \alpha x \,(\alpha \text{ 为实常数}).$$

例 5　求 $f(x) = \arctan x$ 在 $x = 1$ 附近的线性近似式,并计算 $\arctan 1.01$ 的近似值.

解　$f'(x) = \dfrac{1}{1 + x^2}$, $f'(1) = \dfrac{1}{2}$, $f(1) = \dfrac{\pi}{4}$,由公式(11 − 7)得

$$\arctan x \approx \frac{\pi}{4} + \frac{1}{2}(x - 1).$$

把 $x = 1.01$ 代入上式,并取 π 为 3.14,得

$$\arctan 1.01 \approx \frac{\pi}{4} + \frac{1}{2}(1.01 - 1) \approx 0.79.$$

§11 − 6　微课视频

练习

1. 用近似式 $\sqrt[n]{1 + x} \approx 1 + \dfrac{1}{n}x$($|x|$ 很小)计算 $\sqrt[4]{1.1}$ 的近似值.

2. 设函数 $f(x) = \sqrt{3 + x}$,求 $f(x)$ 在 $x = 1$ 附近的线性近似式,并计算 $\sqrt{4.1}$ 和 $\sqrt{3.9}$ 的近似值.

习题 11 − 6

A 组

1. 按给定的 Δx,求函数在指定点处的微分:

(1) $y = \dfrac{x^2}{2} + 3x$, $x = 2$, $\Delta x = 0.1$;　　　(2) $y = e^{\frac{x}{3}} + 1$, $x = 0$, $\Delta x = -0.03$.

2. 求函数的微分:

(1) $y = 2x + 3$;　　　　　　　　　(2) $y = \cos\dfrac{x}{2}$;

(3) $y = \dfrac{1}{1 + x}$;　　　　　　　　　(4) $y = \arctan\sqrt{x}$.

3. 利用微分求由参数方程确定的函数的导数 $\dfrac{\mathrm{d}y}{\mathrm{d}x}$:

(1) $\begin{cases} x = t - t^2, \\ y = 1 - t^3; \end{cases}$　　　　　　(2) $\begin{cases} x = \ln(1 + t^2), \\ y = t - \arctan t. \end{cases}$

4. 求曲线在指定点处的切线方程:

(1) $\begin{cases} x = t, \\ y = 4\sqrt{t}, \end{cases}$ $t = 4$ 的点;　　　　(2) $\begin{cases} x = \tan^2 t, \\ y = \tan t, \end{cases}$ $t = -\dfrac{\pi}{4}$ 的点.

5. 设立方体的边长为 x，当 x 由 a 变到 $a+\Delta x$ 时 $(|\Delta x| \ll a)$，立方体的体积约改变了多少？

6. 当圆的半径由 10 cm 增加到 10.1 cm 时，圆的面积约改变了多少？

7. 单摆的运动周期 $T = 2\pi\sqrt{\dfrac{l}{g}}$，其中 $g = 980 \text{ cm/s}^2$，l 为摆长. 当 l 从 20 cm 增加到 20.1 cm 时，单摆的运动周期约改变了多少秒(保留到小数点后第三位)？

8. 求函数 $f(x) = \sqrt{8+x}$ 在 $x=1$ 附近的线性近似式，并利用近似式求 $\sqrt{9.06}$ 和 $\sqrt{8.94}$ 的近似值.

9. 求 $\cos x$ 在 $x = \dfrac{\pi}{2}$ 附近的线性近似式.

10. 求 $(2+x)^4$ 在 $x=0$ 附近的线性近似式，并利用近似式计算 2.01^4 的近似值.

B 组

1. 当 $|x|$ 很小时，证明下列近似式成立：

   (1) $\sin x \approx x$; (2) $\tan x \approx x$;

   (3) $e^x \approx 1 + x$; (4) $\ln(1+x) \approx x$.

2. 利用第 1 题中的近似式计算 $e^{0.02}$ 和 $\ln 0.98$ 的近似值.

3. (1) 按照 $(1+x)^\alpha \approx 1 + \alpha x$ $(|x|$ 很小) 分别写出 $\dfrac{1}{(1+x)^5}$ 和 $\dfrac{1}{\sqrt[4]{1+x}}$ 的近似式；

   (2) 利用(1)中得到的近似式计算 $\dfrac{1}{1.003^5}$ 和 $\dfrac{1}{\sqrt[4]{1.01}}$ 的近似值.

4. 设 $u = u(x)$，$v = v(x)$ 都是 x 的可导函数，证明下列微分运算法则成立：

   (1) (和、差法则) $d(u \pm v) = du \pm dv$;

   (2) (积法则) $d(uv) = vdu + udv$;

   $\qquad\qquad d(cu) = cdu$ (c 为常数);

   (3) (商法则) $d\left(\dfrac{u}{v}\right) = \dfrac{vdu - udv}{v^2}$ $(v \neq 0)$.

□ 阅读

第二次数学危机

在微积分大范围应用的同时，关于微积分基础的问题也越来越严重. 关键问题就是无穷小量究竟是不是零? 无穷小及其分析是否合理? 由此而引起了数学界甚至哲学界长达一个半世纪的争论,造成了第二次数学危机.

无穷小量究竟是不是零? 两种答案都会导致矛盾.牛顿对它曾作过三种不同解释: 1669 年说它是一种常量;1671 年又说它是一个趋于零的变量;1676 年它被"两个正在消逝的量的最终比"所代替.但是,他始终无法解决上述矛盾.莱布尼茨曾试图用和无穷小量成比例的有限量的差分来代替无穷小量,但是他也没有找到从有限量过渡到无穷小量的桥梁.

英国大主教贝克莱于 1734 年出版了《分析学家或致一位不信神的数学家》的小册子,指出牛顿和莱布尼茨论证的逻辑问题,为那个无穷小量的莫名消失而质疑.文章攻击流数(导数)"是消失了的量的鬼魂⋯能消化得了二阶、三阶流数的人,是不会因吞食了神学论点就呕吐的."他说,用忽略高阶无穷小而消除了原有的错误,"是依靠双重的错误得到了虽然不科学却是正确的结果".贝克莱虽然也抓住了当时微积分、无穷小方法中一些不清楚不合逻辑的问题,不过他是出自对科学的厌恶和对宗教的维护,而不是出自对科学的追求和探索.

当时一些数学家和其他学者,也批判过微积分的一些问题,指出其缺乏必要的逻辑基础.例如,罗尔曾说:"微积分是巧妙的谬论的汇集."在那个勇于创造时代的初期,科学中逻辑上存在这样那样的问题,并不是个别现象.

18 世纪的数学思想的确是不严密的、直观的,强调形式的计算而不管基础的可靠.其中特别是: 没有清楚的无穷小概念,从而导数、微分、积分等概念不清楚;无穷大概念不清楚;发散级数求和的任意性等等;符号的不严格使用;不考虑连续性就进行微分,不考虑导数及积分的存在性以及函数可否展成幂级数等等.

一直到十九世纪二十年代,一些数学家才开始比较关注微积分的严格基础.从波尔查诺、阿贝尔、柯西、狄里克莱等人的工作开始,最终由威尔斯特拉斯、戴德金和康托尔彻底完成.中间经历了半个多世纪,基本上解决了矛盾,为数学分析奠定了一个严格的基础.

波尔查诺不仅承认无穷小数和无穷大数的存在,而且给出了连续性的正确定义.柯西在 1821 年的《代数分析教程》中从定义变量开始,认识到函数不一定要有解析表达式.他抓住了极限的概念,指出无穷小量和无穷大量都不是固定的量,而是变量,并定义了导数和积分;阿贝尔指出要严格限制滥用级数展开及求和;狄里克莱给出了函数的现代定义.

在这些数学工作的基础上,维尔斯特拉斯消除了其中不确切的地方,给出了现在通用的 $\varepsilon-\delta$ 的极限、连续定义,并把导数、积分等概念都严格地建立在极限的基础上,从而克服了危机和矛盾.

复习题十一

A　组

1. 判断正误:

   (1) 设函数 $f(x)$ 在点 $x = 1$ 处可导,且 $\lim\limits_{x \to 1} \dfrac{f(x) - f(1)}{x - 1} = A$,那么 $f'(1) = A$.　　(　　)

   (2) $\left(\cos \dfrac{\pi}{6} \right)' = -\sin \dfrac{\pi}{6}$.　　(　　)

   (3) $[u(x) \cdot v(x)]' = u'(x) \cdot v'(x)$.　　(　　)

   (4) $\dfrac{\mathrm{d}}{\mathrm{d}x}(x^3 + 3^x) = 3x^2 + x \cdot 3^{x-1}$.　　(　　)

   (5) 设函数 $y = f(x)$ 在点 $x = a$ 处可导,那么曲线 $y = f(x)$ 在点 $(a, f(a))$ 处的切线方程为 $y = f(a) + f'(a)(x - a)$.　　(　　)

   (6) 设 $f'(a) = 0$,那么曲线 $y = f(x)$ 在点 $(a, f(a))$ 处有水平切线 $y = f(a)$.　　(　　)

   (7) 设曲线 $y = f(x)$ 在点 $(a, f(a))$ 处有切线,切线的倾斜角为 α:

   ① 如果 $f'(a)$ 存在,且 $f'(a) > 0$,那么 α 是锐角;　　(　　)

   ② 如果 $f'(a)$ 存在,且 $f'(a) < 0$,那么 α 是钝角;　　(　　)

   ③ 如果 $\alpha = \dfrac{\pi}{2}$,那么 $f'(a)$ 不存在.　　(　　)

2. 在月球上,竖直向上抛出一小石块,在时刻 t(单位: s)石块的高度 h(单位: m)为

   $$h(t) = 20t - 0.8t^2.$$

   (1) 求石块运动的速度函数 $v(t)$ 以及在 $t = 3\,\mathrm{s}$ 这一时刻的速度;

   (2) 求石块运动的加速度.

3. 从微波炉中取出一杯热牛奶,t 分钟后牛奶的温度 θ(单位: ℃)为

   $$\theta = 60\mathrm{e}^{-0.0125t} + 30.$$

   (1) 求牛奶温度变化的速度函数;

   (2) 求当 $t = 20\,\mathrm{min}$ 时牛奶温度的变化速度,这时牛奶的温度是多少?

4. 求下列函数的导数:

   (1) $y = 2x^4 - 3x + \tan \dfrac{\pi}{5}$;　　　　　　(2) $y = 5^x + \log_5 x$;

   (3) $y = \left(\sqrt{x} - \dfrac{1}{\sqrt{x}} \right)^2$;　　　　　(4) $y = \mathrm{e}^{-x}(\sin x + \cos x)$;

(5) $y = \dfrac{3x - 5}{x + 1}$；

(6) $y = \sin^4 x - \cos x^4$；

(7) $y = x^2 e^{-\frac{1}{x}}$；

(8) $y = \dfrac{1}{1 - \sqrt{x}}$；

(9) $y = \ln(\arcsin x)$；

(10) $y = \arctan 2x$；

(11) $y = e^{\cos 2x}$；

(12) $y = \ln \dfrac{(3 - 2x)^3}{\sqrt{x^2 + 1}}$．

5. 利用对数求导法求导数：

(1) $y = \dfrac{x(1 + \sin x)^2}{\sqrt[3]{1 + \cos x}}$；

(2) $y = x^{\cos x}$．

6. 求由参数方程确定的函数的导数 $\dfrac{dy}{dx}$：

(1) $\begin{cases} x = 3t^2, \\ y = 2t^3 + 1; \end{cases}$

(2) $\begin{cases} x = 1 + e^{2t}, \\ y = e^t. \end{cases}$

7. 求隐函数的导数 $\dfrac{dy}{dx}$：

(1) $x^2 - y^2 = 8$；

(2) $y + xe^y = 1$．

8. 曲线 $y = 2 + \ln(1 - 3x)$ 上哪一点处的切线与直线 $x - 3y + 3 = 0$ 垂直？

9. 求下列函数的二阶导数，并计算出指定点处的二阶导数的值：

(1) $y = x^2 + \dfrac{3}{x}$，$x = 1$；

(2) $y = \sin^2 x$，$x = \dfrac{\pi}{6}$．

10. 求曲线在指定点处的切线方程：

(1) $\begin{cases} x = \ln t, \\ y = 1 + t^2, \end{cases}$ $t = 1$ 的点；

(2) $(y - x)^2 = 2x + 1$，点 $(4, 1)$．

11. 小树的周长从 30 cm 增加到 32 cm，小树的截面面积约增加了多少平方厘米(保留到小数点后 1 位)？

12. 设函数 $f(x) = e^{2(x-1)}$，求 $f(x)$ 在 $x = 1$ 附近的线性近似式，并利用求得的近似式写出 $f(1.05)$ 和 $f(0.98)$ 的近似值．

B 组

1. 设函数 $f(x) = ax^3 + bx + c$，已知点 $(0, -3)$ 在 $y = f(x)$ 的图像上，且 $f'(1) = 5$，$f''\left(\dfrac{1}{2}\right) = 6$，求 a、b、c 的值.

2. 求曲线 $\dfrac{x}{y} - \ln x = 1$ 在点 $\left(\mathrm{e}, \dfrac{\mathrm{e}}{2}\right)$ 处的切线方程.

3. 设函数 $y = f(\mathrm{e}^x)$,已知 $\dfrac{\mathrm{d}y}{\mathrm{d}x} = (x + 2)\mathrm{e}^x$,求 $f'(1)$ 的值.

4. 设球形气球的半径 r 与时间 t 的关系为 $r(t) = \mathrm{e}^{-t}$,当 t 从 a 变到 $a + \Delta t$ 时,气球的体积 V 约改变了多少?

5. 设质点沿 x 轴运动,t 表示时间. 如果 $\dfrac{\mathrm{d}x}{\mathrm{d}t} = f(x)$,证明:质点运动的加速度 $a(t) = f(x) \cdot f'(x)$.

第12章 导数的应用

今天的数学兼有科学和技术两种品质,数学科学是授人以能力的技术.

——王梓坤(数学家)

在生产实践中,常常会遇到"在一定条件下,怎样使'产品最多'、'用料最省'、'成本最低'、'效益最高'"等求最大、最小值的问题;研究一个函数,常需要知道函数图像何时上升,何时下降(即函数的单调性);如果图像在某个区间内上升,那么是先快后慢还是先慢后快(即曲线的凹凸性)等.这些问题在本章中,利用导数这个有力工具都能得到很好的解答.

本章我们将借助导数,研究函数的单调性、极值;曲线的凹凸性、拐点;学习"计算出"函数图像的方法;同时还要学习求函数的最大、最小值;最后介绍原函数及其简单应用.

§12-1 函数单调性的判定

⊙ 函数单调性判定定理　⊙ 临界点　⊙ 判定函数单调性的方法、步骤

如果曲线 $y = f(x)$ 在区间 (a,b) 内每一点的切线的倾斜角都是锐角,则斜率 $f'(x) > 0$,这时,曲线在 (a,b) 内是上升的(如图 $12-1(a)$ 所示),即函数 $y = f(x)$ 在 (a,b) 内单调增加;如果切线的倾斜角均为钝角,则斜率 $f'(x) < 0$,这时,曲线在 (a,b) 内是下降的(如图 $12-1(b)$ 所示),即函数 $y = f(x)$ 在区间 (a,b) 内单调减少.一般地,有下面的函数单调性判定定理.

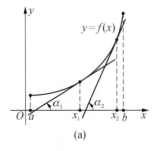
(a)

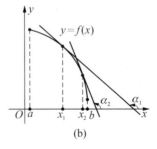
(b)

图 12-1

单调性判定法 设函数 $y = f(x)$ 在 $[a, b]$ 上连续,在 (a, b) 内可导,对任意的 $x \in (a, b)$:

(1) 如果 $f'(x) > 0$,那么函数 $y = f(x)$ 在区间 $[a, b]$ 上单调增加;

(2) 如果 $f'(x) < 0$,那么函数 $y = f(x)$ 在区间 $[a, b]$ 上单调减少.

说明两点:

(1) 如果定理中的闭区间 $[a, b]$ 换成其他类型的区间,结论仍成立.

(2) 如果 $f'(x)$ 在某个区间内的个别点处为零,而在其余各点处都恒为正(或负),那么 $f(x)$ 在该区间上仍旧是单调增加(或减少)的.

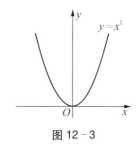

例1 讨论函数 $y = \arctan x$,$x \in (-\infty, +\infty)$ 的单调性.

解 因为在区间 $(-\infty, +\infty)$ 内总有 $y' = \dfrac{1}{1 + x^2} > 0$,所以 $y = \arctan x$ 在 $(-\infty, +\infty)$ 内单调增加.

例2 讨论函数 $y = x^3$,$x \in (-\infty, +\infty)$ 的单调性.

图 12-2

解 $y' = 3x^2$;当 $x \neq 0$ 时,$y' > 0$;当 $x = 0$ 时,$y' = 0$.

因此,$y = x^3$ 在 $(-\infty, +\infty)$ 内单调增加(如图 12-2 所示).

例3 讨论函数 $y = x^2$,$x \in (-\infty, +\infty)$ 的单调性.

解 $y' = 2x$;令 $y' = 0$,得 $x = 0$;列表:

x	$(-\infty, 0)$	0	$(0, +\infty)$
$f'(x)$	$-$	0	$+$
$f(x)$	↘		↗

(表中"↘"表示函数单调减少,"↗"表示函数单调增加)

即当 $x \in (-\infty, 0)$ 时,函数单调减少;当 $x \in (0, +\infty)$ 时,函数单调增加.

在本例中,$x = 0$ 是函数 $y = x^2$ 的增、减区间的分界点. 我们注意到,$x = 0$ 是使导数 $y' = 0$ 的点,把它称为函数 $y = x^2$ 的驻点.

一般地,使 $f'(x) = 0$ 的点 x 叫做函数 $f(x)$ 的**驻点**.

例4 讨论 $y = \sqrt{(x - 1)^2}$ 的单调性.

解 （1）函数可化简为 $y = |x - 1|$.

（2）定义域是$(-\infty, +\infty)$.

（3）求导数 y'：

当 $x > 1$ 时，$y = x - 1$，$y' = 1$；

当 $x < 1$ 时，$y = 1 - x$，$y' = -1$；

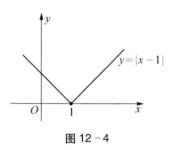

图 12 - 4

而 $x = 1$ 时，函数不可导.（尖点处，导数不存在. 如图 12 - 4 所示）

（4）列表：

x	$(-\infty, 1)$	1	$(1, +\infty)$
$f'(x)$	-	不存在	+
$f(x)$	↘		↗

函数在$(-\infty, 1)$内单调减少，在$(1, +\infty)$内单调增加.

连续函数 $f(x)$ 的驻点和不可导点统称为函数 $f(x)$ 的**临界点**.

例3、例4中的函数在其定义域上都不是单调函数，但是对定义域进行适当划分后，在每个部分区间上都是单调的.

一般地，若函数 $f(x)$ 在它的定义区间内连续，除去有限个临界点外，导数存在且连续. 则可用这有限个临界点将整个定义域分割为若干个部分区间，在每个部分区间内导数符号不变，从而可确定函数的单调性.

例5 讨论函数 $y = x^3 - x^2 - x$ 的单调性.

解 （1）定义域：$(-\infty, +\infty)$.

（2）导数：$y' = 3x^2 - 2x - 1 = (3x + 1)(x - 1)$.

（3）求临界点：

令 $y' = 0$，得临界点 $x = -\dfrac{1}{3}$，$x = 1$.（此函数处处可导，没有不可导点）

（4）列表：

x	$\left(-\infty, -\dfrac{1}{3}\right)$	$-\dfrac{1}{3}$	$\left(-\dfrac{1}{3}, 1\right)$	1	$(1, +\infty)$
$f'(x)$	+	0	-	0	+
$f(x)$	↗		↘		↗

函数分别在区间 $\left(-\infty, -\dfrac{1}{3}\right)$ 和 $(1, +\infty)$ 内单调增加,在 $\left(-\dfrac{1}{3}, 1\right)$ 内单调减少.

判定函数 $y = f(x)$ 单调性的一般步骤如下:

(1) 求函数的定义域;

(2) 求一阶导数 $f'(x)$;

(3) 求函数的临界点;

(4) 用临界点将定义域分成若干个部分区间,列表,判断各部分区间内 $f'(x)$ 的符号,确定函数的单调性.

练习

判定函数的单调性:

(1) $f(x) = 2x + 1$;   (2) $f(x) = x^3 - 12x + 1$;   (3) $f(x) = \ln x$.

§ 12 - 1 微课视频

习题 12 - 1

A 组

1. 判断下列函数的单调性:

   (1) $f(x) = x^3 - 1$;   (2) $f(x) = \arctan x$;

   (3) $f(x) = \left(\dfrac{1}{2}\right)^x$;   (4) $f(x) = x + \sin x$.

2. 求下列函数的单调区间:

   (1) $y = x^2 + 2x$;   (2) $y = 5 - 3x^2 + x^3$;

   (3) $y = x^4 - 2x^2 + 3$;   (4) $y = x^5 - 5x + 3$.

B 组

1. 设导函数 $y = f'(x)$ 的图像如图所示. 问:函数 $f(x)$ 在哪些区间递增? 在哪些区间递减? 为什么?

2. 求下列函数的单调区间:

   (1) $f(x) = 3x^5 - 5x^3 + 3$;   (2) $f(x) = (x^2 - 1)^3$;

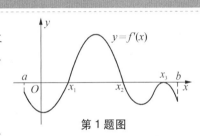

第 1 题图

(3) $f(x) = \dfrac{x^2}{x^2 + 3}$; (4) $f(x) = x + \sqrt{1 - x}$.

§12-2 函数的极值与最值

⊙极值点、极值 ⊙极值与最值的区别 ⊙极值的必要条件 ⊙极值的判定法
⊙求闭区间上连续函数最值的方法 ⊙开区间内函数最值的判定定理 ⊙解最值应用题的一般步骤

一、函数的极值

定义1 设 $f(x)$ 为连续函数,如果对于 x_0 左右近旁的任意一点 $x(x \neq x_0)$,都有

$$f(x) < f(x_0) \quad (f(x) > f(x_0)),$$

则称 $f(x_0)$ 是函数 $f(x)$ 的一个**极大(小)值**,使函数取得极大(小)值的点 x_0 称为**极大(小)值点**,极大值、极小值统称为函数的**极值**,极大值点、极小值点统称为函数的**极值点**.

从图像上看,函数在某点达到极大值,表示函数图像在对应点处有一个"高峰";达到极小值,有一个"低谷".如图12-5所示,函数在 x_1、x_3 处达到极大值,图像上对应点 M_1、M_3 就是"峰顶";在 x_2、x_4 处达到极小值,图像上对应点 M_2、M_4 就是"谷底".这些"峰顶"、"谷底"的纵坐标就是函数的极值,横坐标就是函数的极值点.

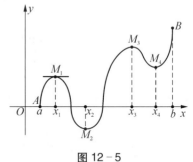

图 12-5

函数的极值与最值的区别:

(1) 函数极值是一个局部性概念. 如图12-5中,$f(x_1)$ 是一个极大值,在 x_1 左右近旁这个局部小范围内 $f(x_1)$ 值最大,而在整个定义域内,极大值 $f(x_1)$ 甚至小于距离点 x_1 稍远处的极小值 $f(x_4)$. 而最大值 $f(b)$,对区间 $[a, b]$ 上的任意 x,不论离点 $x = b$ 远近如何,都有 $f(b) \geqslant f(x)$.

(2) 函数的极值点一定在区间的内部(如图中的 x_1、x_2、x_3、x_4);最值既可在区间内取得(如最小值 $f(x_2)$,当然这时 $f(x_2)$ 也是函数的一个极小值),又可在端点处取得(如最大值 $f(b)$).

(3) 函数的最值如果存在,则唯一;而极值可以有多个.

如图 12-5 所示,函数 $f(x)$ 在点 x_1 取得极大值,图像上对应一"峰顶",若曲线在此处有切线,则必定是水平的,即 $f'(x_1) = 0$. 一般地,有

极值的必要条件 若函数 $f(x)$ 在点 x_0 取得极值,且 $f(x)$ 在点 x_0 处可导,则 $f'(x_0) = 0$.

上述定理说明,**可导的极值点一定是驻点**,但反过来驻点未必是函数的极值点. 例如,函数 $y = x^3$,在点 $x = 0$ 处,导数为 0,但它在 $(-\infty, +\infty)$ 内均递增,$x = 0$ 仅是函数的一个驻点,而不是极值点(如图 12-6). 因此,导数为零的点,只是有可能为极值点. 此外导数不存在的点,也有可能是极值点. 如函数 $y = x^{\frac{2}{3}}$, $y' = \dfrac{2}{3\sqrt[3]{x}}$. $x = 0$ 时,导数不存在,但函数在 $x = 0$ 处取得极小值(如图 12-7).

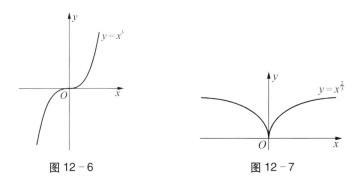

图 12-6   图 12-7

总之,连续函数的极值点只能在临界点处产生,但临界点可能是极值点,也可能不是极值点,需要进一步判断.

极值的判定法 设函数 $f(x)$ 在点 x_0 处连续,且在 x_0 的左、右近旁可导($f'(x_0)$ 可以存在,也可以不存在):

(1) 如果在 x_0 的左近旁 $f'(x) > 0$,而在 x_0 的右近旁 $f'(x) < 0$,即当 x 自左向右经过 x_0 时,$f'(x)$ 从正变负,则 $f(x)$ 在点 x_0 取得极大值;

(2) 如果在 x_0 的左近旁 $f'(x) < 0$,而在 x_0 的右近旁 $f'(x) > 0$,即当 x 自左向右经过 x_0 时,$f'(x)$ 从负变正,则 $f(x)$ 在点 x_0 取得极小值.

求连续函数极值的一般步骤,类同于求函数的单调区间,只是最后需根据定理判定函数的各个临界点是不是极值点.

例 1 求函数 $f(x) = (x + 2)^3(x - 1)$ 的极值.

解 (1) 定义域:$(-\infty, +\infty)$.

（2）求导数：$f'(x) = (x + 2)^2(4x - 1)$.

（3）求临界点：令 $f'(x) = 0$ 得驻点 $x_1 = -2$，$x_2 = \dfrac{1}{4}$.

（4）列表：

x	$(-\infty, -2)$	-2	$\left(-2, \dfrac{1}{4}\right)$	$\dfrac{1}{4}$	$\left(\dfrac{1}{4}, +\infty\right)$
$f'(x)$	$-$	0	$-$	0	$+$
$f(x)$	↘		↘	极小值	↗

函数 $f(x)$ 在 $x = \dfrac{1}{4}$ 处取得极小值 $f\left(\dfrac{1}{4}\right) \approx -8.5$. 在临界点 $x = -2$ 左右两边，导数符号不变，所以 $x = -2$ 是驻点，但不是极值点.

例2 求函数 $y = 2x - 3x^{\frac{2}{3}}$ 的极值.

解 （1）定义域：$(-\infty, +\infty)$.

（2）求导数：$y' = \dfrac{2}{\sqrt[3]{x}}(\sqrt[3]{x} - 1)$.

（3）求临界点：令 $y' = 0$，得 $x = 1$；观察 y' 的表达式，当 $x = 0$ 时，y' 不存在.

（4）列表：

x	$(-\infty, 0)$	0	$(0, 1)$	1	$(1, +\infty)$
y'	$+$	不存在	$-$	0	$+$
y	↗	极大值	↘	极小值	↗

当 $x = 0$ 时，有极大值 $f(0) = 0$；当 $x = 1$ 时，有极小值 $f(1) = -1$.

练习

求下列函数的极值：

（1）$f(x) = 3 - 2x + x^2$；　　　　（2）$f(x) = x^3 - 3x^2 - 9x + 2$.

二、闭区间上连续函数的最值

我们知道，闭区间上的连续函数既有最大值，又有最小值. 怎样求最大、最小值呢？如果最值在区间内部取得，则相应的点也是极值点，而极值点必是临界点. 此外，最值也可能在区

间的端点处取得. 因此,

> **求闭区间上连续函数最值的一般步骤如下:**
> (1) 求闭区间上函数的全部临界点;
> (2) 计算临界点、区间两个端点处的函数值,从中选择最大的,即为最大值;最小的,即为最小值.

例 3　求函数 $f(x) = 2x^3 + 3x^2 - 12x - 1$ 在区间 $[-4, 2]$ 上的最值.

解　(1) 求临界点: $f'(x) = 6x^2 + 6x - 12 = 6(x-1)(x+2)$, 令 $f'(x) = 0$, 得 $x = 1$, $x = -2$.

(2) 计算 $f(x)$ 在临界点及区间端点处的函数值:

$$f(1) = -8, \ f(-2) = 19, \ f(-4) = -33, \ f(2) = 3.$$

函数 $f(x)$ 在区间 $[-4, 2]$ 上,当 $x = -2$ 时,取得最大值 19,当 $x = -4$ 时,取得最小值 -33.

注意: 如果函数 $f(x)$ 在区间 $[a, b]$ 上连续且单调,则最值在端点处取得.

练习

求下列函数在指定区间上的最大值和最小值:

(1) $f(x) = \arctan x$, $x \in \left[-\dfrac{\pi}{4}, \dfrac{\pi}{4}\right]$;

(2) $f(x) = \ln(2-x)$, $x \in [-5, 1]$;

(3) $f(x) = 3 - 2x + x^2$, $x \in [0, 2]$;

(4) $f(x) = x^3 - 3x^2 - 9x + 2$, $x \in [-3, 5]$.

解练习题
微课视频

三、最值应用问题

前面讨论了闭区间上连续函数最值的求法,对于开区间内函数的最值有下述判定法.

> **定理**　设 x_0 是某个开区间内连续函数 $f(x)$ 的临界点:
> (1) 如果对所有 $x < x_0$ 有 $f'(x) > 0$, 对所有 $x > x_0$ 有 $f'(x) < 0$, 则 $f(x_0)$ 是函数 $f(x)$ 的最大值;
> (2) 如果对所有 $x < x_0$ 有 $f'(x) < 0$, 对所有 $x > x_0$ 有 $f'(x) > 0$, 则 $f(x_0)$ 是函数 $f(x)$ 的最小值.

换一种说法就是:定义在某开区间内的连续函数,如果仅有一个极值点,则极值点也是函数的最值点,极大值也是最大值(此时无最小值),极小值也是最小值(此时无最大值).

例4 求函数 $f(x) = x^2 - 4x + 3$ 在区间 $(-\infty, +\infty)$ 上的最值.

解 $f'(x) = 2x - 4 = 2(x - 2)$,令 $f'(x) = 0$,得唯一临界点: $x = 2$;

当 $x < 2$ 时,$f'(x) < 0$,而 $x > 2$ 时,$f'(x) > 0$,所以,函数 $f(x)$ 在区间 $(-\infty, +\infty)$ 上的最小值是 $f(2) = -1$,没有最大值.

对于实际问题中最值的计算,关键是如何建立函数关系式.

例5 一农户有 2400 米长的篱笆,把一块沿河的矩形土地围起来,沿着河的一面不用围. 怎样才能使围起来的土地面积最大?

解 如图 12-8 所示,设与河道垂直的边长为 x 米,则与河道平行的边长为 $2400 - 2x$,另设所围矩形面积为 y,则 y 关于 x 的函数为

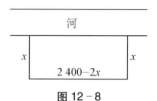

图 12-8

$$y = x(2400 - 2x), \quad x \in (0, 1200).$$

求临界点:$y' = 2400 - 4x = 4(600 - x)$. 令 $y' = 0$,得 $x = 600$.

当 $x < 600$ 时,$y' > 0$;而 $x > 600$ 时,$y' < 0$. 所以,与河道垂直的边长为 600 米,与河道平行的边长为 1200 米时,所围矩形面积最大.

需要指出,在实际问题中,列出的函数常可导且只有一个驻点,如果可以断定存在最值,并且是在区间内部取得,则此驻点一定是所要求的最值点,相应的函数值即为所求的最值.

例6 如图 12-9 所示,A、B 两地用水,需在河边的 C 处建一水塔,问建在何处,最节省水管?

解 过 A、B 分别向河边引垂线,垂足为 A'、B',以 A' 为原点,$A'B'$ 为 x 轴建立坐标系,则 A、B 两点的坐标分别为 $(0, 200)$ 和 $(2000, 800)$.

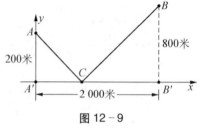

图 12-9

设点 C 的横坐标为 x 米,水管总长 $AC + CB$ 为 y 米. 于是

$$y = \sqrt{x^2 + 200^2} + \sqrt{(2000 - x)^2 + 800^2}, \quad x \in (0, 2000).$$

求临界点: $y' = \dfrac{x}{\sqrt{x^2 + 200^2}} - \dfrac{2000 - x}{\sqrt{(2000 - x)^2 + 800^2}}.$

令 $y' = 0$，得函数在$(0, 2\,000)$内的唯一驻点 $x = 400$.

依题意，使得管道最节省的地点 C 一定存在，所以水塔建在河边距 A' 点 400 米，距 B' 点 1 600 米处，最节省水管.

> **解最值应用题的一般步骤是：**
>
> （1）根据题意确定自变量、因变量. 一般设要求其最值的变量是因变量，取得最值需满足的条件中所涉及的变量为自变量；
>
> （2）找出自变量与因变量之间的数量关系，列出函数表达式，并确定自变量的取值范围；
>
> （3）求最值.

练习

1. 例 5 中农户想远离河岸围一矩形土地（四条边都用篱笆），在这种情况下，他能围起来的土地面积最大是多少？
2. 设两个数的和为 23，当这两个数分别是多少时，乘积最大？

§12-2　微课视频

习题 12-2

A　组

1. 求下列函数的极值：
   （1）$y = x^2 + 2x + 3$；
   （2）$y = 4x - x^2$；
   （3）$y = 2x^3 + 1$；
   （4）$y = 4x^3 - 3x + 1$；
   （5）$y = x^4$；
   （6）$y = x^4 - 18x^2$.

2. 求下列函数在指定区间上的最值：
   （1）$y = x^2 + x - 4, x \in [0, 2]$；
   （2）$y = x^2 + x - 4, x \in [-2, 0]$；
   （3）$y = x^3 - 12x + 1, x \in [-3, 3]$；
   （4）$y = 4x^3 - 3x + 2, x \in [0, 1]$；
   （5）$y = x^{20}, x \in [-1, 1]$；
   （6）$y = x^5, x \in (-\infty, 1]$.

3. 设两个数的差为 100，当它们分别是多少时，乘积最小？

4. 求一个正数，使它和它的倒数之和最小.

5. 要造一个圆柱形无盖水池，容水 $2\,000\pi$ m³，底部单位造价是周围单位造价的两倍. 要使水池造价最低，问底半径与高各是多少？

6. 一扇半径为2米的半圆形玻璃窗,在它中间的内接矩形部分是透明的,其他部分着色.假设透明玻璃的透光度是着色玻璃的3倍,矩形部分长宽各为多少时,整扇窗透过的光最多?

B 组

1. 求直线 $2x + y = 1$ 上与原点最近的点.

2. 如图所示,工厂 C 到铁路的距离 CA 为 50 km,在铁路线上距离点 A 200 km 的地方有一原料供应站 B,现要在铁路线上选定一点 D,在 D 和工厂 C 之间修一条公路.已知铁路与公路每公里货运费之比为 $3:5$,问点 D 选在何处可使运费最省?

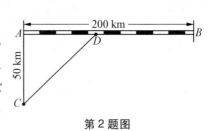

第 2 题图

3. 某服装商店每天从服装加工厂批发一批服装,批发价为每件 30 元,若零售价定为每件 60 元,估计日销售量为 100 件,若每件售价降低 1 元,则每天可多售 5 件.问每件服装零售价定为多少元,每天从工厂批发多少件,才可获得最大利润?最大利润是多少?

§12-3　函数图像的描绘

⊙曲线的凹凸与拐点　⊙凹凸性判别法　⊙求拐点的步骤　⊙描绘函数图像的一般步骤

一、曲线的凹凸与拐点

根据导函数 $f'(x)$ 的符号,可知函数 $f(x)$ 的单调性. 但仅仅知道函数的单调性,还不足以准确描绘函数的图像. 如图 12-10 所示,曲线段 ACB 和曲线段 ADB 以及直线段 AB,都是上升的,但上升的方式却有着显著的区别:曲线 ACB 向上弯曲——凸起,这时曲线上升是由快逐渐减慢;曲线 ADB 向下弯曲——凹陷,这时曲线上升是由慢逐渐加快;而直线段 AB 不凸不凹是直的. 这就是下面要讨论的曲线的凹凸性.

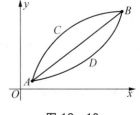

图 12-10

曲线的凹凸 在区间 (a, b) 内,如果曲线 $y = f(x)$ 位于其任意一点的切线的上方,则称曲线 $y = f(x)$ 在 (a, b) 内是**凹的**(如图 12-11(a));如果曲线 $y = f(x)$ 位于其任意一点的切线的下方,则称曲线 $y = f(x)$ 在 (a, b) 内是**凸的**(如图 12-11(b)).

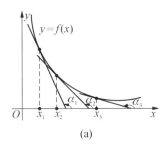 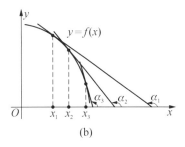

(a)   (b)

图 12-11

观察图 12-11(a),不难发现:随着 x 的递增 $(x_1 < x_2 < x_3)$,切线的倾斜角增大 $(\alpha_1 < \alpha_2 < \alpha_3)$,切线的斜率也随之递增 $(\tan \alpha_1 < \tan \alpha_2 < \tan \alpha_3)$,即导函数 $f'(x)$ 递增. 如果 $f(x)$ 有二阶导数,只需 $f''(x) > 0$ 即可判定 $f'(x)$ 递增,进而可知曲线是凹的. 同样地,只要 $f''(x) < 0$,即可推知曲线 $y = f(x)$ 是凸的.

凹凸性判别法 设函数 $y = f(x)$ 在区间 (a, b) 内具有二阶导数 $f''(x)$,对任意 $x \in (a, b)$:

(1) 如果 $f''(x) > 0$,那么曲线 $y = f(x)$ 在 (a, b) 内是凹的;

(2) 如果 $f''(x) < 0$,那么曲线 $y = f(x)$ 在 (a, b) 内是凸的.

例 1 讨论 $y = e^x$,$x \in (-\infty, +\infty)$ 的凹凸性.

解 因为 $y' = y'' = e^x > 0$,故曲线 $y = e^x$ 在 $(-\infty, +\infty)$ 内是凹的(图 12-12).

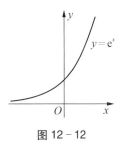

图 12-12

在连续曲线 $y = f(x)$ 上,凹的部分与凸的部分的分界点,称为曲线 $y = f(x)$ 的**拐点**.

例 2 讨论 $y = x^3$,$x \in \mathbf{R}$ 的凹凸性.

解 $y' = 3x^2$,$y'' = 6x$;令 $y'' = 0$,得 $x = 0$.

当 $x < 0$ 时,$y'' < 0$,所以曲线 $y = x^3$ 在 $(-\infty, 0)$ 内是凸的.

当 $x > 0$ 时,$y'' > 0$,所以曲线 $y = x^3$ 在 $(0, +\infty)$ 内是凹的.

而 $x = 0$ 时,$y'' = 0$,点 $(0, 0)$ 是曲线 $y = x^3$ 凹、凸部分的分界点,即为曲线 $y = x^3$ 的拐点(图 12 - 13).

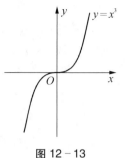

图 12 - 13

一般地,**求曲线 $y = f(x)$ 拐点的步骤如下:**

(1)求函数的定义域;

(2)求 $f''(x)$;

(3)求定义域内所有使 $f''(x) = 0$ 的点和 $f''(x)$ 不存在的点;

(4)对第(3)步求出的每个点,考察其左右两侧 $f''(x)$ 的符号. 如果符号相反,则点 $(x_0, f(x_0))$ 是曲线的拐点;如果左右两侧 $f''(x)$ 的符号相同,则点 $(x_0, f(x_0))$ 不是曲线的拐点.

例 3 讨论曲线 $y = x^4 - 4x^3$ 的凹凸性和拐点.

解 (1)定义域是 $(-\infty, +\infty)$;

(2)求导数:$y' = 4x^3 - 12x^2$,$y'' = 12x^2 - 24x = 12x(x - 2)$;

(3)令 $y'' = 0$ 得 $x = 0$ 和 $x = 2$;

(4)列表:

x	$(-\infty, 0)$	0	$(0, 2)$	2	$(2, +\infty)$
y''	+	0	−	0	+
曲线 $y = f(x)$	$\cup$	拐点	$\cap$	拐点	$\cup$

注:"$\cup$"表示凹,"$\cap$"表示凸.

曲线 $y = x^4 - 4x^3$ 分别在 $(-\infty, 0)$ 和 $(2, +\infty)$ 内是凹的,在 $(0, 2)$ 内是凸的. 点 $(0, 0)$ 和 $(2, -16)$ 是曲线的拐点.

练习

1. 判定下列曲线的凹凸性:

(1) $y = 1 - x^2$;　　　(2) $y = \ln x$;　　　(3) $y = 2x + 1$.

2. 求曲线 $y = x^3 - 3x^2 + 1$ 的凹凸区间和拐点.

二、函数图像的描绘

应用导数可判定函数的单调性、曲线的凹凸性、极值点、拐点,从而能比较准确地描绘函数的图像.

一般地,描绘函数图像的步骤如下:

(1) 求函数 $f(x)$ 的定义域、判断函数 $f(x)$ 是否具有奇偶性、周期性;

(2) 求 $f'(x)$、$f''(x)$,并求定义域内所有使 $f'(x)=0$ 和 $f'(x)$ 不存在的点,使 $f''(x)=0$ 和 $f''(x)$ 不存在的点. 用这些点把定义域划分成若干个部分区间;

(3) 列表,考察各部分区间内 $f'(x)$、$f''(x)$ 的符号,判定单调性、凹凸性、极值点、拐点;

(4) 考察是否有水平或垂直渐近线;

(5) 求关键点坐标(极值点、拐点),并根据需要选择若干辅助点;

(6) 在坐标平面内画渐近线(若有的话),描点,并按讨论结果,把各点用光滑曲线连接起来,作出函数图像.

例 4　作函数 $f(x)=x^3+3x^2$ 的图像.

解　(1) 函数的定义域是 $(-\infty,+\infty)$.

(2)　　　$f'(x)=3x^2+6x=3x(x+2)$,

　　　　　$f''(x)=6x+6=6(x+1)$,

令 $f'(x)=0$,得 $x=0$ 和 $x=-2$;

令 $f''(x)=0$,得 $x=-1$.

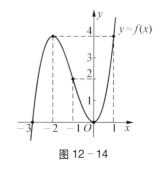

图 12 - 14

(3) 列表:

x	$(-\infty,-2)$	-2	$(-2,-1)$	-1	$(-1,0)$	0	$(0,+\infty)$
$f'(x)$	+	0	−	−	−	0	+
$f''(x)$	−	−	−	0	+	+	+
$y=f(x)$	↗	极大值	↘	拐点	↘	极小值	↗

注:记号 ↗、↘、↘、↗ 依次分别表示曲线凸增、凸减、凹减、凹增.

(4) 取关键点 $(-2,4)$、$(-1,2)$、$(0,0)$;取辅助点 $(-3,0)$、$(1,4)$.

(5) 描点作函数 $y=x^3+3x^2$ 的图像(图 12 - 14).

说明几点:

(1) 有时有些步骤可以省略,如多项式函数没有渐近线,第(4)步省略.

（2）列表时，需注意用所求得的点将定义域分为若干区间，这些区间自左向右要按从小到大的顺序排列，特殊点单独占一格.

（3）作图时，先描关键点（极值点、拐点）、渐近线，再自左向右一个区间一个区间地作图. 注意边作图边根据需要增加必要的辅助点，如上面例4，在区间$(-\infty, -2)$内，尽管知道曲线是凸增的，但仅仅描出区间的左端点$(-2, 4)$，还不足以把握该区间内函数的图像，需在$x=-2$的左边再增加一、两个辅助点，当然在描出关键点的前提下，辅助点多一些，图像将更准确.

（4）用光滑曲线连接时，需兼顾曲线的单调性、凹凸性，注意把握凹凸的程度，不破坏原有的单调性；有渐近线时，还需注意曲线和渐近线的位置关系.

（5）对于可导函数，区间和区间之间衔接时，注意不要出现尖点.

（6）注意表格中记号"↓"、"↑"等，箭头一定标在右端，这时箭头向上表明递增，向下表明递减.

复杂函数的图像也可以利用 MATLAB 来作.

例5 利用 MATLAB 作函数 $y = \dfrac{4x}{1+x^2}$ 在$[-3, 3]$上的图像.

解 在 MATLAB 的命令窗口中">>"提示符后输入下面语句：

x=-3:0.01:3;

y=4.*x./(1+x.^2);

plot(x,y,'-k')

运行结果如图 12-15 所示.

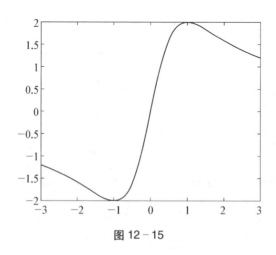

图 12-15

练习

作下列函数的图像：

1. $y = x^2 + x - 1$；

2. $y = x^3 - 12x$.

§12－3 微课视频

习题 12－3

A 组

1. 判断下列曲线的凹凸性：

（1）$y = x + 1$；　　　　（2）$y = x^4$；

（3）$y = e^x$；　　　　　（4）$y = \ln x$；

（5）$y = \sin x, x \in (0, \pi)$；

（6）$y = \arctan x$.

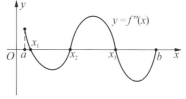

2. 设 $y = f''(x)$ 的图像如图所示，则曲线 $y = f(x)$ 的凹区间有_____和_____，凸区间有_____和_____，曲线的拐点有_____、_____和_____.

第 2 题图

3. 求下列曲线的凹凸区间和拐点：

（1）$y = x^2 + 4x + 1$；　　　　　（2）$y = 5 - 3x^2 + x^3$；

（3）$y = x^3 - 12x + 1$；　　　　　（4）$y = x^4 - 2x^2 + 1$.

4. 作下列函数的图像：

（1）$y = x^3 - 12x$；　　（2）$y = x^3 - 3x^2$；　　（3）$y = 3x^4 + 2x^2$.

B 组

1. 求下列曲线的凹凸区间和拐点：

（1）$y = x\sqrt{x + 1}$；　　　　　　（2）$y = xe^x$.

2. 作下列函数的图像：

（1）$y = x^4 - 6x^2$；　　　　　　（2）$y = x + \sqrt{1 - x}$.

3. 用数学软件 MATLAB 作函数 $y = \dfrac{1}{(x - 1)(x - 2)}$ 的图像.

§12－4 原函数

⊙原函数 ⊙原函数的一般表达式

定义1 设 I 是某个区间,如果对任意的 $x \in I$,都有

$$F'(x) = f(x) \text{ 或 } \mathrm{d}F(x) = f(x)\,\mathrm{d}x$$

那么称函数 $F(x)$ 是函数 $f(x)$ 在 I 上的一个**原函数**.

例1 求下列函数的一个原函数:

(1) $f(x) = 2x$;   (2) $g(x) = 3x^2$.

解 (1) 因为 $(x^2)' = 2x$, $x \in (-\infty, +\infty)$,所以 x^2 是 $2x$ 在 $(-\infty, +\infty)$ 上的一个原函数.

(2) 因为 $(x^3)' = 3x^2$, $x \in (-\infty, +\infty)$,所以 x^3 是 $3x^2$ 在 $(-\infty, +\infty)$ 上的一个原函数.

一个函数可能有原函数,也可能没有原函数,可以知道,**连续函数一定有原函数**.

上述例1(1)中, x^2 是 $2x$ 的一个原函数,显然, x^2+1, x^2-3, $\cdots$, x^2+C(C 为常数)都是 $2x$ 的原函数. 事实上, $2x$ 的任一原函数都可以写成 x^2+C(C 为常数)的形式, x^2+C(C 为任意常数)表示了 $2x$ 的全部原函数.

一般地,在某区间 I 上,如果函数 $f(x)$ 有一个原函数 $F(x)$,那么 $f(x)$ 就有无穷多个原函数,并且 $F(x)+C$(C 为任意常数)就是 $f(x)$ 的全部原函数.

$F(x)+C$(C 为任意常数)也叫做 $f(x)$ 的**原函数的一般表达式**.

例2 求下列函数的原函数一般表达式:

(1) $y = 4x^3$;   (2) $y = \cos x$.

解 (1) 因为 $(x^4)' = 4x^3$,所以 $4x^3$ 的原函数的一般表达式是 x^4+C.

(2) 因为 $(\sin x)' = \cos x$,所以 $\cos x$ 的原函数的一般表达式是 $\sin x + C$.

例3 已知曲线 $y = f(x)$ 过点 $(1, e)$,且在曲线上任一点 (x, y) 处切线的斜率是 e^x,求曲线方程.

解 由题意 $f'(x) = e^x$,即 $f(x)$ 是 e^x 的一个原函数.

因为 $(e^x)' = e^x$,所以 e^x 的原函数的一般表达式是 e^x+C,即

$$f(x) = e^x + C.$$

又知 $x = 1$ 时, $y = e$, 代入上式, 得 $C = 0$, 所以, 要求的曲线方程为 $y = e^x$.

例 4 设物体作匀加速直线运动, 初速度为 v_0, 初始位置为 s_0, 加速度为常数 a, t 表示时间, 求位置函数 $s = s(t)$.

解 $s'(t) = v(t)$, $s''(t) = v'(t) = a$. 即速度 $v(t)$ 是加速度 a 的原函数, 位移 $s(t)$ 又是速度 $v(t)$ 的原函数.

因为 $(at)' = a$, 所以

$$v(t) = at + C_1, \qquad ①$$

因为 $\left(\dfrac{1}{2}at^2 + C_1 t \right)' = at + C_1 = v(t)$, 所以

$$s(t) = \frac{1}{2}at^2 + C_1 t + C_2. \qquad ②$$

将 $t = 0$, $v = v_0$ 与 $t = 0$, $s = s_0$ 分别代入①、②式, 可得 $C_1 = v_0$, $C_2 = s_0$. 于是所求位置函数为 $s(t) = \dfrac{1}{2}at^2 + v_0 t + s_0$.

§12-4 微课视频

练习

求下列函数的原函数一般表达式:

(1) $y = x$;   (2) $y = x^2$;   (3) $y = 2$;

(4) $y = x^5$;   (5) $y = \sin x$;   (6) $y = \dfrac{1}{\cos^2 x}$;

(7) $y = \dfrac{1}{1 + x^2}$;   (8) $y = \dfrac{1}{\sqrt{1 - x^2}}$;   (9) $y = \dfrac{1}{x}$.

习题 12-4

A 组

1. 求下列函数的原函数一般表达式:

(1) $y = 10x^9$;   (2) $y = \sqrt{x}$;   (3) $y = x^3$;

(4) $y = 3x$;　　　　　　(5) $y = e^{-x}$;　　　　　　(6) $y = k$(k 为常数).

2. 设曲线 $y = f(x)$ 过点 $(0, 1)$,且曲线上点 (x, y) 处切线的斜率是 $\cos x$,求曲线方程.

3. 设物体作变速直线运动,加速度 $a = 3\,\mathrm{m/s^2}$ 且 $t = 0\,\mathrm{s}$ 时,速度 $v = 2\,\mathrm{m/s}$,位移 $s = 1\,\mathrm{m}$,求物体运动的速度函数 $v(t)$ 和位置函数 $s(t)$.

B 组

1. 设一条曲线 $y = f(x)$ 过点 $(0, -1)$,且曲线在该点处的切线斜率为 2,已知 $f''(x) = 3x^2$,求曲线方程.

2. 设物体做自由落体运动,重力加速度是常数 g,从物体开始下落的瞬间计时,求物体的运动方程 $s = s(t)$.

📖 阅读

光 的 折 射

　　一根筷子部分地斜插入水中,看上去,好像折断了,这是怎么回事? 原来光从一种介质射入另一种介质时,它的传播速度会发生改变,从而产生光的折射现象.

　　光从一种介质射入另一种介质发生折射时,将遵守怎样的规则?

　　下面先介绍一下相关术语.如图 12-16 所示,我们把射到界面上的光线叫入射光线,入射光线与介质分界面的交点叫入射点,过入射点与介质分界面垂直的直线叫法线,入射光线与法线夹角 α 叫入射角,折射入另一种介质里去的光线叫折射光线,折射光线与法线的夹角 γ 叫折射角.

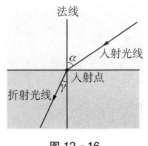

图 12-16

> **费马光学原理**　在所有可能的光路中,光沿最省时间的路径传播.

　　在同一种均匀介质里,光沿直线传播,这是最省时的路径,但在两种不同的介质中,因为光速不同,所以最省时的路径不是直线,而是折线.设空气中距分界面 1 m 处有一光源点 A,水中同样距分界面为 1 m 处有点 B,已知 A、B 间水平距离为 3 m,问光线将沿怎样的路径,从点 A 出发穿过分界面,到达点 B?

首先,如图 12-17 所示,空气与水的分界面记为 β,过 A、B 且与分界面 β 垂直的平面记为平面 AB,直线 l 是平面 AB 与分界面 β 的交线,入射光、折射光必在平面 AB 上,即入射点 C 必在直线 l 上.否则,若点 C 是 β 面上直线 l 外一点,C 在平面 AB 上有投影 C',则 $C' \in$ 直线 l,且 $CC' \perp$ 平面 AB,于是 $CC' \perp AC'$,$CC' \perp BC'$,在直角 $\triangle ACC'$ 中 $AC >$

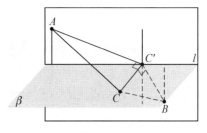

图 12-17

AC',在直角 $\triangle BCC'$ 中 $CB > C'B$. 显然,光沿 $AC \to CB$ 传播所用时间一定大于光沿 $AC' \to C'B$ 所用时间,所以根据费马原理,入射点 C 一定在平面 AB 上,即**入射光、折射光、法线在同一平面上**.

另外,若折射光 CB 和入射光 AC 位于法线的同一侧,即入射点 C 水平方向上位于 A、B 的右侧,如图 12-18 所示,过点 B 引直线 $BB' \perp$ 直线 l,垂足为 B',从而 $CB > BB'$,$AC > AB'$. 则光沿 $AC \to CB$ 传播所用时间一定大于光沿 $AB' \to B'B$ 所用时间. 所以路径 $AC \to CB$ 不是最省时的,即**折射光线和入射光线应分居于法线的两侧**.

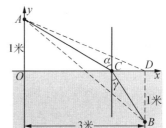

图 12-18

要做到"最省时间"需兼顾两方面,路径的长短和行进的速度. 考虑到相对于空气和水两种光密介质,水中光速 $v_{水}$ 小于空气中的光速 $v_{空气}$,如图 12-19 所示,光沿直线 AB 传播,尽管路径最短,但光在水中穿行距离稍嫌长些;光沿 $AD \to DB$ 传播,在水中穿行距离最短,但这时总路径又稍嫌长些. 因此这两种路径之间必存在一种最省时间的路径.

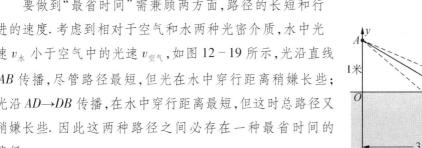

图 12-19

在入射光线与折射光线所决定的平面 AB 上,取过 A 与分界面垂直的直线为 y 轴,垂足 O 为原点,建立平面直角坐标系,设入射点 C 的横坐标为 x,光从 A 到 B 所用的时间为 t. 则

$$t = \frac{|AC|}{v_{空气}} + \frac{|CB|}{v_{水}} \quad 即 \quad t = \frac{\sqrt{1^2 + x^2}}{v_{空气}} + \frac{\sqrt{1^2 + (3-x)^2}}{v_{水}}, \quad x \in (0, 3),$$

$$t' = \frac{x}{v_{空气}\sqrt{1 + x^2}} - \frac{(3-x)}{v_{水}\sqrt{1 + (3-x)^2}}.$$

令 $t' = 0$,得

$$\frac{\dfrac{x}{\sqrt{1+x^2}}}{\dfrac{(3-x)}{\sqrt{1+(3-x)^2}}} = \frac{v_{空气}}{v_水}, \text{即} \frac{\dfrac{|OC|}{|AC|}}{\dfrac{|CD|}{|CB|}} = \frac{v_{空气}}{v_水},$$

就是

$$\frac{\sin\alpha}{\sin\gamma} = \frac{v_{空气}}{v_水}.$$

因此,光从一种介质斜射入另一种介质时,遵循**折射定律**:折射光线总是在入射光线和法线所决定的平面内,并且和入射光线分居在法线的两侧,不管入射角怎样改变,入射角的正弦与折射角正弦之比等于光在射入介质的速度与折射介质速度之比.

按照类似的方法,同学们可以自己证明光的反射定律.

复习题十二

A 组

1. 判断正误：

(1) 如果 $f'(x_0) = 0$，则 $f(x_0)$ 一定是极值. ( )

(2) 如果 $f(x)$ 在 x_0 处取得极值，则一定有 $f'(x_0) = 0$. ( )

(3) 如果 $f''(x_0) = 0$ 或 $f''(x_0)$ 不存在，那么点 $(x_0, f(x_0))$ 是曲线 $y = f(x)$ 的拐点.

( )

(4) 在某个区间上连续的函数一定有最大值和最小值. ( )

(5) 若 $f(x)$ 有原函数，则必有无穷多个原函数，并且任一原函数都可用 $f(x)$ 的某一个原函数加上一个常数 C 来表示. ( )

2. 填空题：

(1) 设 $y = f(x)$ 的图像如图所示，则函数 $f(x)$ 的单调增区间有_____、_____和_____；单调减区间有_____、_____和_____；极大值点有_____和_____，极小值点有_____、_____和_____；凹区间有_____和_____，凸区间有_____和_____；拐点有_____和_____.

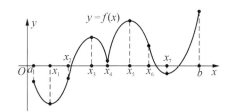
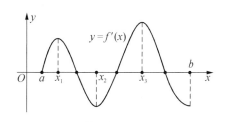

第2(1)题图　　　　　　　第2(2)题图

(2) 设导函数 $y = f'(x)$ 的图像如图所示，则函数 $f(x)$ 的单调增区间有_____和_____；单调减区间有_____和_____；极大值点有_____和_____，极小值点有_____.

(3) 设 $f(x) = 2x + x^3$，则它的原函数的一般表达式是_____；

设 $f(x) = \sin x + \cos x$，则它的原函数的一般表达式是_____；

设 $f(x) = \dfrac{1}{1 + x^2} - \dfrac{1}{\sqrt{1 - x^2}}$，则它的原函数的一般表达式是_____.

3. 求下列函数的单调区间和极值：

(1) $y = 2x^3 - 3x^2$;　　　　　　　　(2) $y = (1 - x)(x + 1)^2$.

4. 求下列曲线的凹凸区间和拐点：

(1) $y = x^3 - 5x^2 + 3x - 5$;　　　(2) $y = x + 36x^2 - 2x^3 - x^4$.

5. 求下列函数在指定区间上的最值:

(1) $y = x^3 - 2x^2 + 5$, $x \in [-1, 1]$;　　(2) $y = x + 2\sqrt{x}$, $x \in [0, 4]$.

6. 作函数 $y = x^3 - x^2 - x + 1$ 的图像.

7. 如图所示,甲、乙两用户共用一台变压器.变压器 C 建在输电干线 AB 的何处时,所需电线的长度最短?

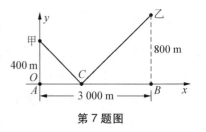

第7题图

8. 将边长为 a 的一块正方形铁皮的四角各截去一个大小相同的小正方形,然后将四边折起,做成一个无盖的盒子.截掉的小正方形的边长为多少时,所得方盒的容积最大?

B 组

1. 作函数 $y = \ln(x^2 + 1)$ 的图像.

2. 生产某种商品 x 个单位时,利润是 $L(x) = 5\,000 + x - 0.001x^2$. 生产多少个单位时,获得利润最大?

3. 用数学软件 MATLAB 作函数 $f(x) = \dfrac{x}{x^2 - 1}$ 的图像.

第13章 积分及其应用

在一切理论成就中,未必再有什么像 17 世纪下半叶微积分的发现那样被看作人类精神的最高胜利了. 如果在某个地方我们看到人类精神的纯粹的和唯一的功绩,那正是在这里.

——恩格斯

积分学是微积分的另一个重要分支,它和我们前面所学习的微分学一样具有强大的应用功能. 应用它,许多初等数学无法解决的问题可以迎刃而解. 例如,利用本章将要学习的积分学知识,我们可以求平面图形的面积、旋转体的体积、作变速直线运动的物体在某段时间内所走过的路程、变力所作的功、一个体积相当大的物体作用于另一物体上的引力,等等. 可以毫不夸张地说,积分学已经渗透到天文学、力学、物理学、工程学、经济学及应用科学的各个分支,没有它就没有现代科学技术的飞速发展,没有它就没有我们现在所享受的丰富的物质文化生活!

本章将要学习的内容有:定积分的概念及性质、不定积分的概念及性质、基本积分公式、换元积分法和分部积分法、无限区间上的广义积分以及定积分在几何与物理上的简单应用等.

§13-1 定积分的概念

⊙曲边梯形的面积　⊙定积分的定义与几何意义　⊙定积分的性质

一、曲边梯形的面积

如图 13-1(a)所示的平面图形称为**曲边梯形**,它是由一条曲线段 AB,三条直线段 AC、

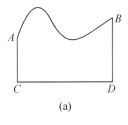
(a)

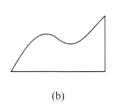
(b)

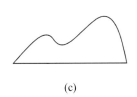
(c)

图 13-1

BD、CD 所围成,其中 $AC \perp CD$,$BD \perp CD$. 曲线段 AB 叫做曲边梯形的**曲边**. 图 $13-1(b)$、(c) 可以看作曲边梯形的特殊情形. 下面来讨论曲边梯形面积的计算问题.

首先来看一个例子.

例 1　考察由曲线 $y = x^2$,直线 $x = 0$、$x = 1$ 及 x 轴所围成的曲边梯形(如图 $13-2$ 所示)的面积 A.

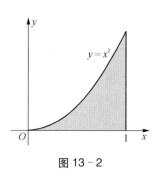

解　因为函数 $f(x) = x^2$ 在区间 $[0, 1]$ 上是连续的,所以在自变量 x 的微小区间上函数值的变化也是微小的,可以近似地看成不变. 从几何上看,对应于微小区间上的"小曲边梯形"可以近似地看成小矩形(如图 $13-4$ 所示). 因此,曲边梯形的面积 A 可以按下面的步骤来求出:

图 $13-2$

(1) 分割:把区间 $[0, 1]$ 分成 n 等份. 各分点的坐标依次是

$$x_0 = 0,\ x_1 = \frac{1}{n},\ x_2 = \frac{2}{n},\ \cdots,\ x_i = \frac{i}{n},\ \cdots,\ x_{n-1} = \frac{n-1}{n},\ x_n = 1,$$

这些分点把区间 $[0, 1]$ 分成了 n 个小区间,它们依次是

$$[x_0, x_1],\ [x_1, x_2],\ \cdots,\ [x_{i-1}, x_i],\ \cdots,\ [x_{n-1}, x_n],$$

每个小区间的长度均为 $\frac{1}{n}$,记为 Δx,即 $\Delta x = \frac{1}{n}$. 过各分点作 x 轴的垂线,把曲边梯形分成 n 个小曲边梯形(如图 $13-3$ 所示),它们的面积依次记为

$$\Delta A_1,\ \Delta A_2,\ \cdots,\ \Delta A_i,\ \cdots,\ \Delta A_n.$$

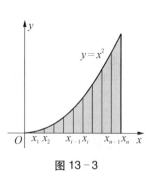

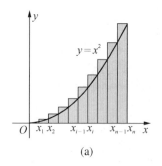

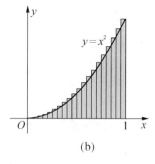

图 $13-3$　　　　　　　　　　(a)　　　　　　　　　　图 $13-4$　　　　　　　　　(b)

(2) 近似代替:在每个区间 $[x_{i-1}, x_i]$ 上,以 $f(x_i)$ 为长,Δx 为宽作小矩形(如图 $13-4$ 所示),用小矩形的面积 $f(x_i)\Delta x$ 近似代替小曲边梯形的面积 ΔA_i,即

$$\Delta A_i \approx f(x_i)\Delta x = f\left(\frac{i}{n}\right)\Delta x = \frac{i^2}{n^2} \cdot \frac{1}{n}\ (i = 1, 2, \cdots, n).$$

（3）求和：将 n 个小矩形的面积加起来，就得到所求曲边梯形面积 A 的近似值，即

$$A = \sum_{i=1}^{n} \Delta A_i \approx \sum_{i=1}^{n} f(x_i) \Delta x = \frac{1}{n^3} \sum_{i=1}^{n} i^2$$

$$= \frac{1}{n^3} (1^2 + 2^2 + \cdots + i^2 + \cdots + n^2)$$

$$= \frac{1}{n^3} \cdot \frac{n(n+1)(2n+1)}{6} = \frac{(n+1)(2n+1)}{6n^2}.$$

下表给出了当 n 分别取 10、20、40、100、1 000、10 000（即将小区间 10 等分，20 等分，…，10 000 等分）时，所得到的曲边梯形面积 A 的近似值.

n	10	20	40	100	1 000	10 000
A 的近似值	0. 385 000	0. 358 750	0. 345 938	0. 338 350	0. 333 834	0. 333 383

从表中可以看出，当 n 的取值越来越大时，所得到的近似值越来越接近于 0. 333 3…，即 $\frac{1}{3}$.

（4）取极限：从图 13 - 4 中可以看出，当分割无限细密（在这里即 $n \to \infty$）时，各小矩形面积的和越来越接近曲边梯形的面积. 因此，我们就把曲边梯形的面积 A 定义为当 $n \to \infty$ 时各小矩形面积和的极限，即

$$A = \lim_{n \to \infty} \sum_{i=1}^{n} f(x_i) \Delta x = \lim_{n \to \infty} \frac{(n+1)(2n+1)}{6n^2} = \frac{1}{3}.$$

一般地，由连续曲线 $y = f(x)$（$f(x) \geq 0$），直线 $x = a$，$x = b$ 及 x 轴所围成的曲边梯形（如图 13 - 5 所示）的面积 A 都可以按照例 1 的思想方法求出. 步骤如下：

（1）分割：将区间 $[a, b]$ 等分成 n 个小区间

$$[x_0, x_1], [x_1, x_2], \cdots, [x_{i-1}, x_i], \cdots, [x_{n-1}, x_n],$$

其中 $x_0 = a$，$x_n = b$，每个小区间的长度均为 $\Delta x = \dfrac{b-a}{n}$. 再过各分点作 x 轴的垂线，把曲边梯形分成 n 个小曲边梯形（如图 13 - 6(a) 所示），这些小曲边梯形的面积依次记为

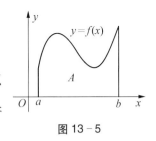

图 13 - 5

$$\Delta A_1, \Delta A_2, \cdots, \Delta A_i, \cdots, \Delta A_n.$$

（2）近似代替：在每个区间 $[x_{i-1}, x_i]$ 上，以 $f(x_i)$ 为长，Δx 为宽作小矩形（如图 13 - 6(b) 所示），用小矩形的面积 $f(x_i) \Delta x$ 近似代替小曲边梯形的面积 ΔA_i，即

$$\Delta A_i \approx f(x_i) \Delta x \ (i = 1, 2, \cdots, n).$$

(3)求和：将 n 个小矩形的面积加起来,就得到所求曲边梯形面积 A 的近似值,即

$$A = \sum_{i=1}^{n} \Delta A_i \approx \sum_{i=1}^{n} f(x_i) \Delta x.$$

(4)取极限：当分割无限细密,在此处即 $n \to \infty$ 时,上面和式的极限就定义为所求曲边梯形的面积 A,即

$$A = \lim_{n \to \infty} \sum_{i=1}^{n} f(x_i) \Delta x. \tag{$*$}$$

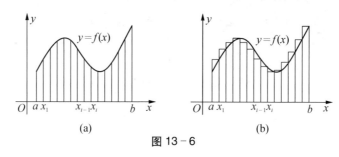

图 13−6

二、定积分的定义

1. 定积分的定义

在实际问题中,还有很多量可以按照上面所用到的思想方法(即"分割"、"近似代替"、"求和"、"取极限")来计算. 例如,变速直线运动的路程、旋转体的体积、变力所作的功、连续曲线弧的长度等等,而且这些量最终都归结成形如式($*$)这样的和式的极限. 这种特殊的极限就是定积分.

定义 设函数 $f(x)$ 在区间 $[a, b]$ 上连续. 将区间 $[a, b]$ 等分成 n 个小区间,每个小区间的长度为 $\Delta x = \dfrac{b-a}{n}$,它们的端点依次记为 $x_0, x_1, x_2, \cdots, x_i, \cdots, x_{n-1}, x_n$(其中 $x_0 = a, x_n = b$),作和式 $\sum_{i=1}^{n} f(x_i) \Delta x$,则把 $n \to \infty$(即 $\Delta x \to 0$)时这个和式的极限,即

$$\lim_{n \to \infty} \sum_{i=1}^{n} f(x_i) \Delta x$$

叫做函数 $f(x)$ **在区间** $[a, b]$ **上的定积分**,记为 $\int_a^b f(x) \mathrm{d}x$,即

$$\int_a^b f(x) \mathrm{d}x = \lim_{n \to \infty} \sum_{i=1}^{n} f(x_i) \Delta x. \tag{13−1}$$

其中"$\int$"叫做**积分号**，$f(x)$ 叫做**被积函数**，$f(x)\mathrm{d}x$ 叫做**被积式**，x 叫做**积分变量**，b 叫做**积分上限**，a 叫做**积分下限**，$[a,b]$ 叫做**积分区间**.

由定积分的定义，例 1 中曲边梯形的面积可以写成 $A=\displaystyle\int_0^1 x^2\mathrm{d}x=\dfrac{1}{3}$.

由曲线 $y=f(x)(f(x)\geqslant 0)$，直线 $x=a$、$x=b$ 及 x 轴围成的曲边梯形（如图 13-5 所示）的面积 A 用定积分可表示为

$$A=\int_a^b f(x)\mathrm{d}x.$$

说明两点：

（1）定积分 $\displaystyle\int_a^b f(x)\mathrm{d}x$ 是一个数值，它由被积函数 $f(x)$ 和积分区间 $[a,b]$ 确定，而与积分变量用什么字母表示无关，即

$$\int_a^b f(x)\mathrm{d}x=\int_a^b f(t)\mathrm{d}t.$$

例如：$\displaystyle\int_0^1 x^2\mathrm{d}x=\int_0^1 t^2\mathrm{d}t=\dfrac{1}{3}$.

（2）在定积分的定义中，积分下限 a 是小于积分上限 b 的，为了以后计算和应用方便，作如下补充规定：

当 $a>b$ 时，$\displaystyle\int_a^b f(x)\mathrm{d}x=-\int_b^a f(x)\mathrm{d}x$；当 $a=b$ 时，$\displaystyle\int_a^a f(x)\mathrm{d}x=0$.

2. 定积分的几何意义

下面分三种情形来说明定积分的几何意义.

（1）由前面的讨论可知，当 $f(x)$ 在区间 $[a,b]$ 上连续，且 $f(x)\geqslant 0$ 时，定积分 $\displaystyle\int_a^b f(x)\mathrm{d}x$ 在几何上表示的是由曲线 $y=f(x)$，直线 $x=a$、$x=b$ 及 x 轴围成的曲边梯形（如图 13-5 所示）的面积 A，即

$$\int_a^b f(x)\mathrm{d}x=A.$$

（2）当 $f(x)\leqslant 0$ 时，$\displaystyle\int_a^b f(x)\mathrm{d}x$ 在几何上表示如图 13-7 所示的曲边梯形面积 A 的相反数，即

$$\int_a^b f(x)\,\mathrm{d}x = -A.$$

（3）当 $f(x)$ 在区间 $[a, b]$ 上有时为正，有时为负时，定积分 $\int_a^b f(x)\,\mathrm{d}x$ 在几何上表示：由曲线 $y = f(x)$，直线 $x = a$、$x = b$ 及 x 轴所围成的，在 x 轴上方的各曲边梯形面积之和减去 x 轴下方的各曲边梯形面积之和. 例如，在图 13-8 所示的情形中，

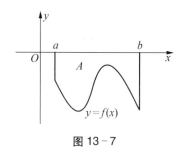

图 13-7

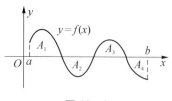

图 13-8

$$\int_a^b f(x)\,\mathrm{d}x = A_1 + A_3 - (A_2 + A_4).$$

例2 利用定积分的几何意义求下列定积分：

（1）$\int_1^4 3\mathrm{d}x$；　　　　　　　（2）$\int_{-2}^2 \sqrt{4 - x^2}\,\mathrm{d}x$.

解 （1）设函数 $y = f(x) = 3$，作出由直线 $y = 3$，和直线 $x = 1$，$x = 4$ 及 x 轴所围成的图形，如图 13-9(a) 所示. 所围成的图形是矩形，面积 $A = 3 \times (4 - 1) = 9$. 由定积分的几何意义，可知

$$\int_1^4 3\mathrm{d}x = A = 3 \times (4 - 1) = 9.$$

一般地，对于任何常数 k、a 和 b，上式都成立，即

$$\int_a^b k\mathrm{d}x = k(b - a). \tag{13-2}$$

（2）设函数 $y = f(x) = \sqrt{4 - x^2}$，作出由曲线 $y = \sqrt{4 - x^2}$，直线 $x = -2$、$x = 2$ 及 x 轴所围成的图形，如图 13-9(b) 所示. 所围成的图形是圆 $x^2 + y^2 = 4$ 的一半，面积 $A = \frac{1}{2} \cdot \pi \cdot 2^2 = 2\pi$. 由定积分的几何意义，可知

$$\int_{-2}^{2} \sqrt{4 - x^2} \, \mathrm{d}x = A = 2\pi.$$

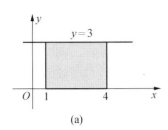 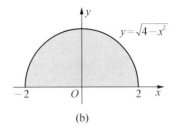

图 13 - 9

练习

1. 利用定积分的几何意义，求下列定积分：

(1) $\int_{0}^{1} (x + 1) \, \mathrm{d}x$；

(2) $\int_{-1}^{1} \sqrt{1 - x^2} \, \mathrm{d}x$.

2. 用定积分表示下列图中阴影部分的面积：

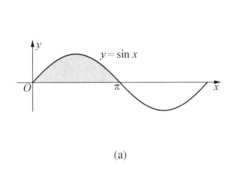 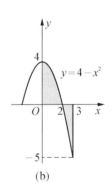

第 2 题图

三、定积分的性质

下面给出几个定积分的性质，假定性质中出现的定积分都存在.

性质 1　　　　$\int_{a}^{b} kf(x) \, \mathrm{d}x = k \int_{a}^{b} f(x) \, \mathrm{d}x$ 　（k 为常数）.　　　　(13 - 3)

性质 2　　　　$\int_{a}^{b} [f(x) \pm g(x)] \, \mathrm{d}x = \int_{a}^{b} f(x) \, \mathrm{d}x \pm \int_{a}^{b} g(x) \, \mathrm{d}x$.　　　　(13 - 4)

性质 2 可以推广到有限多个函数和、差的情形.

例 3 求 $\int_0^1 (6x^2 - 5)\,\mathrm{d}x$.

解 根据性质 1、性质 2、式(13−2)以及例 1 的结果,得

$$\int_0^1 (6x^2 - 5)\,\mathrm{d}x = \int_0^1 6x^2\,\mathrm{d}x - \int_0^1 5\,\mathrm{d}x = 6\int_0^1 x^2\,\mathrm{d}x - 5 \times (1 - 0)$$

$$= 6 \times \frac{1}{3} - 5 = -3.$$

性质 3（**区间可加性**）$\displaystyle\int_a^b f(x)\,\mathrm{d}x = \int_a^c f(x)\,\mathrm{d}x + \int_c^b f(x)\,\mathrm{d}x.$ $(13-5)$

当 $f(x) \geqslant 0$, $a < c < b$ 时, 由定积分的几何意义和图 13−10,容易看出

$$\int_a^b f(x)\,\mathrm{d}x = A_1 + A_2 = \int_a^c f(x)\,\mathrm{d}x + \int_c^b f(x)\,\mathrm{d}x.$$

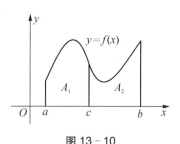

图 13 − 10

例 4 已知 $\int_{-1}^5 f(x)\,\mathrm{d}x = 7$, $\int_0^5 f(x)\,\mathrm{d}x = 4$,求 $\int_{-1}^0 f(x)\,\mathrm{d}x$.

解 由性质 3 可知

$$\int_{-1}^5 f(x)\,\mathrm{d}x = \int_{-1}^0 f(x)\,\mathrm{d}x + \int_0^5 f(x)\,\mathrm{d}x,$$

于是

$$\int_{-1}^0 f(x)\,\mathrm{d}x = \int_{-1}^5 f(x)\,\mathrm{d}x - \int_0^5 f(x)\,\mathrm{d}x = 7 - 4 = 3.$$

性质 4（**奇、偶函数在对称区间上的积分性质**）

设函数 $f(x)$ 在区间 $[-a, a]$ 上连续:

(1) 若 $f(x)$ 为奇函数,则 $\int_{-a}^a f(x)\,\mathrm{d}x = 0$;

(2) 若 $f(x)$ 为偶函数,则 $\int_{-a}^a f(x)\,\mathrm{d}x = 2\int_0^a f(x)\,\mathrm{d}x.$

根据定积分的几何意义及图形的对称性,此性质可从图 13−11 中直观看出.

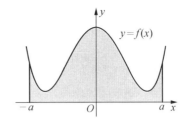

奇函数情形   偶函数情形

(a)   (b)

图 13-11

例 5   求下列定积分：

(1) $\int_{-\pi}^{\pi} x\cos x\, \mathrm{d}x$；   (2) $\int_{-1}^{1} x^2\, \mathrm{d}x$.

解   (1) 因为函数 $f(x) = x\cos x$ 在对称区间 $[-\pi, \pi]$ 上连续且为奇函数，根据性质 4，得

$$\int_{-\pi}^{\pi} x\cos x\, \mathrm{d}x = 0.$$

(2) 因为函数 $f(x) = x^2$ 在对称区间 $[-1, 1]$ 上连续且为偶函数，根据性质 4 及例 1 的结果，得

$$\int_{-1}^{1} x^2\, \mathrm{d}x = 2\int_{0}^{1} x^2\, \mathrm{d}x = 2 \times \frac{1}{3} = \frac{2}{3}.$$

练习

求下列定积分（利用性质及前面例题中已得到的结果）：

(1) $\int_{-3}^{3} x^5\, \mathrm{d}x$；   (2) $\int_{0}^{1} (1 + 3x^2)\, \mathrm{d}x$；   (3) $\int_{-\frac{\pi}{2}}^{\frac{\pi}{2}} \sin x\, \mathrm{d}x$.

§13-1 微课视频

习题 13-1

A 组

1. 填空：

(1) $\int_{1}^{3} 4\, \mathrm{d}x = $ _____；(2) $\int_{-3}^{3} x^3\cos 2x\, \mathrm{d}x = $ _____；(3) $\int_{-1}^{1} x^7\, \mathrm{d}x = $ _____；

(4) 设 $\int_1^4 \sqrt{x}\,\mathrm{d}x = \dfrac{14}{3}$,则 $\int_1^4 \sqrt{t}\,\mathrm{d}t = $ _____;$\int_4^1 \sqrt{x}\,\mathrm{d}x = $ _____.

2. 用定积分表示下列图中阴影部分的面积 A:

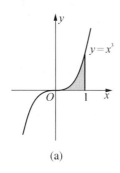
(a)

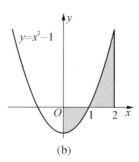
(b)

第 2 题图

3. 利用定积分的几何意义或性质计算下列定积分:

(1) $\displaystyle\int_{-\pi}^{\pi} \cos x\,\mathrm{d}x$;　　　　　　　　(2) $\displaystyle\int_{-1}^{1} |x|\,\mathrm{d}x$;

(3) $\displaystyle\int_1^3 (4x - 1)\,\mathrm{d}x$;　　　　　　　(4) $\displaystyle\int_{-4}^4 \sqrt{16 - x^2}\,\mathrm{d}x$.

4. 设 $\displaystyle\int_1^5 f(x)\,\mathrm{d}x = 11$,$\displaystyle\int_1^5 g(x)\,\mathrm{d}x = 6$,求 $\displaystyle\int_1^5 [2f(x) - g(x)]\,\mathrm{d}x$.

5. 设 $f(x) = \begin{cases} x^2, & x > 0, \\ 2, & x \leqslant 0, \end{cases}$ 求 $\displaystyle\int_{-1}^1 f(x)\,\mathrm{d}x$.

B 组

设函数 $y = f(x)$ 的图像如图所示,利用定积分的几何意义求下列定积分:

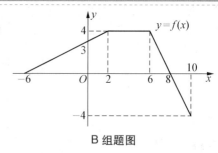

(1) $\displaystyle\int_0^2 f(x)\,\mathrm{d}x$;　　　(2) $\displaystyle\int_6^{10} f(x)\,\mathrm{d}x$.

B 组题图

§13-2 牛顿—莱布尼茨公式 不定积分的概念

⊙牛顿—莱布尼茨公式　⊙不定积分的概念

一、牛顿—莱布尼茨公式

利用定义求定积分,需要求极限 $\lim\limits_{n \to \infty} \sum\limits_{i=1}^{n} f(x_i) \Delta x$. 事实上,除少数特殊情形外,大多数情况下求这种形式的极限是相当困难的,甚至是做不到的. 下面来寻找计算定积分的新途径和简便方法.

由 §13-1 例1 知道,$\int_0^1 x^2 \mathrm{d}x = \dfrac{1}{3}$. 令 $F(x) = \dfrac{1}{3}x^3$,$f(x) = x^2$,由原函数的定义可知,$F(x)$ 是 $f(x)$ 的一个原函数,并且 $F(1) - F(0) = \dfrac{1}{3} - 0 = \dfrac{1}{3}$,所以,

$$\int_0^1 f(x)\mathrm{d}x = \int_0^1 x^2 \mathrm{d}x = \frac{1}{3} = F(1) - F(0).$$

一般地,有

> **定理** 设函数 $f(x)$ 在区间 $[a, b]$ 上连续,$F(x)$ 是 $f(x)$ 在区间 $[a, b]$ 上的一个原函数,则
>
> $$\int_a^b f(x)\mathrm{d}x = F(b) - F(a). \tag{13-6}$$

式 (13-6) 称为**牛顿—莱布尼茨公式**. 它还常写成下面形式:

$$\int_a^b f(x)\mathrm{d}x = \left[F(x) \right]_a^b \quad \text{或} \quad \int_a^b f(x)\mathrm{d}x = F(x) \big|_a^b.$$

牛顿—莱布尼茨公式揭示了定积分与被积函数的原函数之间的联系:变化率(即导数)$f(x)$ 在区间 $[a, b]$ 上的定积分就是它的原函数 $F(x)$ 在区间 $[a, b]$ 上的增量 $F(b) - F(a)$. 它给出了计算连续函数的定积分的一种简便方法.

例 1 求下列定积分:

(1) $\int_1^8 \sqrt[3]{x}\,\mathrm{d}x$; (2) $\int_0^{\frac{\pi}{2}} \sin x\,\mathrm{d}x$.

解 (1) 由 $\left(\dfrac{3}{4} x^{\frac{4}{3}} \right)' = x^{\frac{1}{3}} = \sqrt[3]{x}$,可知 $\dfrac{3}{4} x^{\frac{4}{3}}$ 是 $\sqrt[3]{x}$ 的一个原函数. 由式 (13-6) 得

$$\int_1^8 \sqrt[3]{x}\,\mathrm{d}x = \left[\frac{3}{4} x^{\frac{4}{3}} \right]_1^8 = \frac{3}{4} \times 8^{\frac{4}{3}} - \frac{3}{4} = \frac{45}{4}.$$

(2) 由 $(-\cos x)' = \sin x$,可知 $-\cos x$ 是 $\sin x$ 的一个原函数. 由式 (13-6) 得

$$\int_0^{\frac{\pi}{2}} \sin x \, dx = \left[-\cos x \right]_0^{\frac{\pi}{2}} = -\cos \frac{\pi}{2} - (-\cos 0)$$

$$= 0 + 1 = 1.$$

设一物体在时间区间 $[a, b]$ 上作直线运动,速度为 $v = v(t)$, $v(t)$ 是 $[a, b]$ 上的连续函数,且 $v(t) \geq 0$. 求物体在时间区间 $[a, b]$ 上所经过的路程 s.

设物体在时刻 t 的位移为 $s(t)$, 由 $s'(t) = v(t)$ 可知, $s(t)$ 是 $v(t)$ 的原函数. 因此,由牛顿 — 莱布尼茨公式可得物体在时间区间 $[a, b]$ 上所经过的路程为

$$s = s(b) - s(a) = \int_a^b v(t) \, dt. \qquad (13 - 7)$$

例 2　已知一物体从距地面 150 m 的高空自由落下,下落的速度为 $v = 9.8t$ (m/s),试求该物体从 $t = 0$ s 到 $t = 5$ s 这时间段内下落的距离 s.

解　由式 $(13 - 7)$,得

$$s = \int_0^5 9.8t \, dt = 9.8 \int_0^5 t \, dt.$$

又因为 $\left(\dfrac{1}{2} t^2 \right)' = t$,所以

$$s = 9.8 \left[\frac{1}{2} t^2 \right]_0^5 = 122.5 \text{ (m)}.$$

练习

1. 用牛顿—莱布尼茨公式求下列定积分:

(1) $\displaystyle\int_1^e \frac{1}{x} \, dx$;　　　　　　(2) $\displaystyle\int_1^2 (1 + x^3) \, dx$.

2. 一辆摩托车以速度 $v(t) = (4t + 1)$ (m/s) 沿直线道路行驶,求该摩托车从 $t = 0$ s 到 $t = 4$ s 这段时间所经过的路程.

二、不定积分的概念

利用牛顿—莱布尼茨公式计算定积分,关键是求出被积函数的原函数. 由前面的学习知道,如果一个函数 $f(x)$ 有一个原函数 $F(x)$,那么它就有无穷多个原函数,并且原函数的一般

表达式为 $F(x)+C$（C 为任意常数）.

> **定义**　如果函数 $f(x)$ 有原函数 $F(x)$，那么 $f(x)$ 的原函数的一般表达式 $F(x)+C$ 称为 $f(x)$ 的**不定积分**，记为 $\int f(x)\,\mathrm{d}x$，即
>
> $$\int f(x)\,\mathrm{d}x = F(x) + C.$$
>
> 其中"$\int$"称为**积分号**，$f(x)$ 称为**被积函数**，$f(x)\,\mathrm{d}x$ 称为**被积式**，x 称为**积分变量**，C 为任意常数，也称为**积分常数**.

例3　求下列不定积分：

(1) $\int 2x\,\mathrm{d}x$；　　　　　　(2) $\int \dfrac{1}{1+x^2}\,\mathrm{d}x$.

解　(1) 因为 $(x^2)' = 2x$，即 x^2 是 $2x$ 的一个原函数，所以

$$\int 2x\,\mathrm{d}x = x^2 + C.$$

(2) 因为 $(\arctan x)' = \dfrac{1}{1+x^2}$，即 $\arctan x$ 是 $\dfrac{1}{1+x^2}$ 的一个原函数，所以

$$\int \frac{1}{1+x^2}\,\mathrm{d}x = \arctan x + C.$$

从例 3 可以看出，$\left[\int 2x\,\mathrm{d}x\right]' = (x^2 + C)' = 2x$，$\int (x^2)'\mathrm{d}x = \int 2x\,\mathrm{d}x = x^2 + C.$

一般地，有

> $$\left[\int f(x)\,\mathrm{d}x\right]' = f(x) \quad\text{或}\quad \mathrm{d}\left[\int f(x)\,\mathrm{d}x\right] = f(x)\,\mathrm{d}x;$$
>
> $$\int F'(x)\,\mathrm{d}x = F(x) + C \quad\text{或}\quad \int \mathrm{d}F(x) = F(x) + C.$$

上面的等式说明，如果不考虑相差的任意常数，求不定积分和求导数是互逆运算.

例4　下面的式子是否正确？

$$\int \frac{x}{\sqrt{1 + x^2}} \mathrm{d}x = \sqrt{1 + x^2} + C.$$

解　因为 $\left(\sqrt{1 + x^2} \right)' = \frac{1}{2\sqrt{1 + x^2}} \cdot \left(1 + x^2 \right)' = \frac{x}{\sqrt{1 + x^2}}$，所以上式正确.

练习

1. 填空：

(1) $\int (2^x)' \mathrm{d}x = $ _____；

(2) $\left[\int \frac{1}{1 + x^2} \mathrm{d}x \right]' = $ _____；

(3) $\int \mathrm{d}(\ln x) = $ _____；

(4) $\mathrm{d}\left[\int x^2 \cos x \, \mathrm{d}x \right] = $ _____.

2. 求下列不定积分：

(1) $\int x^6 \mathrm{d}x$；

(2) $\int x^{-2} \mathrm{d}x$；

(3) $\int \mathrm{e}^x \mathrm{d}x$.

§13-2　微课视频

习题 13-2

A 组

1. 填空：

(1) $\int_0^1 x^4 \mathrm{d}x = $ _____；

(2) $\int \mathrm{d}(\sin x) = $ _____；

(3) $\int_0^\pi \cos x \, \mathrm{d}x = $ _____；

(4) $\int \left(x^{-\frac{1}{2}} \right)' \mathrm{d}x = $ _____.

2. 下列等式是否成立？

(1) $\int \ln x \, \mathrm{d}x = \frac{1}{x} + C$；

(2) $\int \mathrm{e}^{2x} \mathrm{d}x = \mathrm{e}^{2x} + C$；

(3) $\int x \cos x \, \mathrm{d}x = x \sin x + \cos x + C$；

(4) $\int 3^x \mathrm{d}x = \frac{3^x}{\ln 3} + C$.

3. 求下列定积分：

(1) $\int_1^2 (4x^3 + 3) \mathrm{d}x$；

(2) $\int_1^{\sqrt{3}} \frac{1}{1 + x^2} \mathrm{d}x$；

(3) $\int_0^\pi (2\sin x - 1) \mathrm{d}x$.

4. 设 $f(x)$ 的一个原函数是 $\sin^2 x$，求：

(1) $f(x)$；　　　　　　　　　　　　(2) $\int f(x)\,dx$.

5. 一辆汽车在司机踩刹车制动后第 2 秒末停下. 已知在这一刹车过程中汽车的速度为 $v = 4 - 2t$ m/s，试求从刹车 ($t = 0$) 到停下来 ($t = 2$) 这段时间内汽车滑过的路程 s.

B 组

1. 水从储水箱的底部以速度 $r(t) = 100 - 2t$ (单位：L/s) 流出，其中 $0 \leqslant t \leqslant 50$. 求在前 10 s 内流出水的总量.

2. 有一货轮在海上发生事故，货轮上装载的燃油发生泄露，燃油以 $v(t) = 10 - \sqrt{t}$ (吨／小时) 的速度向外泄露，4 个小时后发生泄露的油罐被打捞上岸. 问从开始泄露 ($t = 0$ 小时) 到油罐被打捞上岸 ($t = 4$ 小时) 这段时间内共有多少吨燃油泄入大海？

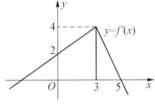

3. 设 $f(0) = 5$，$y = f'(x)$ 的图像如图所示，求 $f(3)$ 与 $f(5)$.

第 3 题图

§13－3　不定积分的基本积分公式和运算性质

> ⊙ 10 个基本积分公式　　⊙ 两条运算性质

一、不定积分的基本积分公式

根据不定积分的定义与基本初等函数的导数公式，可以得出表 13－1 中的基本积分公式.

表 13－1

	导　　数	基本积分公式
1	$(kx)' = k$	$\int k\,dx = kx + C$ (k 为常数)
2	$\left(\dfrac{1}{\alpha + 1} x^{\alpha + 1}\right)' = x^{\alpha}$	$\int x^{\alpha}\,dx = \dfrac{1}{\alpha + 1} x^{\alpha + 1} + C$ ($\alpha \neq -1$)

(续表)

	导　数	基本积分公式
3	$(\ln\|x\|)' = \dfrac{1}{x}$	$\displaystyle\int \dfrac{1}{x}dx = \ln\|x\| + C$
4	$\left(\dfrac{a^x}{\ln a}\right)' = a^x$	$\displaystyle\int a^x dx = \dfrac{a^x}{\ln a} + C$
5	$(e^x)' = e^x$	$\displaystyle\int e^x dx = e^x + C$
6	$(\sin x)' = \cos x$	$\displaystyle\int \cos x\, dx = \sin x + C$
7	$(-\cos x)' = \sin x$	$\displaystyle\int \sin x\, dx = -\cos x + C$
8	$(\tan x)' = \dfrac{1}{\cos^2 x}$	$\displaystyle\int \dfrac{1}{\cos^2 x}dx = \tan x + C$
9	$(\arcsin x)' = \dfrac{1}{\sqrt{1-x^2}}$	$\displaystyle\int \dfrac{1}{\sqrt{1-x^2}}dx = \arcsin x + C$
10	$(\arctan x)' = \dfrac{1}{1+x^2}$	$\displaystyle\int \dfrac{1}{1+x^2}dx = \arctan x + C$

例1　求下列不定积分：

(1) $\displaystyle\int 5^x dx$；

(2) $\displaystyle\int x\sqrt{x}\, dx$.

解　(1) $\displaystyle\int 5^x dx = \dfrac{5^x}{\ln 5} + C$.

(2) $\displaystyle\int x\sqrt{x}\, dx = \int x^{\frac{3}{2}}dx = \dfrac{1}{1+\frac{3}{2}}x^{\frac{3}{2}+1} + C = \dfrac{2}{5}x^{\frac{5}{2}} + C = \dfrac{2}{5}x^2\sqrt{x} + C$.

二、不定积分的运算性质

性质1　$\displaystyle\int kf(x)\,dx = k\int f(x)\,dx$（$k$ 为常数且 $k \neq 0$）.

性质2　$\displaystyle\int [f(x) \pm g(x)]\,dx = \int f(x)\,dx \pm \int g(x)\,dx$.

性质2可以推广到有限多个函数的和、差情形.

例2 求 $\int\left(3\sin x + \dfrac{2}{\sqrt{1-x^2}} - 1\right)\mathrm{d}x$.

解 $\int\left(3\sin x + \dfrac{2}{\sqrt{1-x^2}} - 1\right)\mathrm{d}x = \int 3\sin x\,\mathrm{d}x + \int\dfrac{2}{\sqrt{1-x^2}}\mathrm{d}x - \int 1\mathrm{d}x$

$$= 3\int\sin x\,\mathrm{d}x + 2\int\dfrac{1}{\sqrt{1-x^2}}\mathrm{d}x - x$$

$$= -3\cos x + 2\arcsin x - x + C.$$

例3 求 $\int\dfrac{(\sqrt{x}+1)^2}{x^2}\mathrm{d}x$.

解 $\int\dfrac{(\sqrt{x}+1)^2}{x^2}\mathrm{d}x = \int\dfrac{x+2\sqrt{x}+1}{x^2}\mathrm{d}x = \int\dfrac{1}{x}\mathrm{d}x + 2\int x^{-\frac{3}{2}}\mathrm{d}x + \int x^{-2}\mathrm{d}x$

$$= \ln|x| - 4x^{-\frac{1}{2}} - x^{-1} + C = \ln|x| - \dfrac{4}{\sqrt{x}} - \dfrac{1}{x} + C.$$

例4 求 $\int\dfrac{x^2}{1+x^2}\mathrm{d}x$.

解 $\int\dfrac{x^2}{1+x^2}\mathrm{d}x = \int\dfrac{(x^2+1)-1}{1+x^2}\mathrm{d}x = \int\left(1 - \dfrac{1}{1+x^2}\right)\mathrm{d}x$

$$= \int\mathrm{d}x - \int\dfrac{1}{1+x^2}\mathrm{d}x = x - \arctan x + C.$$

例5 【精准停车问题】某动车组制动时,最大常用减加速度为 $-0.9\sim-0.7$ m/s^2. 假设:动车组制动停车过程中,线路是水平直线;列车以匀减加速度 a m/s^2 进站;列车制动进站时开始计时,此时制动距离为 $s=0$,初速度为 v_0.

(1) 求列车制动停车过程中,在时刻 t 的位移 $s(t)$.

(2) 根据列车运行控制系统显示数据,开始制动进站时,速度为 $v_0=60$ m/s,加速度 $a=-0.8$ m/s^2. 经过 25 s,列车刚好停在动车组停车位置. 求:从开始制动进站到精准停车,列车运行的距离(即制动距离)s 是多少?

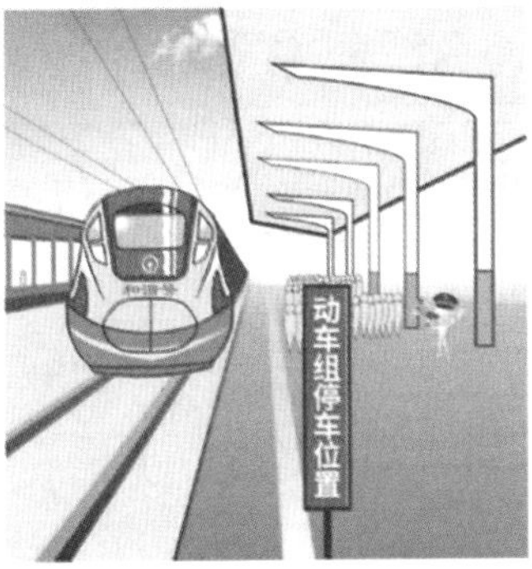

图 13-12

解 (1) 根据导数的物理意义,有

$$v = s'(t),\ a = v'(t).$$

于是，
$$v = \int a\,dt = at + C_1,$$

$$s = \int (at + C_1)\,dt = \frac{1}{2}at^2 + C_1 t + C_2.$$

又由 $v(0) = s'(0) = v_0,\ s(0) = 0,$ 得 $C_1 = v_0,\ C_2 = 0.$ 所以

$$v = at + v_0,\quad s = \frac{1}{2}at^2 + v_0 t.$$

(2) 由题意可知，$v_0 = 60,\ a = -0.8,\ t = 25.$ 于是，制动距离为

$$s = s(25) - s(0) = \int_0^{25} v(t)\,dt = \int_0^{25} (60 - 0.8t)\,dt$$

$$= [60t - 0.4t^2]\,_0^{25} = 1\ 250(\text{m}).$$

或 $s = s(25) - s(0) = \dfrac{1}{2} \times (-0.8) \times 25^2 + 60 \times 25 = 1\ 250(\text{m}).$

练习

1. 求下列不定积分：

(1) $\displaystyle\int x^{-\frac{5}{4}}\,dx$；

(2) $\displaystyle\int 10^x\,dx$；

(3) $\displaystyle\int (4^x + x^4)\,dx$；

(4) $\displaystyle\int (4x^3 - 3x^2 + 1)\,dx$；

(5) $\displaystyle\int \frac{x^2}{\sqrt{x}}\,dx$；

(6) $\displaystyle\int (5e^x - 3)\,dx$.

2. 求下列定积分：

(1) $\displaystyle\int_{\frac{\pi}{4}}^{\frac{\pi}{3}} (2\sin x - 1)\,dx$；

(2) $\displaystyle\int_1^2 \frac{x^2 + 5x^7}{x^3}\,dx$.

§13-3 微课视频

习题 13-3

解练习题
微课视频

A 组

1. 求下列不定积分：

(1) $\displaystyle\int (x^6 - 6\sqrt{x} - 5)\,dx$；

(2) $\displaystyle\int \left(x^{-2} + x + \frac{3}{1 + x^2} \right)\,dx$；

(3) $\displaystyle\int \left(\left(\frac{1}{2}\right)^x + x^{\frac{1}{2}} \right)\,dx$；

(4) $\displaystyle\int (2 - x)^2\,dx$；

(5) $\displaystyle\int \frac{x + 2 - 3\sqrt{x}}{\sqrt{x}} dx$；

(6) $\displaystyle\int \sqrt{x}\,(x + 1)\,dx$；

(7) $\displaystyle\int \frac{\sin 2x}{\sin x} dx$；

(8) $\displaystyle\int \frac{\cos 2x}{\cos x - \sin x} dx$；

(9) $\displaystyle\int \left(\sin \frac{x}{2} + \cos \frac{x}{2}\right)^2 dx$；

(10) $\displaystyle\int \frac{x^2 - 1}{x^2 + 1} dx$．

2. 求下列定积分：

(1) $\displaystyle\int_1^3 (1 + 2x - 4x^3)\,dx$；

(2) $\displaystyle\int_{\frac{1}{2}}^1 \frac{1}{\sqrt{1 - x^2}} dx$；

(3) $\displaystyle\int_0^1 \left(\frac{1}{1 + x^2} + x\right) dx$；

(4) $\displaystyle\int_0^\pi (4\sin x - 3\cos x)\,dx$；

(5) $\displaystyle\int_{-2}^0 (x^5 - x^3 + x^2)\,dx$；

(6) $\displaystyle\int_1^9 \frac{3x - 2}{\sqrt{x}} dx$；

(7) $\displaystyle\int_1^e \frac{x^2 + x + 1}{x} dx$；

(8) $\displaystyle\int_0^3 |\,x - 2\,|\,dx$．

3. 一根 1 米长的非均匀细杆的线密度为 $\rho(x) = (3\sqrt{x} + 4)\,(\text{kg/m})$，这里 x 是从左端量起的棒长. 试求棒的总质量.

B　组

1. 某型号的喷气客机起飞时的速度为 90 m/s，如果它要在 30 s 内以加速度 $a = 3\text{ m/s}^2$ 将速度从 0 m/s 提高到 90 m/s，飞机跑道至少应有多长？

2. 据统计，上海市 2002 年的人均年收入为 13 250 元（人民币），假设该市人均收入以 $r(t) = 500(1.04)^t$（单位：元／年）的速度增长，其中 t 是从 2002 年算起的年数. 试估算 2008 年上海市人均年收入是多少元（保留整数）？

§13-4　换元积分法

⊙不定积分的第一类换元法　　⊙不定积分的第二类换元法　　⊙定积分的换元法

一、不定积分的换元积分法

下面讨论求不定积分的一种常用方法——换元积分法. 先看一个例子.

例 1　求 $\int 2x\cos x^2 \mathrm{d}x$.

解

$$\int 2x\cos x^2 \mathrm{d}x = \int \cos x^2 \cdot (x^2)' \mathrm{d}x = \int \cos x^2 \mathrm{d}(x^2),$$

令 $u = x^2$,得

$$\int 2x\cos x^2 \mathrm{d}x = \int \cos x^2 \mathrm{d}(x^2) = \int \cos u \, \mathrm{d}u = \sin u + C,$$

再将 $u = x^2$ 回代,得

$$\int 2x\cos x^2 \mathrm{d}x = \sin x^2 + C.$$

由 $(\sin x^2)' = \cos x^2 \cdot (x^2)' = 2x\cos x^2$,可知上面的计算结果是正确的.

一般地,在求 $\int g(x)\mathrm{d}x$ 时,如果被积式能写成 $f[\varphi(x)]\varphi'(x)\mathrm{d}x$ 的形式,且 $\int f(u)\mathrm{d}u = F(u) + C$,那么可以按下面的方法求 $\int g(x)\mathrm{d}x$:

$$\int g(x)\mathrm{d}x = \int f[\varphi(x)]\varphi'(x)\mathrm{d}x \xrightarrow{\text{凑微分}} \int f[\varphi(x)]\mathrm{d}\varphi(x)$$

$$\xrightarrow{\text{令 } u = \varphi(x) \text{ 换元}} \int f(u)\mathrm{d}u \xrightarrow{\text{求积分}} F(u) + C$$

$$\xrightarrow{\text{用 } u = \varphi(x) \text{ 回代}} F[\varphi(x)] + C.$$

上述积分方法称为**不定积分的第一类换元法**,也称为**凑微分法**.

例 2　求 $\int \mathrm{e}^{\sin x}\cos x \, \mathrm{d}x$.

解　$\int \mathrm{e}^{\sin x}\cos x \, \mathrm{d}x = \int \mathrm{e}^{\sin x} \cdot (\sin x)' \mathrm{d}x \xrightarrow{\text{凑微分}} \int \mathrm{e}^{\sin x}\mathrm{d}(\sin x)$

$$\xrightarrow{\text{令 } u = \sin x \text{ 换元}} \int \mathrm{e}^u \mathrm{d}u \xrightarrow{\text{求积分}} \mathrm{e}^u + C$$

$$\xrightarrow{\text{用 } u = \sin x \text{ 回代}} \mathrm{e}^{\sin x} + C.$$

当方法熟悉之后,可以略去中间换元步骤,凑微分后直接积分即可.

例如,例 2 的过程可简化为

$$\int \mathrm{e}^{\sin x}\cos x\mathrm{d}x = \int \mathrm{e}^{\sin x}\mathrm{d}(\sin x) = \mathrm{e}^{\sin x} + C.$$

从上面的例子可以看出,用第一类换元法求积分,关键的一步是"凑微分". 下面列出一些常用的"凑微分"公式：

$$
\mathrm{d}x = \frac{1}{a}\mathrm{d}(ax+b); \qquad x\mathrm{d}x = \frac{1}{2}\mathrm{d}(x^2); \qquad \frac{1}{x^2}\mathrm{d}x = -\mathrm{d}\left(\frac{1}{x}\right);
$$

$$
\frac{1}{x}\mathrm{d}x = \mathrm{d}(\ln x) \ (x>0); \quad \mathrm{e}^x\mathrm{d}x = \mathrm{d}(\mathrm{e}^x); \qquad \sin x\,\mathrm{d}x = -\mathrm{d}(\cos x);
$$

$$
\cos x\,\mathrm{d}x = \mathrm{d}(\sin x); \qquad \frac{1}{1+x^2}\mathrm{d}x = \mathrm{d}(\arctan x); \qquad \frac{1}{\sqrt{1-x^2}}\mathrm{d}x = \mathrm{d}(\arcsin x).
$$

例3　求 $\displaystyle\int\cos(2x+1)\mathrm{d}x$.

解　$\displaystyle\int\cos(2x+1)\mathrm{d}x = \frac{1}{2}\int\cos(2x+1)\mathrm{d}(2x+1) = \frac{1}{2}\sin(2x+1) + C.$

例4　求 $\displaystyle\int\frac{\ln^2 x}{x}\mathrm{d}x$.

解　$\displaystyle\int\frac{\ln^2 x}{x}\mathrm{d}x = \int\ln^2 x \cdot \frac{1}{x}\mathrm{d}x = \int\ln^2 x\,\mathrm{d}(\ln x) = \frac{1}{3}\ln^3 x + C.$

例5　求下列不定积分：

(1) $\displaystyle\int\tan x\,\mathrm{d}x$; 　　(2) $\displaystyle\int\frac{1}{a^2+x^2}\mathrm{d}x$.

解　(1) $\displaystyle\int\tan x\,\mathrm{d}x = \int\frac{\sin x}{\cos x}\mathrm{d}x = -\int\frac{1}{\cos x}\mathrm{d}(\cos x) = -\ln|\cos x| + C.$

(2) $\displaystyle\int\frac{1}{a^2+x^2}\mathrm{d}x = \int\frac{1}{a^2\left(1+\dfrac{x^2}{a^2}\right)}\mathrm{d}x = \frac{1}{a}\int\frac{1}{1+\left(\dfrac{x}{a}\right)^2}\mathrm{d}\left(\frac{x}{a}\right) = \frac{1}{a}\arctan\frac{x}{a} + C.$

　　不定积分的第一类换元法是令 $u = \varphi(x)$，将 $\displaystyle\int f[\varphi(x)]\varphi'(x)\mathrm{d}x$ 换成 $\displaystyle\int f(u)\mathrm{d}u$ 来积分，有时需要作相反的换元过程，即令 $x = \varphi(t)$，将 $\displaystyle\int f(x)\mathrm{d}x$ 换成 $\displaystyle\int f[\varphi(t)]\varphi'(t)\mathrm{d}t$ 来积分. 具体步骤如下：

$$
\int f(x)\mathrm{d}x \xrightarrow{\ \text{令}\ x=\varphi(t)\ \text{换元}\ } \int f[\varphi(t)]\mathrm{d}\varphi(t) = \int f[\varphi(t)]\varphi'(t)\mathrm{d}t
$$

$$
\xrightarrow{\ \text{求积分}\ } F(t) + C \xrightarrow{\ \text{用}\ t=\varphi^{-1}(x)\ \text{回代}\ } F[\varphi^{-1}(x)] + C.
$$

其中 $x = \varphi(t)$ 应有反函数，导数 $\varphi'(t)$ 连续且 $\varphi'(t) \neq 0$.

这种方法称为**不定积分的第二类换元法**.

例6 求 $\int \dfrac{1}{1 + \sqrt{x+1}}\mathrm{d}x$.

解 为了消去被积函数中的根式,令 $t = \sqrt{x+1}$,则 $x = t^2 - 1\ (t \geqslant 0)$,$\mathrm{d}x = \mathrm{d}(t^2 - 1) = 2t\mathrm{d}t$. 运用第二类换元法,得

$$\int \frac{1}{1 + \sqrt{x+1}}\mathrm{d}x = \int \frac{2t}{1+t}\mathrm{d}t = 2\int \frac{(1+t) - 1}{1+t}\mathrm{d}t = 2\int \left(1 - \frac{1}{1+t}\right)\mathrm{d}t$$

$$= 2\int \mathrm{d}t - 2\int \frac{1}{1+t}\mathrm{d}t = 2t - 2\int \frac{1}{1+t}\mathrm{d}(1+t)$$

$$= 2t - 2\ln|1 + t| + C$$

$$= 2\sqrt{x+1} - 2\ln(1 + \sqrt{x+1}) + C.$$

例7 全世界每年石油消耗量呈指数增长,据估算从 1990 年起的第 t 年的石油消耗率为 $r(t) = 320 \cdot \mathrm{e}^{0.05t}$(亿桶/年). 求从 1990 年($t = 0$)到 1995 年($t = 5$)间石油消耗的总量 Q.

解 设从 1990 年起的 t 年间的石油消耗总量为 $Q(t)$ 亿桶,则

$$Q'(t) = r(t) = 320 \cdot \mathrm{e}^{0.05t}.$$

于是,从 1990 年到 1995 年间石油消耗的总量

$$Q = \int_0^{20} 320 \cdot \mathrm{e}^{0.05t}\mathrm{d}t = 6\,400\int_0^5 \mathrm{e}^{0.05t}\mathrm{d}(0.05t)$$

$$= 6\,400\left[\mathrm{e}^{0.05t}\right]_0^5 = 6\,400(\mathrm{e}^{0.25} - 1) \approx 1\,818(亿桶).$$

练习

1. 填空(凑微分):

(1) $3x^2\mathrm{d}x = \mathrm{d}(\underline{\hspace{4cm}})$;   (2) $\dfrac{1}{\sqrt{x}}\mathrm{d}x = \mathrm{d}(\underline{\hspace{4cm}})$;

(3) $\mathrm{e}^{2x}\mathrm{d}x = \mathrm{d}(\underline{\hspace{3cm}})$;   (4) $\mathrm{d}x = \underline{\hspace{3cm}}\mathrm{d}(3x - 4)$.

2. 求下列不定积分:

(1) $\int \sin^3 x \cos x\,\mathrm{d}x$;   (2) $\int (x + 1)^3\mathrm{d}x$;   (3) $\int \mathrm{e}^{4x}\mathrm{d}x$;

$(4) \displaystyle\int \frac{\ln x}{x} \mathrm{d}x;$　　　　$(5) \displaystyle\int \mathrm{e}^x \cos(\mathrm{e}^x) \mathrm{d}x;$　　　　$(6) \displaystyle\int \frac{1}{1+\sqrt{x}} \mathrm{d}x.$

二、定积分的换元法

先来看下面的例子.

例8　求 $\displaystyle\int_{-1}^{3} \frac{1}{1+\sqrt{x+1}} \mathrm{d}x.$

解　令 $t = \sqrt{x+1}$, 即 $x = t^2 - 1$ $(t \geq 0)$, 则 $\mathrm{d}x = 2t\mathrm{d}t$, 并且当 $x = -1$ 时, $t = 0$; 当 $x = 3$ 时, $t = 2$. 于是

$$\int_{-1}^{3} \frac{1}{1+\sqrt{x+1}} \mathrm{d}x = \int_{0}^{2} \frac{2t}{1+t} \mathrm{d}t$$

$$= \left[2t - 2\ln|1+t| \right]_{0}^{2} （利用上面例 6 中已得的结果）$$

$$= 4 - 2\ln 3.$$

一般地, 如果函数 $f(x)$ 在区间 $[a, b]$ 上连续, $x = \varphi(t)$ 具有连续的导数且 $\varphi'(t) \neq 0$, 那么计算定积分 $\displaystyle\int_{a}^{b} f(x)\mathrm{d}x$ 可以运用下述**定积分的换元法**:

（1）令 $x = \varphi(t)$, 并求出 $x = a$ 时对应的 t 值 α, $x = b$ 时对应的 t 值 β（选取的 α, β 要确保当 t 在 α 与 β 之间变化时, 相应的 $x = \varphi(t)$ 在 a 与 b 之间取值）;

（2）把 $\displaystyle\int_{a}^{b} f(x)\mathrm{d}x$ 中的 x 换为 $\varphi(t)$, 原来的上、下限 a、b 换成对应的 α、β, 即

$$\int_{a}^{b} f(x)\mathrm{d}x = \int_{\alpha}^{\beta} f[\varphi(t)] \mathrm{d}\varphi(t) = \int_{\alpha}^{\beta} f[\varphi(t)] \varphi'(t) \mathrm{d}t;$$

（3）求出积分结果.

例9　求椭圆 $\dfrac{x^2}{a^2} + \dfrac{y^2}{b^2} = 1$ $(a > b > 0)$ 的面积 A.

解　如图 13 - 13 所示, 椭圆在第一象限内的方程为 $y = \dfrac{b}{a}\sqrt{a^2 - x^2}$. 根据椭圆的对称性和定积分的几何意义, 得

$$A = 4\int_0^a \frac{b}{a}\sqrt{a^2 - x^2}\,\mathrm{d}x.$$

令 $x = a\sin t \left(0 \leqslant t \leqslant \dfrac{\pi}{2}\right)$，则

$$\sqrt{a^2 - x^2} = \sqrt{a^2 - a^2\sin^2 t} = a\cos t, \ \mathrm{d}x = a\cos t\mathrm{d}t.$$

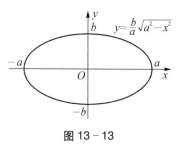

图 13 - 13

又当 $x = 0$ 时，$t = 0$；当 $x = a$ 时，$t = \dfrac{\pi}{2}$. 于是

$$A = 4\int_0^a \frac{b}{a}\sqrt{a^2 - x^2}\,\mathrm{d}x = 4ab\int_0^{\frac{\pi}{2}}\cos^2 t\mathrm{d}t$$

$$= 4ab\int_0^{\frac{\pi}{2}}\frac{1 + \cos 2t}{2}\mathrm{d}t = 2ab\int_0^{\frac{\pi}{2}}(1 + \cos 2t)\,\mathrm{d}t$$

$$= 2ab\left[t + \frac{1}{2}\sin 2t\right]_0^{\frac{\pi}{2}} = ab\pi.$$

> 使用定积分的换元法要特别注意：引入了新变量后，上、下限必须作相应变化，即"换元必换限".

练习

求下列定积分：

$(1)\ \displaystyle\int_1^6 \frac{\sqrt{x + 3}}{x}\,\mathrm{d}x$；　　$(2)\ \displaystyle\int_0^4 \frac{1}{\sqrt{2x + 1}}\,\mathrm{d}x$；　　$(3)\ \displaystyle\int_0^5 \sqrt{25 - x^2}\,\mathrm{d}x.$

§13 - 4　微课视频

习题 13 - 4

A 组

1. 填空(凑微分)：

$(1)\ x^4\mathrm{d}x = \mathrm{d}(\underline{\quad\quad})$；　　　　　　$(2)\ \mathrm{d}x = \underline{\quad}\mathrm{d}(7x - 3)$；

$(3)\ \sin 3x\mathrm{d}x = \mathrm{d}(\underline{\quad\quad})$；　　　　$(4)\ \cos 2x\mathrm{d}x = \underline{\quad}\mathrm{d}(\sin 2x).$

2. 求下列不定积分：

$(1)\ \displaystyle\int(1 + 2x)^5\mathrm{d}x$；　　$(2)\ \displaystyle\int \mathrm{e}^{-x}\mathrm{d}x$；　　$(3)\ \displaystyle\int \sin(5x + 1)\,\mathrm{d}x$；

$(4) \displaystyle\int \frac{\sin x}{2 + \cos x} \mathrm{d}x ;$ $(5) \displaystyle\int \frac{1}{x \ln x} \mathrm{d}x ;$ $(6) \displaystyle\int \mathrm{e}^x (1 + \mathrm{e}^x)^2 \mathrm{d}x ;$

$(7) \displaystyle\int \frac{2x}{1 + x^2} \mathrm{d}x ;$ $(8) \displaystyle\int x^2 \mathrm{e}^{x^3} \mathrm{d}x ;$ $(9) \displaystyle\int \frac{1}{x^2} \cos \frac{1}{x} \mathrm{d}x ;$

$(10) \displaystyle\int \frac{(\arctan x)^2}{1 + x^2} \mathrm{d}x ;$ $(11) \displaystyle\int \frac{1}{1 + \sqrt{x - 1}} \mathrm{d}x ;$ $(12) \displaystyle\int \frac{\sqrt{x}}{1 + \sqrt{x}} \mathrm{d}x .$

3. 求下列定积分：

$(1) \displaystyle\int_0^3 \frac{1}{2x + 3} \mathrm{d}x ;$ $(2) \displaystyle\int_0^7 \sqrt{4 + 3x} \, \mathrm{d}x ;$ $(3) \displaystyle\int_0^1 \frac{\mathrm{e}^x}{1 + \mathrm{e}^x} \mathrm{d}x ;$

$(4) \displaystyle\int_{\frac{\pi}{6}}^{\frac{\pi}{2}} \sin x \cos x \, \mathrm{d}x ;$ $(5) \displaystyle\int_0^1 x \mathrm{e}^{-x^2} \mathrm{d}x ;$ $(6) \displaystyle\int_0^{\frac{1}{2}} \frac{\arcsin x}{\sqrt{1 - x^2}} \mathrm{d}x ;$

$(7) \displaystyle\int_0^1 x \sqrt{1 - x^2} \, \mathrm{d}x ;$ $(8) \displaystyle\int_{-2}^2 \frac{1}{1 + \sqrt{x + 2}} \mathrm{d}x ;$ $(9) \displaystyle\int_0^9 \frac{\sqrt{x}}{1 + \sqrt{x}} \mathrm{d}x .$

B 组

1. 设 $f(x)$ 连续并且 $\displaystyle\int_0^6 f(x) \mathrm{d}x = 8$，求 $\displaystyle\int_0^2 f(3x) \mathrm{d}x$.

2. 把一杯 90℃ 的热牛奶放入 20℃ 的房间内，并开始计时 $t = 0$. 设牛奶温度的变化率为

$$r(t) = -7 \mathrm{e}^{-0.1t} (℃ / \min) ,$$

求 $t = 10 \min$ 时牛奶的温度.

§13-5　分部积分法

  ⊙不定积分的分部积分公式　　⊙定积分的分部积分公式　　⊙适用于分部积分法的常见类型

    下面根据两个函数乘积的求导法则，推出求积分的另一种基本方法——分部积分法.

    设 $u = u(x)$、$v = v(x)$ 在区间 $[a, b]$ 上都具有连续的导数，由两个函数乘积的求导法则可知

$$[u(x)v(x)]' = u'(x)v(x) + u(x)v'(x) ,$$

移项，得

$$u(x)v'(x) = [u(x)v(x)]' - u'(x)v(x).$$

对上式两边求不定积分,得

$$\int u(x)v'(x)\,dx = \int [u(x)v(x)]'\,dx - \int u'(x)v(x)\,dx,$$

$$\int u(x)v'(x)\,dx = u(x)v(x) - \int v(x)u'(x)\,dx.$$

这就是**不定积分的分部积分公式**,这一公式通常简记为

$$\int u\,dv = uv - \int v\,du. \qquad (13-8)$$

由公式(13-8)和牛顿—莱布尼茨公式,就得到**定积分的分部积分公式**:

$$\int_a^b u\,dv = [uv]_a^b - \int_a^b v\,du. \qquad (13-9)$$

当 $\int u\,dv$ 不易求出,而 $\int v\,du$ 比较容易求出时,使用公式(13-8)就可以化难为易,从而求出结果,这种积分方法称为**分部积分法**.

例 1 求 $\int x e^x\,dx$.

解 取 $u = x$,$dv = e^x\,dx = d(e^x)$,即 $v = e^x$. 由公式(13-8),得

$$\int x e^x\,dx = \int x\,d(e^x) = x e^x - \int e^x\,dx = x e^x - e^x + C.$$

在例 1 中,如果取 $u = e^x$,则 $dv = x\,dx = d\left(\dfrac{1}{2}x^2\right)$,即 $v = \dfrac{1}{2}x^2$,那么由公式(13-8),得

$$\int x e^x\,dx = \int e^x\,d\left(\frac{1}{2}x^2\right) = \frac{1}{2}x^2 e^x - \int \frac{1}{2}x^2\,d(e^x)$$

$$= \frac{1}{2}x^2 e^x - \frac{1}{2}\int x^2 e^x\,dx.$$

这里的 $\int x^2 e^x\,dx$ 比 $\int x e^x\,dx$ 更不易求出,所以这样取 u 是不合适的. 由此可见,使用分部积分法的关键是恰当地选取 u. 下面给出一些常见类型以及 u 的相应选取方法.

（1）$\int x^n e^{\alpha x} dx$、$\int x^n \sin \alpha x dx$、$\int x^n \cos \alpha x dx (n \in \mathbf{N}_+)$ 类型的积分,常用分部积分法来求,并且取 $u = x^n$；

（2）$\int x^n \ln \alpha x dx$、$\int x^n \arctan \alpha x dx$、$\int x^n \arcsin \alpha x dx (n \in \mathbf{N})$ 等类型的积分,常用分部积分法来求,并且 u 分别取 $\ln \alpha x$、$\arctan \alpha x$、$\arcsin \alpha x$ 等.

例 2 求 $\int x \cos x \, dx$.

解 设 $u = x$, $dv = \cos x dx = d(\sin x)$,即 $v = \sin x$,由公式(13 - 8),得

$$\int x \cos x \, dx = \int x \, d(\sin x) = x \sin x - \int \sin x \, dx$$
$$= x \sin x + \cos x + C.$$

当分部积分法熟悉之后, u、v 不必写出.

例 3 求 $\int x \arctan x \, dx$.

解
$$\int x \arctan x \, dx = \int \arctan x \, d\left(\frac{1}{2}x^2\right) = \frac{1}{2}x^2 \arctan x - \int \frac{1}{2}x^2 d(\arctan x)$$
$$= \frac{1}{2}x^2 \arctan x - \frac{1}{2}\int \frac{x^2}{1 + x^2} dx$$
$$= \frac{1}{2}x^2 \arctan x - \frac{1}{2}\int \left(1 - \frac{1}{1 + x^2}\right) dx$$
$$= \frac{1}{2}(x^2 \arctan x - x + \arctan x) + C.$$

例 4 计算 $\int_1^5 \ln x dx$.

解
$$\int_1^5 \ln x dx = [x \ln x]_1^5 - \int_1^5 x d(\ln x)$$
$$= 5\ln 5 - \int_1^5 dx = 5\ln 5 - 4.$$

例 5 在某一地区,某种传染病流行期间,人们被传染患病的速度近似为

$$r(t) = 100t \cdot e^{-0.5t}(人 / 天),$$

其中 t 为传染病开始流行的天数($t \geqslant 0$). 试求传染病开始流行的前 10 天共有多少人患病.

解　设传染病开始流行的前 t 天共有 $P = P(t)$ 人患病,由题意可知,

$$P'(t) = r(t) = 100te^{-0.5t}.$$

所以传染病开始流行的前 10 天患病总人数为

$$s = \int_0^{10} 100te^{-0.5t}dt$$

在 MATLAB 命令窗口输入下列语句:

syms t

s = int(100 * t * exp(-0.5 * t), t, 0, 10)

s = vpa(s, 3)　%求 s 的近似值

最终输出结果为　s = 384.0

即传染病开始流行的前 10 天约有 384 人患病.

需要指出的是:求不定积分(或定积分)不仅是一种技巧性较强的运算,而且还有很多积分是根本"积不出来的". 例如,$\int e^{x^2}dx$、$\int \dfrac{e^x}{x}dx$、$\int \sin(x^2)dx$、$\int \dfrac{\sin x}{x}dx$ 等. 这是因为这些积分中的被积函数虽然是初等函数,也有原函数,但它们的原函数已被证明是不能用初等函数来表达的. 当然,这时也就不能利用牛顿 — 莱布尼茨公式计算相应的定积分. 在实际问题中,遇到这类情形常常用数值积分法来求定积分的近似值. 事实上,随着计算机的普及以及数学软件(如:MATLAB, maple 等)的不断升级和完善,在科学研究和工程计算中,人们越来越多地利用数学软件来进行积分运算以及相关计算.

练习

1. 思考:定积分的分部积分法与不定积分的分部积分法有哪些相同点? 哪些不同点?

2. 求下列不定积分:

(1) $\int x \sin x \, dx$;

(2) $\int x \ln x \, dx$.

3. 求下列定积分:

(1) $\int_0^\pi x \cos x \, dx$;

(2) $\int_0^1 xe^x \, dx$.

§13-5　微课视频

习题 13-5

A 组

1. 求下列不定积分:

(1) $\int x\mathrm{e}^{3x}\mathrm{d}x$;　　　　　(2) $\int x^2\ln x\,\mathrm{d}x$;　　　　　(3) $\int \arctan x\,\mathrm{d}x$;

(4) $\int x\cos 2x\,\mathrm{d}x$;　　　　(5) $\int x\mathrm{e}^{-x}\mathrm{d}x$.

2. 求下列定积分:

(1) $\int_0^{\frac{\pi}{2}} x\cos x\,\mathrm{d}x$;　　　　(2) $\int_0^1 x\mathrm{e}^{2x}\mathrm{d}x$;　　　　(3) $\int_0^{\frac{\pi}{2}} x\sin 2x\,\mathrm{d}x$;

(4) $\int_{\mathrm{e}}^{\mathrm{e}^2} x\ln x\,\mathrm{d}x$;　　　　(5) $\int_{\frac{1}{2}}^{\frac{\mathrm{e}}{2}} \ln 2x\,\mathrm{d}x$;　　　　(6) $\int_0^1 \arcsin x\,\mathrm{d}x$.

B 组

1. 求下列不定积分或定积分:

(1) $\int_0^1 \mathrm{e}^{\sqrt{x}}\mathrm{d}x$;(提示: 先令 $x=t^2$ 换元, 再用分部积分法)

(2) $\int x^2\sin x\,\mathrm{d}x$.(提示: 连续用两次分部积分)

2. 一口新开采的天然气油井, 根据初步研究和已往的经验, 预计天然气的生产速度为

$$r(t)=0.05t\cdot\mathrm{e}^{-0.01t},$$

单位是百万立方米/月. 试求前 24 个月天然气的总产量(结果保留 4 个有效数字).

3. 利用 MATLAB 软件求下列积分:

(1) $\int \dfrac{1}{x^2\sqrt{25-x^2}}\mathrm{d}x$;　　　　　　　(2) $\int_1^2 \dfrac{\mathrm{e}^x}{x}\mathrm{d}x$.

*§13-6 无限区间上的广义积分

> ⊙广义积分 $\int_a^{+\infty} f(x)\mathrm{d}x$、$\int_{-\infty}^b f(x)\mathrm{d}x$、$\int_{-\infty}^{+\infty} f(x)\mathrm{d}x$

在前面所讨论和计算的定积分中,积分区间都是有限区间$[a,b]$. 但在实际问题中,还会遇到无限区间的情形. 先来看下面的例子.

例1 考察由曲线 $y=\dfrac{1}{x^2}$,直线 $x=1$ 及 x 轴正向所围成的无限区域(如图13-13(a)所示)的面积 S.

解 如图13-14(a)所示,由于所考察的区域沿 x 轴正向无限延伸,所以 x 的取值区间是无限区间 $[1,+\infty)$. 为考察这个无限区域的面积,首先在无限区间 $[1,+\infty)$ 内任取一正数 b,作直线 $x=b$,这样就可得到如图13-14(b)所示的一个曲边梯形. 由定积分的几何意义可知,该曲边梯形的面积为

$$S_b = \int_1^b \frac{1}{x^2}\mathrm{d}x = \left[-\frac{1}{x}\right]_1^b = 1 - \frac{1}{b}.$$

可以看出,当 b 无限增大时,曲边梯形的面积 S_b 无限接近于1,即

$$\lim_{b\to+\infty} S_b = \lim_{b\to+\infty}\int_1^b \frac{1}{x^2}\mathrm{d}x = \lim_{b\to+\infty}\left(1-\frac{1}{b}\right) = 1.$$

这个极限值1就定义为所考察的无限区域的面积 S,即 $S = \lim\limits_{b\to+\infty}\int_1^b \dfrac{1}{x^2}\mathrm{d}x = 1$. 为了叙述方便,把这个极限记作 $\int_1^{+\infty} \dfrac{1}{x^2}\mathrm{d}x$.

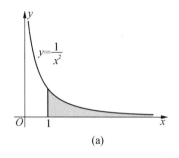
(a)

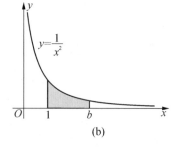
(b)

图 13-14

一般地,设函数 $f(x)$ 在区间 $[a, +\infty)$ 上连续, $b > a$,则函数 $f(x)$ 在 $[a, +\infty)$ 上的**广义积分**记作 $\int_a^{+\infty} f(x)\,\mathrm{d}x$,并且

$$\int_a^{+\infty} f(x)\,\mathrm{d}x = \lim_{b \to +\infty} \int_a^b f(x)\,\mathrm{d}x. \qquad (13-10)$$

如果式 $(13-10)$ 右边的极限存在,则称**广义积分** $\int_a^{+\infty} f(x)\,\mathrm{d}x$ **收敛**,否则称这个**广义积分发散**.

类似地, $f(x)$ 在区间 $(-\infty, b]$ 上的广义积分为

$$\int_{-\infty}^b f(x)\,\mathrm{d}x = \lim_{a \to -\infty} \int_a^b f(x)\,\mathrm{d}x. \qquad (13-11)$$

$f(x)$ 在区间 $(-\infty, +\infty)$ 上的广义积分记为 $\int_{-\infty}^{+\infty} f(x)\,\mathrm{d}x$,另记

$$\int_{-\infty}^0 f(x)\,\mathrm{d}x + \int_0^{+\infty} f(x)\,\mathrm{d}x. \qquad ①$$

当①中的两个广义积分都收敛时,称广义积分 $\int_{-\infty}^{+\infty} f(x)\,\mathrm{d}x$ **收敛**,且其值与式①的值相等,即有等式 $(13-12)$,否则称它**发散**.

$$\int_{-\infty}^{+\infty} f(x)\,\mathrm{d}x = \int_{-\infty}^0 f(x)\,\mathrm{d}x + \int_0^{+\infty} f(x)\,\mathrm{d}x \qquad (13-12)$$

例 2　求 $\int_{-\infty}^0 \mathrm{e}^x \mathrm{d}x$.

解　$\int_{-\infty}^0 \mathrm{e}^x \mathrm{d}x = \lim\limits_{a \to -\infty} \int_a^0 \mathrm{e}^x \mathrm{d}x = \lim\limits_{a \to -\infty} \left[\mathrm{e}^x \right]_a^0 = \lim\limits_{a \to -\infty} (1 - \mathrm{e}^a) = 1.$

仿照牛顿—莱布尼茨公式,广义积分的计算过程可简记为

$$\int_a^{+\infty} f(x)\,\mathrm{d}x = \left[F(x) \right]_a^{+\infty} = \lim_{x \to +\infty} F(x) - F(a);$$

$$\int_{-\infty}^b f(x)\,\mathrm{d}x = \left[F(x) \right]_{-\infty}^b = F(b) - \lim_{x \to -\infty} F(x);$$

$$\int_{-\infty}^{+\infty} f(x)\,\mathrm{d}x = \left[F(x) \right]_{-\infty}^{+\infty} = \lim_{x \to +\infty} F(x) - \lim_{x \to -\infty} F(x).$$

其中 $F(x)$ 是 $f(x)$ 的一个原函数.

例3　求 $\displaystyle\int_{-\infty}^{+\infty}\frac{1}{1+x^2}\mathrm{d}x$.

解　$\displaystyle\int_{-\infty}^{+\infty}\frac{1}{1+x^2}\mathrm{d}x=\left[\arctan x\right]_{-\infty}^{+\infty}=\lim_{x\to+\infty}\arctan x-\lim_{x\to-\infty}\arctan x=\frac{\pi}{2}-\left(-\frac{\pi}{2}\right)=\pi$.

例4　判断广义积分 $\displaystyle\int_{1}^{+\infty}\frac{1}{x^{\frac{1}{2}}}\mathrm{d}x$ 的敛散性.

解　$\displaystyle\int_{1}^{+\infty}\frac{1}{x^{\frac{1}{2}}}\mathrm{d}x=\int_{1}^{+\infty}x^{-\frac{1}{2}}\mathrm{d}x=\left[2\sqrt{x}\right]_{1}^{+\infty}=\lim_{x\to+\infty}\left(2\sqrt{x}\right)-2=+\infty$.

所以广义积分 $\displaystyle\int_{1}^{+\infty}\frac{1}{x^{\frac{1}{2}}}\mathrm{d}x$ 发散.

> 一般地,广义积分 $\displaystyle\int_{1}^{+\infty}\frac{1}{x^{p}}\mathrm{d}x$（$p$ 为常数）的敛散性为:
>
> 当 $p>1$ 时收敛,值为 $\dfrac{1}{p-1}$;当 $p\leqslant 1$ 时发散.

练习

判断下列广义积分的敛散性,若收敛,求出其值:

(1) $\displaystyle\int_{1}^{+\infty}\frac{1}{x^6}\mathrm{d}x$;　　　　(2) $\displaystyle\int_{1}^{+\infty}\frac{1}{\sqrt[3]{x}}\mathrm{d}x$;　　　　(3) $\displaystyle\int_{0}^{+\infty}\mathrm{e}^{-x}\mathrm{d}x$.

§13-6　微课视频

习题 13-6

A 组

1. 判断下列广义积分的敛散性,若收敛,求出其值:

(1) $\displaystyle\int_{1}^{+\infty}\frac{1}{x^5}\mathrm{d}x$;　　　　(2) $\displaystyle\int_{1}^{+\infty}\frac{1}{x\sqrt{x}}\mathrm{d}x$;　　　　(3) $\displaystyle\int_{1}^{+\infty}\frac{\sqrt[3]{x}}{x^2}\mathrm{d}x$.

2. 判断下列广义积分的敛散性:

(1) $\int_{-\infty}^{0} e^{2x} dx$；　　　　(2) $\int_{0}^{+\infty} xe^{-x^2} dx$；　　　　(3) $\int_{0}^{+\infty} \frac{x}{x^2+1} dx$．

B 组

某种型号的飞机使用一种特殊的润滑油，飞机制造商承诺将为客户终身供应这种润滑油，但该公司生产了一批这种型号的飞机后就停产了．已知 1 年后这批飞机的用油率为

$$r(t) = 200t^{-\frac{4}{3}}（升／年），$$

其中 t 表示飞机服役的年数（$t \geqslant 1$）．该公司要一次性生产这批飞机 1 年后所需的润滑油，共需生产多少升？

§13-7　定积分在几何上的应用

⊙微元法　⊙平面图形的面积　⊙旋转体的体积

通过前面的学习，我们已经看到了定积分的一些简单应用．例如，求曲边梯形的面积、变速直线运动的路程等．下面将在微元法的基础上进一步讨论定积分在几何上的应用．

一、微元法
再来认识一下曲边梯形的面积．

设由曲线 $y = f(x)$（$f(x) \geqslant 0$）、$x = a$、$x = b$ 及 x 轴所围成的曲边梯形（如图 13-15 所示）面积为 A，由定积分的几何意义可知

$$A = \int_{a}^{b} f(x) dx. \qquad ①$$

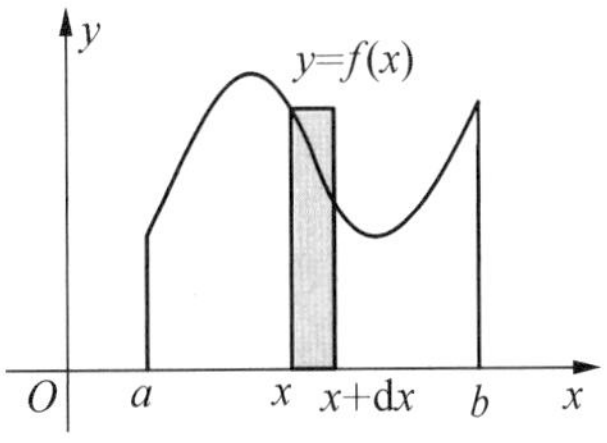

式①还可以用下面的方法来确定．

如图 13-15 所示，在区间 $[a, b]$ 上任取一个小区间 $[x, x+dx]$，分别过区间的两端点作 x 轴垂线，对应的小曲边梯形的

图 13-15

面积记为 ΔA．然后，以左端点 x 处的函数值 $f(x)$ 为长，小区间长度 dx 为宽作如图所示的小矩形，则小矩形的面积为 $f(x) dx$．用小矩形的面积作为小曲边梯形面积 ΔA 的近似值，得

$$\Delta A \approx f(x) dx. \qquad ②$$

称式②右端的表达式 $f(x)\,\mathrm{d}x$ 为**面积微元**,记为 $\mathrm{d}A$,即

$$\mathrm{d}A = f(x)\,\mathrm{d}x.$$

将面积微元 $\mathrm{d}A = f(x)\,\mathrm{d}x$ 在区间 $[a,b]$ 上积分,就得到定积分 $\displaystyle\int_a^b f(x)\,\mathrm{d}x$,这就是式① 中面积 A 的定积分表达式,即 $A = \displaystyle\int_a^b f(x)\,\mathrm{d}x$.

一般地,**求某一量 U 的定积分表达式的步骤是**:

(1) 根据所求量 U 的具体意义,选取合适的变量(假定为 x)作为积分变量,并根据它的变化区间,确定出积分区间 $[a,b]$.

(2) 在区间 $[a,b]$ 上任取小区间 $[x,x+\mathrm{d}x]$,并表示出所求量 U 在这个小区间上的增量 ΔU 的近似值 $f(x)\,\mathrm{d}x$,它就是所求量 U 的**微元**,记为 $\mathrm{d}U$,即

$$\mathrm{d}U = f(x)\,\mathrm{d}x.$$

(3) 写出所求量 U 的定积分表达式

$$U = \int_a^b f(x)\,\mathrm{d}x.$$

这种方法就称为**微元法**.下面用微元法来求平面图形的面积和旋转体的体积.

二、平面图形的面积

例 1 求由曲线 $y = \mathrm{e}^x$、直线 $y = x$、$x = 0$ 和 $x = 1$ 所围成图形的面积 A.

解 画出图形,如图 13－16 所示.

(1) 取 x 为积分变量,积分区间为 $[0,1]$.

(2) 在区间 $[0,1]$ 上任取小区间 $[x,x+\mathrm{d}x]$,作如图所示的小矩形,小矩形的面积为 $(\mathrm{e}^x-x)\,\mathrm{d}x$. 即面积微元为

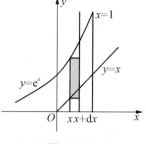

图 13－16

$$\mathrm{d}A = (\mathrm{e}^x - x)\,\mathrm{d}x.$$

(3) 所求图形的面积为

$$A = \int_0^1 (\mathrm{e}^x - x)\,\mathrm{d}x = \left[\mathrm{e}^x - \frac{1}{2}x^2\right]_0^1 = \mathrm{e} - \frac{1}{2} - 1 = \mathrm{e} - \frac{3}{2}.$$

一般地,由微元法可以推出:

由连续曲线 $y = f(x)$、$y = g(x)$ ($f(x) \geqslant g(x)$) 及直线 $x = a$、$x = b$ ($a < b$) 所围成图形(如图 13 - 17(a) 所示) 的面积为

$$A = \int_a^b [f(x) - g(x)] \mathrm{d}x. \qquad (13 - 13)$$

由连续曲线 $x = \varphi(y)$、$x = \psi(y)$ ($\varphi(y) \geqslant \psi(y)$) 及直线 $y = c$, $y = \mathrm{d}$ ($c < d$) 所围成图形(如图 13 - 17(b) 所示) 的面积为

$$A = \int_c^d [\varphi(y) - \psi(y)] \mathrm{d}y. \qquad (13 - 14)$$

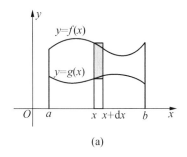 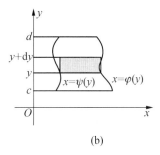

(a)   (b)

图 13 - 17

以后,求平面图形的面积可按下面的简化过程计算:

(1) 画出图形,解方程组求出交点坐标(如果需要的话).

(2) 选取合适的积分变量,并写出积分区间.

(3) 根据公式(13 - 13)或(13 - 14),将所求图形的面积表示成定积分,并计算出结果.

例 2 求由抛物线 $y = x^2$ 和 $y^2 = x$ 所围成图形的面积 A.

解 (1) 画出由 $y = x^2$、$y^2 = x$ 所围成的图形,如图 13 - 18 所示. 解方程组 $\begin{cases} y = x^2, \\ x = y^2, \end{cases}$ 得

$$\begin{cases} x = 0, \\ y = 0 \end{cases} \text{和} \begin{cases} x = 1, \\ y = 1. \end{cases}$$

即两抛物线的交点为 $(0, 0)$ 和 $(1, 1)$.

(2) 取 x 为积分变量,积分区间为 $[0, 1]$.

(3) 由公式(13 - 13),所求图形的面积为

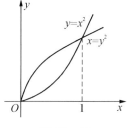

图 13 - 18

$$A = \int_0^1 (\sqrt{x} - x^2) \mathrm{d}x = \left[\frac{2}{3} x^{\frac{3}{2}} - \frac{1}{3} x^3 \right]_0^1 = \frac{2}{3} - \frac{1}{3} = \frac{1}{3}.$$

例3 求抛物线 $y^2 = x$ 与直线 $y = 2 - x$ 所围成图形的面积 A.

解 (1) 作出抛物线 $y^2 = x$ 与直线 $y = 2 - x$ 所围成的图形,如

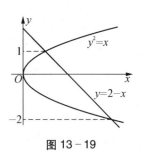

图 13 - 19

图 13 - 19 所示. 解方程组 $\begin{cases} y^2 = x, \\ y = 2 - x, \end{cases}$ 得

$$\begin{cases} x = 1, \\ y = 1 \end{cases} 和 \begin{cases} x = 4, \\ y = -2. \end{cases}$$

即抛物线 $y^2 = x$ 与直线 $y = 2 - x$ 的交点为 $(1, 1)$ 和 $(4, -2)$.

(2) 取 y 为积分变量,积分区间为 $[-2, 1]$. 把 $y^2 = x$ 和 $y = 2 - x$ 写为 $x = y^2$ 和 $x = 2 - y$.

(3) 由公式(13 - 14),所求图形的面积为

$$A = \int_{-2}^{1} \left[(2 - y) - y^2 \right] \mathrm{d}y = \left[2y - \frac{1}{2}y^2 - \frac{1}{3}y^3 \right]_{-2}^{1} = \frac{9}{2}.$$

思考 在例 3 中,如果取 x 为积分变量,那么当小区间 $[x, x+\mathrm{d}x]$ 分别落在 $[0, 1]$ 和 $[1, 4]$ 内时,小矩形的面积表达式是否相同?

练习

1. 求由抛物线 $y = x^2$ 和直线 $y = 2x$ 所围成图形的面积.

2. 求由 $y = \ln x$、$y = 1$、x 轴及 y 轴所围成图形的面积.

三、旋转体的体积

用微元法可以推出:

> 由曲线 $y = f(x)$、直线 $x = a$、$x = b$ ($a < b$) 及 x 轴围成的平面图形绕 x 轴旋转一周所成的旋转体(如图 13 - 20(a) 所示) 的体积为
>
> $$V = \pi \int_{a}^{b} [f(x)]^2 \mathrm{d}x. \qquad (13 - 15)$$
>
> 由曲线 $x = \varphi(y)$、直线 $y = c$、$y = d$ ($c < d$) 及 y 轴围成的平面图形绕 y 轴旋转一周所成的旋转体(如图 13 - 20(b) 所示) 的体积为
>
> $$V = \pi \int_{c}^{d} [\varphi(y)]^2 \mathrm{d}y. \qquad (13 - 16)$$

为了简便,以后可以只画出旋转前的平面图形,根据公式(13 - 15)或(13 - 16)将所求的旋转体的体积表示成定积分,然后计算出结果.

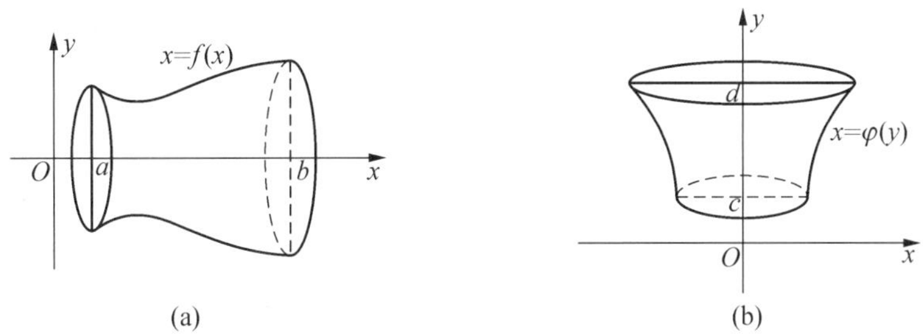

图 13－20

例 4　求由曲线 $y=x^2$、$x=0$、$x=1$ 及 x 轴所围成的图形绕 x 轴旋转一周所成的旋转体的体积 V.

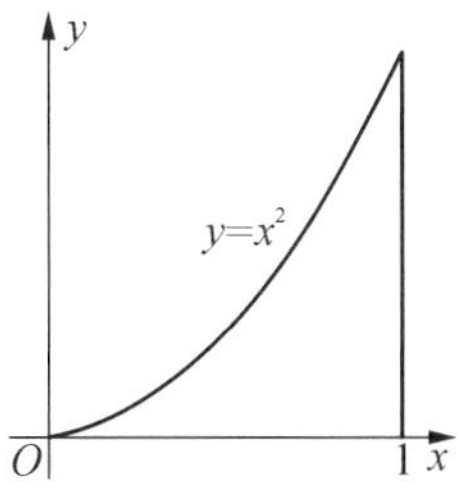

图 13－21

解　画出由曲线 $y=x^2$、$x=0$、$x=1$ 及 x 轴所围成的图形，如图 13－21 所示.

（1）取 x 为积分变量，积分区间为 $[0,\ 1]$.

（2）由式（13－15），所求旋转体的体积为

$$V=\pi\int_0^1(x^2)^2\mathrm{d}x=\pi\int_0^1 x^4\mathrm{d}x=\pi\left[\frac{1}{5}x^5\right]_0^1=\frac{\pi}{5}.$$

例 5　求由曲线 $y=\dfrac{1}{x}$、直线 $y=1$、$y=2$ 及 y 轴围成的图形绕 y 轴旋转一周所成的旋转体的体积 V.

解　（1）画出由曲线 $y=\dfrac{1}{x}$、直线 $y=1$、$y=2$ 及 y 轴所围成的图形，如图 13－22 所示. 由于绕 y 轴旋转，所以把曲线的方程 $y=\dfrac{1}{x}$ 改为 $x=\dfrac{1}{y}$.

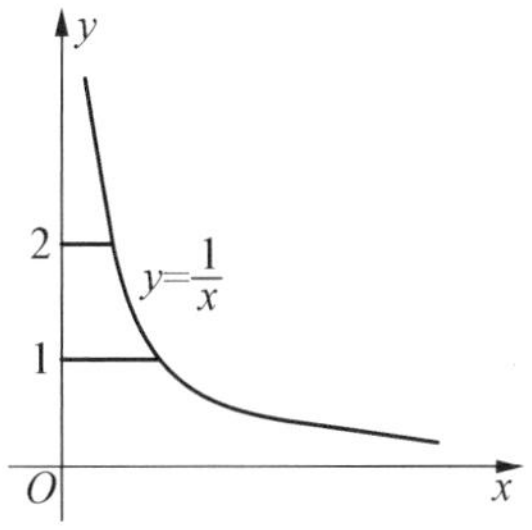

图 13－22

（2）取 y 为积分变量，积分区间为 $[1,\ 2]$.

（3）由公式（13－16），得

$$V=\pi\int_1^2\left(\frac{1}{y}\right)^2\mathrm{d}y=\pi\int_1^2 y^{-2}\mathrm{d}y=\pi\left[-\frac{1}{y}\right]_1^2=\pi\left(-\frac{1}{2}+1\right)=\frac{\pi}{2}.$$

§13－7　微课视频

练习

1. 求由曲线 $y=\sqrt{x}$、直线 $x=0$、$x=1$ 及 x 轴围成的图形绕 x 轴旋转一周所成的旋转体的体积.

2. 求由曲线 $y = x^3$、$y = 0$、$y = 1$ 及 y 轴围成的图形绕 y 轴旋转一周所成的旋转体的体积.

3. 求椭圆 $\dfrac{x^2}{16} + \dfrac{y^2}{9} = 1$ 围成的图形绕 x 轴旋转一周所成的旋转体的体积.

解练习题
微课视频

习题 13－7

A　组

1. 求由下列各曲线所围成图形的面积：

(1) $y = \sqrt{x}$，$y = x$；

(2) $y = x^2$，$y = x^3$；

(3) $y = x^2$，$y = x$；

(4) $y = x^2$，$y = 2 - x^2$；

(5) $y = \ln x$，$y = 2$，$y = 3$ 与 y 轴；

(6) $y^2 = 2x$，$y = x - 4$；

(7) $y = \dfrac{1}{x}$，$y = x$ 与 $x = 2$.

2. 求下列旋转体的体积：

(1) 由曲线 $y = e^x$、$x = 0$、$x = 1$ 及 x 轴围成的图形绕 x 轴旋转一周而成；

(2) 由曲线 $y = \dfrac{1}{x}$、$x = 1$、$x = 3$ 及 x 轴围成的图形绕 x 轴旋转一周而成；

(3) 由曲线 $y = x^2$、$y = 1$ 及 y 轴所围成的图形绕 y 轴旋转一周而成；

(4) 由曲线 $y = \ln x$、$y = 1$、$y = 2$ 及 y 轴围成的图形绕 y 轴旋转一周而成.

3. 求椭圆 $\dfrac{x^2}{a^2} + \dfrac{y^2}{b^2} = 1$ 围成的图形分别绕 x 轴、y 轴旋转一周所成的旋转体的体积.

B　组

1. 求由曲线 $y = \sin x$、$y = \cos x$ 及两直线 $x = 0$、$x = \dfrac{\pi}{2}$ 所围成图形的面积 A.

2. 求由抛物线 $y = x^2$ 及其在点 $(1, 1)$ 处的切线、x 轴所围成的图形的面积.

3. 两辆车 A 和 B 并排从静止开始启动，两车在行进过程中的

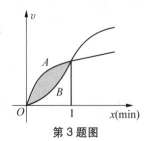

第3题图

速度函数曲线如图所示. 问:

(1)阴影部分面积的含义是什么?

(2)出发后的前 1 min 哪个车在前面? 为什么?

§13-8 定积分在物理及其他方面的应用

⊙变力作功 ⊙平均值

定积分不仅在几何上有重要应用,而且在工程技术、物理、经济等学科中有广泛的应用,例如求变力作功,函数的平均值等.

一、变力作功

设有常力 F 作用在一个沿直线运动的物体上,力 F 的方向与物体运动的方向一致. 由初等物理学知识可知,当物体移动了距离 s 时,力 F 所作的功为

$$W = F \cdot s. \qquad ①$$

式①给出了常力作功的计算方法,但是,在实际问题中,作用在物体上的力往往是变化的,即力是变量,这时可以用微元法来求力所作的功.

例 1 如图 13-23 所示,一个物体在与 x 轴同方向的力 $f = 3x^2 + 2x$ 的作用下,沿 x 轴从 $x = 1$ 处运动到 $x = 3$ 处,求力 f 所作的功.

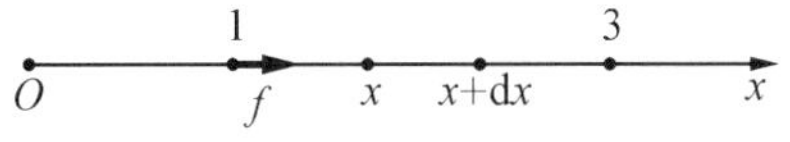

解 (1)取 x 为积分变量,x 的变化范围$[1, 3]$即为积分区间.

图 13-23

(2)在区间$[1, 3]$上任取小区间$[x, x+\mathrm{d}x]$. 由于力 $f = 3x^2 + 2x$ 是连续变化的,故在小区间上可以近似地看成常力,由式(*),可得在这小区间上变力所作功的近似值,即功微元

$$\mathrm{d}W = (3x^2 + 2x)\,\mathrm{d}x.$$

(3)当物体从 $x = 1$ 运动到 $x = 3$ 时,变力 f 所作的功为

$$W = \int_1^3 (3x^2 + 2x)\,\mathrm{d}x = \left[x^3 + x^2 \right]_1^3 = 34.$$

一般地,设物体沿 x 轴正向从 $x = a$ 运动到 $x = b$,在这一运动过程中,有一个连续变化的力 $f(x)$ 作用其上,且方向与运动方向一致,则力 $f(x)$ 所作的功为

$$W = \int_a^b f(x)\,\mathrm{d}x. \qquad (13-17)$$

例 2 已知地球质量 $M = 5.98 \times 10^{24}$ kg,地球半径 $R = 6\,370$ km,引力常数 $G = 6.67 \times 10^{-11}$ m³/s²·kg. 求把一颗质量为 1 000 kg 的人造地球卫星送到距地面 350 km 处所作的功 W.

解 设 $m = 1\,000$ kg, $h = 350$ km. 建立如图 13-24 所示的坐标系. 由牛顿引力定律知道,质量为 m 的卫星距离地心 x m 时受到地球的引力为

$$f = G\frac{M \cdot m}{x^2}\,(M \text{ 为地球的质量}).$$

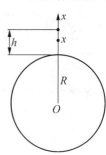

图 13-24

取 x 为积分变量,根据题意,积分区间为 $[R,\ R+h]$. 由式(13-17),得

$$W = \int_R^{R+h} \frac{GMm}{x^2}\mathrm{d}x = GMm\int_R^{R+h} \frac{1}{x^2}\mathrm{d}x = GMm\left[-\frac{1}{x}\right]_R^{R+h}$$

$$= GMm\left(\frac{1}{R} - \frac{1}{R+h}\right) = \frac{GMmh}{R(R+h)}.$$

把 $G = 6.67 \times 10^{-11}$ m³/s²·kg, $M = 5.98 \times 10^{24}$ kg, $R = 6.37 \times 10^6$ m, $m = 1\,000$ kg, $h = 3.5 \times 10^5$ m 代入上式,得

$$W = \frac{6.67 \times 10^{-11} \times 5.98 \times 10^{24} \times 1\,000 \times 3.5 \times 10^5}{6.37 \times 10^6 \times 6.72 \times 10^6} \approx 3.26 \times 10^9 (\text{J}).$$

即把一颗质量为 1 000 kg 的人造地球卫星送到距地面 350 km 的轨道上所作的功为 3.26×10^9 J.

例 3 底面半径为 3 m,高为 3 m 的圆锥形容器(如图 13-24 所示)里盛满水. 求把水全部抽出所作的功.(水的密度 $\rho = 10^3$ kg/m³, $g = 9.8$ m/s²)

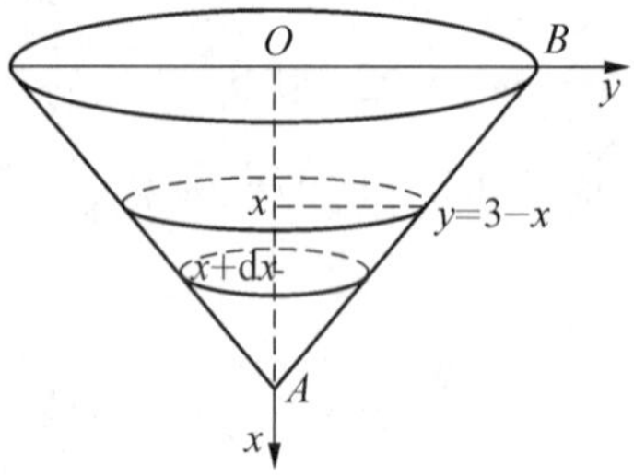

解 建立如图 13-25 所示的坐标系. AB 所在直线的方程为 $y = 3 - x$.

(1)取 x 为积分变量,积分区间为 $[0, 3]$.

(2)在区间 $[0, 3]$ 上任取小区间 $[x, x+\mathrm{d}x]$,过小区间的两个端点分别作垂直于 x 轴的截面,那么夹在两个截面间的小水柱的重量近似于底面半径为 $3-x$,高为 $\mathrm{d}x$ 的小水柱的重量 $\rho g \cdot \pi \cdot (3-x)^2 \cdot \mathrm{d}x$. 又小水柱到容器上表面的距离近

图 13-25

似为 x. 所以把这个小水柱抽出所作功的近似值为 $\rho g \cdot \pi \cdot (3-x)^2 \cdot dx \cdot x$,即功微元为

$$dW = \rho g \cdot \pi \cdot (3-x)^2 \cdot x dx = \rho g \pi (9x - 6x^2 + x^3) dx.$$

（3）把水全部抽出所作的功为

$$W = \int_0^3 \rho g \pi (9x - 6x^2 + x^3) dx = \rho g \pi \left[\frac{9}{2} x^2 - 2x^3 + \frac{x^4}{4} \right]_0^3$$

$$= 6.75 \rho g \pi \approx 2.08 \times 10^5 (\text{J}).$$

练习

1. x 轴上的一个质点距离原点 x（m）时,受到的力为 $F(x) = 2x + 5$（N）,若在该力的作用下,质点从 $x = 1$ m 移动到 $x = 2$ m,求该力所作的功.

2. 一圆柱形的贮水罐高为 6 m,底面半径为 3 m,桶里盛满了水. 要把桶内的水全部抽完需作多少功?

*二、平均值

在日常生活和科学研究中,常常用一个量的平均值来反映这个量的概况. 例如,用一个国家或地区成年男性和女性的平均寿命来反映这个国家的卫生发展状况,等等. 如果是有限个数据 $y_1, y_2, \cdots, y_n$,那么,它们的平均值为

$$\bar{y} = \frac{y_1 + y_2 + \cdots + y_n}{n}.$$

如果是连续变化的量,如何求其平均值呢? 先看一个具体例子.

例 4 一物体以速度 $v = 4t^3 + 1$（m/s）作直线运动,求在 $t = 1$ s 到 $t = 3$ s 这段时间内物体的平均速度 $\bar{v}$.

解 设该物体在时间段 $[1, 3]$ 内走过的路程为 s,则

$$s = \int_1^3 v(t) dt = \int_1^3 (4t^3 + 1) dt.$$

由平均速度的定义可知

$$\bar{v} = \frac{s}{3-1} = \frac{\int_1^3 v(t) dt}{3-1} = \frac{1}{2} \int_1^3 (4t^3 + 1) dt = \frac{1}{2} [t^4 + t]_1^3 = 41 \ (\text{m/s}).$$

一般地,设函数 $y = f(x)$ 在区间 $[a, b]$ 上连续,则把

$$\bar{y} = \frac{1}{b-a}\int_a^b f(x)\,dx \qquad\qquad (13-18)$$

叫做函数 $f(x)$ 在区间 $[a, b]$ 上的**平均值**.

例 5　一杯温度为 95℃ 的咖啡放入室温为 20℃ 的房间,由牛顿冷却定律,t 分钟后牛奶的温度为

$$T(t) = 20 + 75e^{-0.02t}(℃).$$

求在前 1 小时内咖啡的平均温度.

解　由式 $(13-18)$,前 1 小时内咖啡的平均温度为

$$\bar{T} = \frac{1}{60}\int_0^{60}(20 + 75e^{-0.02t})\,dt = \frac{1}{60}\left(\int_0^{60}20\,dt + \int_0^{60}75e^{-0.02t}\,dt\right)$$

$$= 20 - \frac{125}{2}\int_0^{60}e^{-0.02t}\,d(-0.02t) = 20 - 62.5\left[e^{-0.02t}\right]_0^{60}$$

$$\approx 63.7(℃).$$

练习

1. 求函数 $y = \cos x$ 在区间 $\left[0, \dfrac{\pi}{2}\right]$ 上的平均值.

2. 一根长为 1 m 的细木棒在 x(m) 处的密度为 $\rho = 6\sqrt{x+1}$(kg/m),其中 x 是从木棒左端量起的长度. 求木棒的平均密度.

*三、其他应用举例

在经济分析中,常常要根据边际成本、边际收益、边际利润及产量的变动区间计算总成本、总收益和总利润的变化.

例 6　已知生产某产品的边际成本为 $C'(x) = 10 + \dfrac{3}{2}\sqrt{x}$(万元 / 百台),边际收益 $R'(x) = 20 - 3\sqrt{x}$(万元/百台),其中 x 表示产量(单位:百台).

（1）产量从 1 百台增加到 4 百台时，总成本与总收益各增加多少？

（2）已知 $C(0) = 6$（万元），求总利润 L 与产量 x 的函数关系 $L(x)$.

解 （1）总成本增加

$$C(4) - C(1) = \int_1^4 C'(x)\,\mathrm{d}x = \int_1^4\left(10 + \frac{3}{2}\sqrt{x}\right)\mathrm{d}x = \left[10x + x^{\frac{3}{2}}\right]_1^4 = 37(万元).$$

总收益增加

$$R(4) - R(1) = \int_1^4 R'(x)\,\mathrm{d}x = \int_1^4\left(20 - 3\sqrt{x}\right)\mathrm{d}x = \left[20x - 2x^{\frac{3}{2}}\right]_1^4 = 46(万元).$$

（2）因为当产量为 x 时，总利润为 $L(x) = R(x) - C(x)$，所以

$$L(0) = R(0) - C(0) = 0 - 6 = -6,$$

$$L'(x) = R'(x) - C'(x) = (20 - 3\sqrt{x}) - \left(10 + \frac{3}{2}\sqrt{x}\right) = 10 - \frac{9}{2}\sqrt{x}.$$

于是，有

$$L(x) = \int\left(10 - \frac{9}{2}\sqrt{x}\right)\mathrm{d}x = 10x - 3x^{\frac{3}{2}} + C.$$

把 $L(0) = -6$ 代入上式，得 $C = -6$. 从而

$$L(x) = 10x - 3x^{\frac{3}{2}} - 6.$$

定积分的应用非常广泛，这里不再一一列举. 一般地，满足下列条件的量 U 可以用定积分求解：

（1）U 是与区间 $[a, b]$ 上的一个连续函数 $f(x)$ 有关的量；

（2）如果把区间 $[a, b]$ 分成若干小区间，那么 U 相应地被分成若干部分量，而 U 等于所有部分量之和. 这一特性又称为 **U 在 $[a, b]$ 上具有可加性**.

§13-8 微课视频

习题 13-8

A 组

1. 一质点沿 x 轴正向运动，在距离原点 x（单位：m）处时受到与 x 轴同方向的力为 $F = 3 + \sin\dfrac{\pi x}{3}$（N）. 求质点从 $x = 0$ m 移到 $x = 3$ m 时，力 F 所作的功.

2. 把一弹簧拉长 x（单位：m）需用的力为 $f = 800x$（单位：N）. 要把该弹簧由原长拉长

0.05 m 需作多少功?

3. 一物体以速度 $v = 6t^2 - t + 5$(单位:m/s) 作直线运动,求它在 $t = 1$ s 到 $t = 2$ s 这段时间内的平均速度.

4. 一长 10 m、宽 8 m、高 5 m 的长方体蓄水池内盛满水,要把该蓄水池内的水抽完,需要作多少功?

5. 设某产品第 t 天时的产量为 $Q(t) = 200 + 30\sqrt{t} - 4t$(千件/天),试求从 $t = 4$ 天到 $t = 9$ 天这段时间内该产品的平均产量.

*6. 设生产某种产品的边际收益和边际成本分别为 $R'(t) = 90 - \dfrac{1}{3}\sqrt[3]{t}$(万元/百件),

$C'(t) = 20 + \dfrac{2}{3}\sqrt[3]{t}$(万元/百件),其中 t 表示产量(单位:百件).问当产量从 1 百件增加到 8 百件时,总收益和总成本各增加多少?

B 组

1. 在位于坐标原点、带电量为 q 的正电荷所形成的电场中,有一单位正电荷在电场力的作用下沿 x 轴正向移动,求:

(1) 当单位电荷由 $x = a$ m 移动到 $x = b$ m 时,电场力所作的功;

(2) 当单位电荷由 $x = a$ m 移动到无穷远处时,电场力所作的功.

2. 某高速路上的两收费站 A 和 B 的距离为 50 公里.假设在这段公路上汽车的密度(每公里上的汽车数)为 $\rho(x) = 300 + 200\sin 2x$,其中 x 为到收费站 A 的距离.求两收费站 A 和 B 之间公路上的汽车总数.

3. 设通过电阻 R 的交变电流 $i(t) = I_m \sin \omega t$,其中 I_m 是电流的最大值,周期 $T = \dfrac{2\pi}{\omega}$.试求一个周期内电阻 R 的平均功率 P.

 阅读

微积分的创立者——牛顿和莱布尼茨

恩格斯说:"在一切理论成就中,未必再有什么像 17 世纪下半叶微积分的发现那样被看作人类精神的最高胜利了.如果在某个地方我们看到人类精神的纯粹的和唯一的功绩,那正是在这里."微积分的创立具有划时代意义.任何数学和科学中的巨大进展都离不开具有非凡洞察力和创造力的人,英国大科学家、人类历史上最伟大的科学家之一牛顿和一代通才、德国数学家莱布尼茨就是这样的人,17世纪下半叶,他们在前人工作的基础上,各自独立地、创造性地走向那最高、最后的一步——完成了微积分的创立工作.

牛顿于1642年12月25日(圣诞节)出生在英格兰乌尔斯托帕,是个遗腹子.艰苦的生活环境,造就了牛顿对物理问题的洞察力和他用数学方法处理物理问题的能力.他于1660年考入著名的剑桥大学三一学院,1665年大学毕业获学士学位,并获准留校执教,1669年继承了他的老师——巴罗的职位,担任卢卡斯数学讲座教授.牛顿于1665—1671年发明微积分,但关于微积分的论文发表得比莱布尼茨晚,直到1704年和1736年才出版.1687年牛顿发表了科学史上最有影响力、享誉最高的巨著《自然哲学的数学原理》.除了创立微积分,牛顿还有另外两大成就——万有引力定律和光学分析.他不仅是经典力学理论的理所当然的开创者,还最早发现了白光的组成.他发明的反射式望远镜等光学仪器至今仍广为应用.一个人一生中能做出一个像流数术(微积分)、万有引力定律和光学分析这样的成果就可彪炳史册,而牛顿竟做出三个!这些成就使牛顿生前就成为科学界的主宰,几乎被当作偶像崇拜.

莱布尼茨于1646年出生于德国莱比锡的一个书香之家,从小就博览群书,博学多才,15岁时进入莱比锡大学学习,而后获得哲学硕士,20岁时转入阿尔道夫大学,在这里获得博士学位.莱布尼茨于1673—1676年创立了微积分.他分别于1684年和1686年发表了世界上认为最早的微积分文章,这些具有划时代意义的文章标志着微积分的创立.他是历史上最伟大的符号学者之一,堪称符号大师.微分符号"$\mathrm{d}x$"、"$\mathrm{d}^n x$"和积分符号"$\int$"就是他创造的,对微积分的发展起到很大的推动作用.莱布尼茨不仅是微积分的创立者之一,还发明了能够进行加、减、乘、除及开方运算的计算机和二进制,为现代计算机的发展奠定了坚实的基础.这些成就使莱布尼茨成为德国17、18世纪最重要的数学家、物理学家,一个举世罕见的科学天才.

复习题十三

A　组

1. 填空(在各横线上填上运算结果):

(1) $\int_0^1 \mathrm{d}(\mathrm{e}^{x^2}) = $ _____;

(2) $\int \left(\dfrac{\sin x}{1 + x^2}\right)' \mathrm{d}x = $ _____;

(3) $\int_{-1}^1 |\,x^3\,|\,\mathrm{d}x = $ _____;

(4) $\int_{-\frac{\pi}{2}}^{\frac{\pi}{2}} \dfrac{x}{1 + \cos x}\mathrm{d}x = $ _____;

(5) $\int (1 + 3x)^2 \mathrm{d}(1 + 3x) = $ _____;

(6) $\int_1^{+\infty} \dfrac{1}{x^3}\mathrm{d}x = $ _____.

2. 选择题:

(1) 下列各式中正确的是(　　).

(A) $\int \arctan x\,\mathrm{d}x = \dfrac{1}{1 + x^2} + C$

(B) $\int \dfrac{1}{1 + x^2}\mathrm{d}x = \arctan x + C$

(C) $\int 4^x \mathrm{d}x = x \cdot 4^{x-1} + C$

(D) $\int \ln x\,\mathrm{d}x = \dfrac{1}{x} + C$

(2) 已知 $f(x)$ 为 $\cos x$ 的一个原函数,则 $\int f'(x)\,\mathrm{d}x = $ (　　).

(A) $\cos x$ 　　　(B) $\cos x + C$ 　　　(C) $\sin x + C$ 　　　(D) $\sin x$

(3) $\int_0^{+\infty} \mathrm{e}^{-2x}\mathrm{d}x$ (　　).

(A) 发散　　　(B) 收敛于 $-\dfrac{1}{2}$ 　　　(C) 收敛于 $\dfrac{1}{2}$ 　　　(D) 收敛于 1

(4) 由曲线 $y = \sin x$、$x = 0$、$x = \pi$ 及 x 轴围成的图形绕 x 轴旋转一周所成的旋转体的体积用定积分可表示为(　　).

(A) $\int_0^\pi \sin x\,\mathrm{d}x$

(B) $\int_0^\pi \sin^2 x\,\mathrm{d}x$

(C) $\pi \int_0^\pi \sin x\,\mathrm{d}x$

(D) $\pi \int_0^\pi \sin^2 x\,\mathrm{d}x$

3. 求下列不定积分:

(1) $\int \dfrac{2x^3 + \sqrt{x} - 1}{x}\mathrm{d}x$;

(2) $\int (x + 3)^3 \mathrm{d}x$;

(3) $\int \dfrac{3 + 2x^2}{1 + x^2}\mathrm{d}x$;

(4) $\int x(x^2 + 1)^4 \mathrm{d}x$;

(5) $\int \dfrac{\cos(\ln x)}{x}\mathrm{d}x$;

(6) $\int (1 + \sin x)^2 \cos x\,\mathrm{d}x$;

(7) $\int \dfrac{5}{2 + 5x}\mathrm{d}x$;

(8) $\int \dfrac{2x}{\sqrt{x^2 - 7}}\mathrm{d}x$;

(9) $\int \dfrac{\mathrm{e}^x}{1 + \mathrm{e}^{2x}}\mathrm{d}x$.

4. 求下列定积分:

(1) $\int_0^5 \dfrac{1}{\sqrt{1+3x}} dx$；　　　　(2) $\int_0^{\sqrt{3}} x\sqrt{1+x^2}\, dx$；　　　　(3) $\int_4^9 \dfrac{\sqrt{x}}{\sqrt{x}-1} dx$；

(4) $\int_0^\pi x\cos 5x\, dx$；　　　　(5) $\int_1^{\frac{e}{2}} x\ln 2x\, dx$；　　　　(6) $\int_0^\pi |\cos x|\, dx$.

5. 根据 BP 世界能源统计,2006 年中国石油消费量为 349.8 亿桶. 假设从 2006 年起,中国石油消费量以 $r(t) = 23.67 \times e^{0.068t}$ 的速度增长(其中 t 表示从 2006 年算起的年数),那么 2010 年中国的石油消费量是多少亿桶?(结果保留到小数点后一位)

6. 求下列各曲线所围成的图形的面积:

(1) $y = 8 - x^2$, $y = x^2$；

(2) $y = x^2$, $y = 2x + 3$；

(3) $y = 2x^2$, $y = x^2$ 与 $y = 1$.

7. 求下列旋转体的体积:

(1) 由曲线 $y = \cos x$、直线 $x = 0$、$x = \dfrac{\pi}{2}$ 及 x 轴所围成的图形绕 x 轴旋转一周而成；

(2) 由曲线 $y = \sqrt[3]{x}$、$y = 2$ 及 y 轴所围成的图形绕 y 轴旋转一周而成.

8. 把一弹簧拉长 5 cm 需用 20 N 的力,要把弹簧由原长拉长 10 cm 需作多少功(单位:J)?

9. 一个底面半径为 5 m,高为 10 m 的倒立圆锥形容器内装满水,要把容器内的水抽完,需要作多少功?

*10. 设生产某种产品的边际利润为 $L'(x) = 2x - 5$(万元 / 百件),其中 x 表示产量(单位:百件). 求当产量由 $x = 15$ 增加到 $x = 18$ 时:

(1) 增加的利润；

(2) 平均边际利润.

B 组

1. 设 $I_n = \int_0^{\frac{\pi}{2}} \sin^n x\, dx$,利用分部积分法证明: $I_n = \dfrac{n-1}{n} I_{n-2}$,且

(1) 当 n 为偶数时, $I_n = \dfrac{n-1}{n} \cdot \dfrac{n-3}{n-2} \cdot \cdots \cdot \dfrac{3}{4} \cdot \dfrac{1}{2} \cdot \dfrac{\pi}{2}$；

(2) 当 n 为奇数时, $I_n = \dfrac{n-1}{n} \cdot \dfrac{n-3}{n-2} \cdot \cdots \cdot \dfrac{4}{5} \cdot \dfrac{2}{3} \cdot 1$.

2. 求 $\int_0^{\frac{\pi}{2}} \sin^5 x \mathrm{d}x$ 和 $\int_0^{\frac{\pi}{2}} \cos^6 x \mathrm{d}x$.

3. 一条质量均匀的 5 m 长的链子平躺在地面上,其密度为 4 kg/m. 若用手拿着链子的一端将其提高到另一端刚好离开地面,需要作多少功?($g = 9.8$ m/s^2)

第14章 计数原理

一门科学,只有当它成功地运用数学时,才能达到真正完善的地步.

——马克思

从 2016 年 4 月 18 日开始,为更好地区分辨识新能源汽车,实施差异化交通管理,我国启用了新能源汽车专用号牌,号牌号码比普通汽车多一位,由 5 位升至 6 位.具体编码规则为:省份简称(1 位汉字)+发牌机关号码(1 位字母)+号牌号码(6 位);字母"D"代表纯电动汽车,字母"F"代表非纯电动汽车(包括插电式混合动力和燃料电池汽车等),小型新能源汽车的号牌号码第一位为 D 或 F,大型新能源汽车的号牌号码最后一位为 D 或 F,其余 5 位为 0~9 中的数字;不同省份和地区的发牌机关号码不尽相同,例如,河南省发牌机关代号代有:A、B、C、D、E、F、G、H、J、K、L、M、N、P、Q、R、S、U. 请问:按这种编码规则,河南省有多少个可能的小型新能源汽车号牌? 河南省有多少个可能的新能源汽车号牌? 学习完本章内容后,这些问题以及一些类似的问题,我们都能给出正确的回答和合理的解释.

本章将要学习的内容有分类加法计数原理、分步乘法计数原理及应用;排列、组合的概念、排列数公式、组合数公式及应用;二项式定理等.

§14-1 排列

⊙分类加法计数原理 ⊙分步乘法计数原理 ⊙排列定义 ⊙排列数公式
⊙全排列 ⊙阶乘

一、分类加法计数原理与分步乘法计数原理

计数从古至今都是人类的一种重要数学活动.从一个一个地数到利用加法、乘法将几个相对"小的"数结合成"较大"的数来实现计数,这就是两个最基本、最重要的计数原理:分类加法计数原理和分步乘法计数原理.

引例1 从甲地到乙地,可以乘火车到达,也可以乘汽车到达.一天中火车有 3 班,汽车有 4 班.那么一天中,乘坐这两种交通工具从甲地到乙地共有多少种不同的走法?

解 因为一天中乘火车有 3 种走法,乘汽车有 4 种,每一种走法都可以完成从甲地到达乙地这件事情,所以共有

$$3 + 4 = 7$$

种不同的走法,如图 14 - 1 所示.

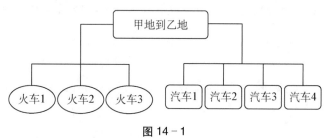

图 14 - 1

一般地,有如下原理:

分类加法计数原理 完成一件事有 n 类不同的办法,在第一类办法中有 m_1 种不同的方法,在第二类办法中有 m_2 种不同的方法,…,在第 n 类办法中有 m_n 种不同的方法,那么,完成这件事共有

$$N = m_1 + m_2 + \cdots + m_n$$

种不同的方法.

引例2 某同学冬季外装,上衣有 3 件,裤子有 4 条.现从中任选一件上衣,一条裤子,问:该同学共有多少种不同的着装方法?

解 要完成"着装"这件事可以分两步:第一步,选定一件上衣,有 3 种不同的选法;第二步,选定一条裤子,有 4 种不同的选法.每件上衣可搭配 4 条不同的裤子,完成着装这件事共有

$$3 \times 4 = 12$$

种不同的方法,如图 14 - 2 所示.

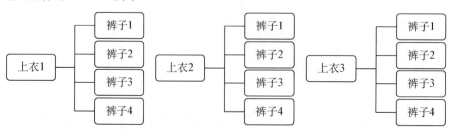

图 14 - 2

> **分步乘法计数原理** 完成一件事,要经过 n 个步骤,第一步有 m_1 种不同的方法,
> 第二步有 m_2 种不同的方法……第 n 步有 m_n 种不同的方法. 那么,完成这件事共有
>
> $$N = m_1 \times m_2 \times \cdots \times m_n$$
>
> 种不同的方法.

分类加法计数原理与分步乘法计数原理的区别:在分类加法计数原理中,完成给定的事有 n 类办法,每一类办法中的每一种方法都能独立做完这件事;而分步乘法计数原理中,完成给定的事有 n 步,每一个步骤都不能独立把这件事做完,只有 n 步都做完,整件事才算完成.

例 1 在学院的课程目录中,某学生发现了 4 门有趣的法律类选修课程和 5 门有趣的艺术类选修课程.

(1)如果这个学生决定选取一门法律类课程或一门艺术类课程作为新学期的选修课,那么该同学有多少种不同的选择方法?

(2)如果这个学生决定选一门法律类课程和一门艺术类课程作为新学期的选修课程,那么该同学有多少种选择方法?

解 (1)选取一门法律类课程或一门艺术类课程作为选修课,有两类办法:第一类,从 4 门法律类课程中任选一门,有 4 种方法;第二类,从 5 门艺术类课程中任选一门,有 5 种方法. 根据分类加法计数原理,该同学共有

$$N = 4 + 5 = 9$$

种不同的选择方法.

(2)选取一门法律类课程和一门艺术类课程作为选修课,可以分成两个步骤:第一步,从 4 门法律类课程中任选一门,有 4 种方法;第二步,从 5 门艺术类课程中任选一门,有 5 种方法. 根据分步乘法计数原理,该同学共有

$$N = 4 \times 5 = 20$$

种不同的选择方法.

例 2 从 0、1、2、3、4、5、6 中任取 3 个不同的数组成一个三位数,问可以组成多少个这样的三位数?

解 从 0、1、2、3、4、5、6 中任取 3 个不同的数组成三位数,可以分成三个步骤:第一步,从 1、2、3、4、5、6 中任取一个放在百位上,有 6 种方法(为什么不能取 0?);第二步,从

剩余的 6 个数中任取一个放在十位上,有 6 种方法;第三步,从前两步取剩的 5 个数中任取一个放在个位上,有 5 种方法. 根据分步乘法计数原理,组成这样的三位数共有

$$N = 6 \times 6 \times 5 = 180$$

个. 百位数为 1 的情形,如图 14 – 3 所示.

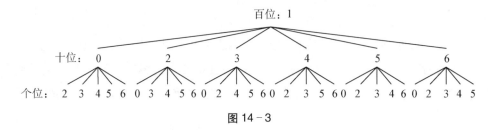

图 14 – 3

例 3　【新能源汽车的号牌问题】见本章第 171 页引言.

解　新能源汽车号牌的编码规则为: 省份简称(1 位汉字)+发牌机关号码(1 位字母)+号牌号码(6 位). 河南省的简称为"豫",所以汽车号牌上的第一个位置是"豫",可能号牌的多少是由发牌机关号码和号牌号码及其排列方式确定的. 下面针对引言中提出的两个问题进行求解.

(1) 由题意,分三步来求:

第一步,确定选择发牌机关号码的方法数. 从 18 个字母中选一个,有 18 种选法;

第二步,确定选择小型新能源汽车号牌号码第一位的方法数. 从 D 或 F 中选一个,有 2 种选法;

第三步,确定选择小型新能源汽车号牌号码后 5 位的方法数. 每次从 10 个数中选择 1 个,依次放在 2~6 位上,共有 $10 \times 10 \times 10 \times 10 \times 10 = 10^5$ 种选法.

根据分步乘法原理,河南省小型新能源汽车号牌的可能个数为

$$18 \times 2 \times 10^5 = 3\,600\,000.$$

(2) 由题意可知,河南省新能源汽车号牌的可能个数为小型新能源汽车号牌与大型新能源汽车号牌个数之和.

用与(1)中相似方法可得,大型新能源汽车号牌的可能个数也是 3 600 000.

根据分类加法原理,河南省新能源汽车号牌的可能个数为

$$3\,600\,000 + 3\,600\,000 = 7\,200\,000.$$

练习

1. 一个书架有三层,第一层放有 4 本不同的数学书,第二层放有 3 本不同的计算机书,

第三层放有5本不同的文学书.

(1) 从书架上任取一本书,有多少种不同的取法?

(2) 从书架的第一、二、三层各取一本书,有多少种不同的取法?

2. 某同学到某肯德基快餐店用餐,他准备要一个汉堡和一杯饮料.已知该快餐店中汉堡有3种类型:鸡肉汉堡、牛肉汉堡、鸡蛋汉堡,饮料有4种口味.该同学有多少种不同的订餐方法.

二、排列的定义

引例3 从1、2、3中任取两个不同的数组成一个两位数,这样的两位数共有多少个?

解 从1、2、3中任取两个不同的数组成一个两位数,可分两个步骤.第一步,确定十位数字,从三个数中任选一个有3种方法;第二步,确定个位,从剩余的两个数中任取一个有2种方法.由分步乘法计数原理,从1、2、3中任取两个不同的数字按照十位在前个位在后的顺序排成一列,共有

$$N = 3 \times 2 = 6$$

种不同的排法,于是得到6个不同的两位数.所有的两位数列举如下:

$$12, \ 13, \ 21, \ 23, \ 31, \ 32.$$

引例4 某班同学从甲、乙、丙三位候选人中选出2名,分别担任班长和副班长职务,问有多少种不同的选法?

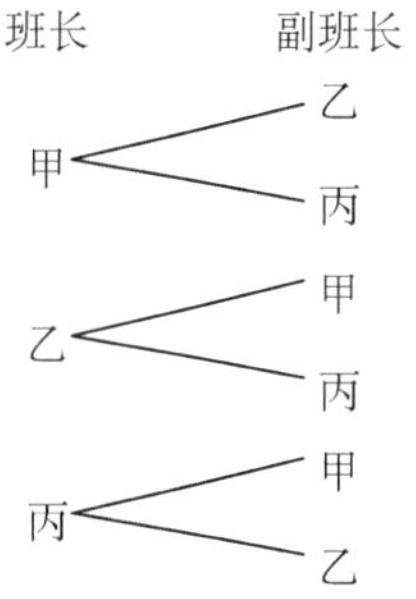

解 从甲、乙、丙三位同学中任选2名,分别担任班长和副班长,可分为两个步骤.第一步,确定班长,即从甲、乙、丙三位同学中任选一位有3种方法;第二步,确定副班长,即从剩余的同学中任选一位有2种方法.由分步乘法计数原理,共有

$$N = 3 \times 2 = 6$$

图 14-4

种不同的选法.这6种不同的选法如图14-4所示.

我们把引例中的被选对象称为**元素**,则上面两个例子归结为:从3个不同的元素 a、b、c 中取出2个元素,按一定的顺序排成一列,共有多少种不同的排列方法.所有的不同排列为:

$$ab, \ ac, \ ba, \ bc, \ ca, \ cb.$$

一般地,有如下定义:

> **定义1** 从 n 个不同的元素中,取出 m 个元素($m \leqslant n$),按照一定的顺序排成一列,叫做从 n 个不同的元素中取出 m 个元素的一个**排列**.

根据排列定义,两个排列相同的充要条件是组成两个排列的元素完全相同,且元素的排列顺序也完全相同.

引例4中"甲乙"与"乙丙"是两个不同的排列,因为组成它们的元素不完全相同;而"甲乙"与"乙甲",虽然组成它们的元素完全相同,但元素的排列顺序不同,因此也是两个不同的排列.

三、排列数公式

> **定义2** 从 n 个不同的元素中,每次取出 m($m \leqslant n$)个元素的所有排列的个数,叫做从 n 个不同的元素中取出 m 个元素的**排列数**,记为 A_n^m.

引例3、4都是从三个不同元素 a、b、c 中取出 2 个元素的排列数问题,排列数为

$$A_3^2 = 3 \times 2 = 6.$$

计算从 n 个不同的元素中取出 m 个元素的排列数 A_n^m,可以这样考虑:假设有排好顺序的 m 个空位. 从 n 个不同的元素中任取 m 个元素填空,一个空位填一个元素,一种填法就对应一个排列,所有不同的填法种数就是 A_n^m.

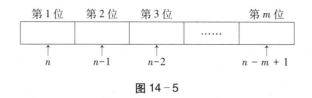

图 14 - 5

填空可分为 m 个步骤(如图 14-5):

第 1 步,填第 1 个空位,从 n 个元素中任取一个有 n 种方法;

第 2 步,填第 2 个空位,从剩余的 $(n-1)$ 个元素中任取一个有 $(n-1)$ 种方法;

第 3 步,填第 3 个空位,从剩余的 $(n-2)$ 个元素中任取一个有 $(n-2)$ 种方法;

……

第 m 步,填第 m 个空位. 此时前 $(m-1)$ 个空位已填上,剩余 $(n-m+1)$ 个元素,从剩余的元素中任取一个,有 $(n-m+1)$ 种方法. 根据分步乘法计数原理,m 个空位全部填满,共有

$$n(n-1)(n-2)\cdots(n-m+1)$$

种填法.

于是,得到**排列数公式**:

$$A_n^m = n(n-1)(n-2)\cdots(n-m+1). \qquad (14-1)$$

其中 n、$m \in \mathbf{N}_+$,且 $m \leqslant n$.

特别地,当 $m = n$ 时,即 n 个元素全部取出进行排列,叫做**全排列**,由上面的排列数公式,可知 n 个元素的全排列数为

$$A_n^n = n \times (n-1) \times (n-2)\cdots \times 2 \times 1.$$

它是正整数 1 到 n 的连乘积,又称为 n 的**阶乘**,记为 $n!$,即有

$$A_n^n = n! = n \times (n-1) \times \cdots \times 2 \times 1. \qquad (14-2)$$

例4　计算:

(1) A_8^3;　　　　(2) A_6^6.

解　(1) $A_8^3 = 8 \times 7 \times 6 = 336$.

(2) $A_6^6 = 6! = 6 \times 5 \times 4 \times 3 \times 2 \times 1 = 720$.

排列数还可以这样表示,例如

$$A_8^3 = 8 \times 7 \times 6 = \frac{8 \times 7 \times 6 \times 5 \times 4 \times 3 \times 2 \times 1}{5 \times 4 \times 3 \times 2 \times 1} = \frac{8!}{5!} = 336.$$

一般地,

$$A_n^m = n(n-1)\cdots(n-m+1) = \frac{n(n-1)\cdots(n-m+1)(n-m)\cdots 2 \cdot 1}{(n-m)\cdots 2 \cdot 1}$$

$$= \frac{n!}{(n-m)!}.$$

因此,排列数公式又可以表示成

$$A_n^m = \frac{n!}{(n-m)!}. \qquad (14-3)$$

规定: $0! = 1$.

排列数用(14-3)式表示,有利于用计算器计算. 一般的计算器都有计算任意一个正整数 n 的阶乘(即 $n!$)的功能.

例 5 利用 MATLAB 计算:

(1) A_8^6;　　　　(2) A_{10}^7.

解 根据 $A_n^m = n(n-1)\cdots(n-m+1) = \dfrac{n!}{(n-m)!}$,在 MATLAB 中计算排列数 A_n^m 可以利用连乘函数 prod(n-m+1:n)和计算阶乘 n! 的函数 factorial(n)来求.

(1) $A_8^6 = 8 \times 7 \times 6 \times 5 \times 4 \times 3 = \dfrac{8!}{2!}$

方法 1　在 MATLAB 命令窗口中提示符"＞＞"后输入语句:

prod(3:8)

输出结果为 ans＝20 160,即 $A_8^3 = 20\ 160$.

方法 2　在 MATLAB 命令窗口中提示符"＞＞"后输入语句:

factorial(8)/ factorial(2)

输出结果为 ans＝20 160,即 $A_8^3 = 20\ 160$.

(2) $A_{10}^7 = 10 \times 9 \times 8 \times 7 \times 6 \times 5 \times 4 = \dfrac{10!}{3!}$,

在 MATLAB 命令窗口中提示符"＞＞"后输入语句:

prod(4:10)或 factorial(10)/ factorial(3)

输出结果均为 ans＝604 800,即 $A_{10}^7 = 604\ 800$;

例 6 某宿舍有 8 名同学. 现从中任意抽出 3 名同学去分别完成 3 项不同任务,问有多少种不同的分派任务方法?

解 3 项不同的任务,可记作任务 1、2、3. 从 8 名同学中任意抽出 3 名同学分别完成 3 项不同的任务,就是从 8 名同学中选取 3 名同学按照任务 1、2、3 的顺序排成一列,一种排列对应一种分派任务的方法,所以这是一个从 8 个不同的元素中取出 3 个不同的元素的排列数问题. 共有

$$A_8^3 = 8 \times 7 \times 6 = 336$$

种不同的分派任务方法.

例 7 4 名男生,4 名女生一起照相,问:

(1) 8 名同学任意排成一排照,有多少种排法?

(2) 4 名女生紧邻且 4 名男生紧邻排成一排照,有多少种排法?

解 (1) 8 名同学任意排成一排,可以看成 8 个元素的全排列. 因此,共有

$$A_8^8 = 8! = 40\ 320$$

种不同的排法.

（2）4名女生紧邻,可把4名女生捆扎在一起,看成一个元素 a;4名男生紧邻,可把4个男生捆扎在一起,看成另一个元素 b. 该问题可以分3个步骤:第1步,将元素 a、b 全排列,有 $A_2^2 = 2! = 2$ 种方法;第2步,解开捆扎着的4个女生,并对4名女生全排列,有 A_4^4 种方法;第3步,解开捆扎着的4个男生,并对4名男生全排列,有 A_4^4 种方法. 由分步乘法计数原理,共有

$$N = A_2^2 \cdot A_4^4 \cdot A_4^4 = 2 \times 1 \times 4 \times 3 \times 2 \times 1 \times 4 \times 3 \times 2 \times 1 = 1\,152$$

种排法.

§14-1 微课视频

练习

1. 试写出从4个元素 a、b、c、d 中任取2个元素的所有排列.

2. 从参加乒乓球团体比赛的5名运动员中任意选出3名参加一场比赛,并且排定他们的出场顺序,有多少种不同的出场方法?

习题 14-1

A 组

1. 选择题:

（1）$15 \times 14 \times 13 \times \cdots \times 7 \times 6$ 等于（　　）.

(A) A_{15}^7 (B) A_{15}^{10} (C) A_{15}^6 (D) A_{15}^{11}

（2）5个班分别从3个风景点中选择1处游览,选法种数为（　　）.

(A) 3^5 (B) 5^3 (C) A_5^3 (D) 5×3

2. 计算（可用计算器）:

（1）A_{11}^8; （2）$5A_5^3 + 4A_4^2$.

3. 如图,从甲地到乙地有3条路,从乙地到丁地有2条路;从甲地到丙地有5条路,从丙地到丁地有3条路. 问:从甲地到丁地共有多少种不同的走法?

4. （1）用 $0,1,2,\cdots,9$ 可以组成多少个没有重复数字的三位数?

（2）用 $0,1,2,\cdots,9$ 可以组成多少个数字可重复的三位数?

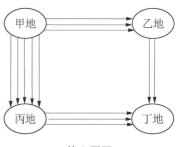

第3题图

5. （1）7 个人站成一排，如果甲必须站在正中间，有多少种排法？

　　（2）7 个人站成一排，其中 3 个女孩相邻，4 个男孩相邻，有多少种排法？

1. 7 个人站成一排，其中有 3 个女孩和 4 个男孩. 如果男孩和女孩必须相间排列，有多少种排法？

2. 某地区的汽车牌照有两类，一类是由一个字母后接 4 个数字构成；另一类是由两个字母后接 3 个数字. 其中两个英文字母不能重复；数字是 0，1，…，9 中的数，可以重复. 问：该地区所有可能的汽车牌照有多少个？

§14−2　组合

⊙组合定义　⊙组合数公式　⊙组合数的两个性质

　　从 3 名同学中选 2 名担任班长、副班长，这是排列问题. 从 3 名同学中选 2 名参加同一项活动，还是排列问题吗？

　　前者选出的 2 名同学需按担任职务的不同排序，后者仅需选出 2 名无需排序.

一、组合的定义

　　定义 1　从 n 个不同的元素中，取出 m（$m \leqslant n$）个元素，不管其顺序并成一组，叫做从 n 个不同的元素中取出 m 个元素的一个**组合**.

　　由排列与组合的定义可知，一个排列不仅和取出的元素有关，还与取出元素的排列顺序有关；而组合只与取出的元素有关，与取出元素的顺序无关. 例如 ab 和 ba 是不同的排列，却是相同的组合.

　　例 1　下列问题中，哪些是排列问题？哪些是组合问题？

（1）从质数 3、5、7、11 中任选两个数作乘法，可产生多少个不同的积？

（2）从质数 3、5、7、11 中任选两个数作除法，可产生多少个不同的商？

（3）4 个不同的地方，最多需要准备多少种不同的飞机票模板？

（4）4 个不同的地方，最多有多少种不同的飞机票价？

　　解　（1）从质数 3、5、7、11 中任选两个数作乘法，积只和选出的两个数有关，和这两个数的前后顺序无关. 是组合问题.

（2）从质数 3、5、7、11 中任选两个数作除法，商不仅和取出的两个数有关，还和那个数作被除数，那个作除数有关. 是排列问题.

（3）飞机票模板和飞行区间的两端所在地有关，同时和这两个地方哪个是起点哪个是终点也有关，是排列问题.

（4）飞机票票价仅和飞行区间的两端所在地有关，和这两个地方哪个是起点哪个是终点无关，是组合问题.

二、组合数公式

定义 2 从 n 个不同的元素中取出 $m(m \leqslant n)$ 个元素的所有组合的个数，叫做从 n 个不同的元素中取出 m 个元素的**组合数**，记为 C_n^m.

例如，从 3 个元素 a、b、c 中，取出 2 个元素的组合数记为 C_3^2，相应的组合为：

$$ab、ac、bc.$$

于是 $\mathrm{C}_3^2 = 3$.

我们知道：从 3 个元素 a、b、c 中，取出 2 个元素的排列数为 $\mathrm{A}_3^2 = 3 \times 2 = 6$，这个排列数还可以按下面方法计算：

第 1 步，从 3 个元素 a、b、c 中，取出 2 个元素不考虑顺序并为一组，有 C_3^2 种方法.

第 2 步，把第 1 步取出的元素，进行全排列，有 A_2^2 种排法. 如图 14-6 所示.

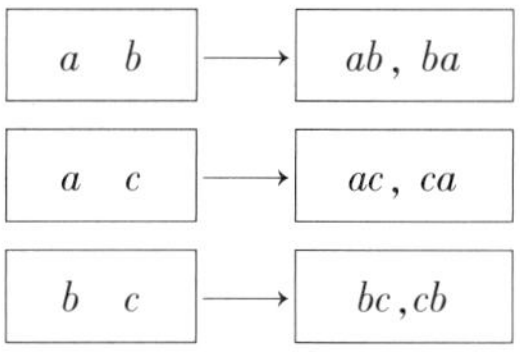

图 14-6

根据分步乘法计数原理，从 3 个元素 a、b、c 中任取 2 个元素的排列数 A_3^2 可表示为

$$\mathrm{A}_3^2 = \mathrm{C}_3^2 \cdot \mathrm{A}_2^2.$$

从而有

$$\mathrm{C}_3^2 = \frac{\mathrm{A}_3^2}{\mathrm{A}_2^2} = \frac{3 \times 2}{2 \times 1} = 3.$$

一般地，有

$$\mathrm{C}_n^m = \frac{\mathrm{A}_n^m}{\mathrm{A}_m^m} = \frac{n(n-1)(n-2)\cdots(n-m+1)}{m!}. \qquad (14-4)$$

其中 $n, m \in \mathbf{N}_+, m \leqslant n.$ 这个公式叫做**组合数公式**.

因为 $\mathrm{A}_n^m = \dfrac{n!}{(n-m)!}$，所以上面的组合数公式又可以写成：

$$C_n^m = \frac{n!}{m! \ (n-m)!}. \qquad (14-5)$$

另外,为了研究方便,规定

$$C_n^0 = 1.$$

例2 计算:

(1) C_8^2; (2) C_8^6; (3) C_{10}^1; (4) C_{10}^{10}.

解 (1) $C_8^2 = \frac{A_8^2}{A_2^2} = \frac{8 \times 7}{2 \times 1} = 28.$

(2) $C_8^6 = \frac{8!}{6! \cdot 2!} = \frac{8 \times 7 \times 6 \times 5 \times 4 \times 3 \times 2 \times 1}{6 \times 5 \times 4 \times 3 \times 2 \times 1 \times 2 \times 1} = 28.$

(3) $C_{10}^1 = \frac{A_{10}^1}{A_1^1} = \frac{10}{1} = 10.$

(4) $C_{10}^{10} = \frac{A_{10}^{10}}{A_{10}^{10}} = 1.$

利用组合数公式,容易验证

$$C_n^1 = n; \quad C_n^n = 1.$$

例3 平面内有 12 个不同的点,其中任何三点不共线.

(1) 过这 12 个点中任 2 个点作直线,可以作多少条不同的直线?

(2) 以这 12 个点中任 2 个点为端点,可以作多少条不同的有向线段?

(3) 以这 12 个点中任意 3 个点为顶点,可以作多少个不同的三角形?

解 (1) 因为这 12 个点没有任何三点共线,所以过它们中任何两点能做且只能作一条直线,且所作直线均两两不同. 这是组合问题,共可作

$$C_{12}^2 = \frac{A_{12}^2}{A_2^2} = \frac{12 \times 11}{2 \times 1} = 66$$

条不同的直线.

(2) 作一条有向线段不仅和线段的两个端点有关,还和两端点的先后顺序有关. 因此,从这 12 点中任取 2 个点作有向线段是排列问题,共可作

$$A_{12}^2 = 12 \times 11 = 132$$

条不同的有向线段.

（3）以 12 个点中任何 3 个为顶点都可作一个三角形，共可作

$$C_{12}^3 = \frac{A_{12}^3}{A_3^3} = \frac{12 \times 11 \times 10}{3 \times 2 \times 1} = 220$$

个不同的三角形.

解练习题
微课视频

练习

1. 有 10 个朋友，每两人握手 1 次. 问：他们共握了几次手？

2. 某单位准备假期组织职工旅游，某旅行社向该单位推荐了 7 个旅游
景点. 若该单位决定从中选择 3 个，共有多少种可能选法？

三、组合数的两个性质

在例 2 中，我们计算出

$C_8^2 = 28$，$C_8^6 = 28$. 即 $C_8^2 = C_8^6$.

这不是巧合. 事实上，从 8 个元素中取出 6 个元素后，恰好剩余 2 个元素. 因此，从 8 个元素中取出 6 个元素的一个组合，与从 8 个元素中取出 2 个舍弃元素的组合是一一对应的. 一般地，有

> **性质 1** $\qquad\qquad\qquad C_n^m = C_n^{n-m}.$ $\qquad\qquad (14-6)$

在组合数计算中，当 $m > \dfrac{n}{2}$ 时，将 C_n^m 换成 C_n^{n-m}，可以简化计算.

例 4　计算：

（1）C_{10}^8；　　　　　　　（2）$C_9^8 + C_9^7$.

解　（1）$C_{10}^8 = C_{10}^{10-8} = C_{10}^2 = \dfrac{A_{10}^2}{A_2^2} = \dfrac{10 \times 9}{2 \times 1} = 45$.

（2）$C_9^8 + C_9^7 = C_9^1 + C_9^2 = 9 + \dfrac{A_9^2}{A_2^2} = 9 + \dfrac{9 \times 8}{2 \times 1} = 45$.

在本例中看到

$$C_{10}^8 = C_9^8 + C_9^7.$$

这个结果可理解为：从含 a 的 10 个元素中取 8 个元素的组合可分两类：第一类，含元素 a 的组合有 C_9^7 个；第二类，不含元素 a 的组合有 C_9^8 个. 于是，$C_{10}^8 = C_9^8 + C_9^7$.

一般地,有

性质 2 $$C_{n+1}^m = C_n^m + C_n^{m-1}.\qquad(14-7)$$

例 5 在 100 件产品中,有 90 件合格品, 10 件次品. 从这 100 件产品中任意取出 3 件.

(1) 共有多少种不同的取法?

(2) 取出的 3 件中恰有 1 件是次品的取法有多少种?

(3) 取出的 3 件产品中至少有 1 件是次品的取法有多少种?

解 (1) 从 100 件产品中任意取出 3 件的不同取法有

$$C_{100}^3 = \frac{A_{100}^3}{A_3^3} = \frac{100 \times 99 \times 98}{3 \times 2 \times 1} = 161\,700.$$

(2) 分两步来完成:第 1 步,从 10 件次品中取出 1 件,有 C_{10}^1 种方法;第 2 步,从 90 件合格品中取出 2 件,有 C_{90}^2. 由分步乘法计数原理,取出的 3 件中恰有 1 件是次品的取法共有

$$C_{10}^1 \cdot C_{90}^2 = \frac{A_{10}^1}{A_1^1} \times \frac{A_{90}^2}{A_2^2} = 10 \times \frac{90 \times 89}{2 \times 1} = 40\,050.$$

(3) 利用剔除法:"从 100 件产品中任意取出 3 件"的所有组合中剔除"取出的 3 件都是合格品"的组合. 至少有一件是次品的取法有

$$C_{100}^3 - C_{90}^3 = \frac{A_{100}^3}{A_3^3} - \frac{A_{90}^3}{A_3^3} = 161\,700 - \frac{90 \times 89 \times 88}{3 \times 2 \times 1} = 44\,220.$$

练习

1. 计算:

(1) C_{100}^{97}; (2) $C_{11}^3 + C_{11}^4$; (3) $2C_5^4 + C_6^3$.

2. 一个工具箱内有 10 只零件,其中 6 只是一等品, 4 只是二等品. 现在从中任意取出 3 只零件,问:

(1) 取出的 3 只零件都是一等品的取法有多少种?

(2) 取出的 3 只零件中恰有 1 只是二等品的取法有多少种?

(3) 取出的 3 只零件中至少有 1 只是二等品的取法有多少种?

§14-2 微课视频

习题 14 – 2

1. 计算：

(1) C_{12}^2；　　　　　(2) C_{200}^{198}；　　　　　(3) $C_3^2 \cdot C_7^3$；　　　　　(4) $C_{n+1}^n \cdot C_n^{n-2}$.

2. 填空：

(1) $C_6^3 + C_6^4 =$ _____ ; $A_6^3 + A_6^4 =$ _____.

(2) 从 7 件不同的礼物中选 3 件送给 3 位同学，每人 1 件，有_____种送法.

(3) 有 3 张参观券，要在 7 人中选出 3 人去参观，有_____种选法.

3. 一个圆上有 8 个不同的点.

(1) 过每 2 个点画一条弦，共可以画多少条弦？

(2) 过每 3 个点画一个内接三角形，共可以画出多少个内接三角形？

4. 有 1 元、2 元、5 元、10 元面值的人民币各 1 张，从中取出 3 张共可以组成多少种不同的币值？

5. 一种福利彩票的中奖号码是从 01, 02, 03, …, 22 中任选 7 个不同的数码组成，而且中奖与否只与这 7 个选出的数码有关而与取出的顺序无关. 那么，可能组成的中奖号码共有多少种？

6. 某班有 45 名同学，其中男生 30 名，女生 15 名，现在要从这 45 名同学中任意抽出 10 名参加学校组织的一项大型活动.

(1) 共有多少种不同的抽法？

(2) 同学甲必须参加的抽法有多少种？

(3) 抽出的 10 名同学中恰有 2 名女生的抽法有多少种？

(4) 抽出的 10 名同学中最多有 2 名女生的抽法有多少种？

1. 证明：

$$C_{n+1}^m = C_n^{m-1} + C_{n-1}^m + C_{n-1}^{m-1}.$$

2. 在一个 8×8 格的国际象棋棋盘上放 3 只车，使他们彼此不能相吃，有多少种不同的放法？（提示：3 只车彼此不能相吃，即任意两只车不在一条直线上.）

§14-3 二项式定理

⊙二项式定理　⊙二项展开式的通项　⊙二项式系数的三个性质

一、二项式定理

中学曾学习过 $(a+b)^2$、$(a+b)^3$ 的展开式,下面讨论一般地, $(a+b)^n(n \in \mathbf{N}_+)$ 的展开式.

首先,利用计数原理来分析 $(a+b)^3$ 的展开式. 根据多项式乘法:

$$(a+b)^3 = (a+b)(a+b)(a+b).$$ ①

显然,展开式的每一项均是从①式等号右边三个括号中各取1个字母相乘得到的. 因此,确定展开式的一项可分三步:第一步,从第1个括号 $(a+b)$ 中任取一项 a 或 b,有2种方法;同理,第二、三步也均有2种方法,于是 $(a+b)^3$ 的展开式中共有 $2 \times 2 \times 2 = 2^3$ 个项,合并后归结为下面4个类型的项:

$$a^3 \text{、} a^2b \text{、} ab^2 \text{、} b^3.$$

且各项的系数:

(1) a^3 项:三个括号都不取 b,有 C_3^0 个, a^3 项的系数是 $C_3^0 = 1$;

(2) a^2b 项:恰有1个取 b,有 C_3^1 个, a^2b 项的系数是 $C_3^1 = 3$;

(3) ab^2 项:恰有2个取 b,有 C_3^2 个, ab^2 项的系数是 $C_3^2 = 3$;

(4) b^3 项:3个括号均取 b,有 C_3^3 个, b^3 项的系数是 $C_3^3 = 1$.

于是

$$(a+b)^3 = C_3^0 a^3 + C_3^1 a^2b + C_3^2 ab^2 + C_3^3 b^3.$$

一般地,有

$$(a+b)^n = C_n^0 a^n + C_n^1 a^{n-1}b + \cdots + C_n^r a^{n-r}b^r + \cdots + C_n^n b^n (n \in \mathbf{N}_+). \quad (14-8)$$

这个结论称为**二项式定理**. 等式右边的多项式称为 $(a+b)^n$ 的**二项展开式**,它共有 $n+1$ 项,其中每一项的系数 $C_n^r(r = 0, 1, \cdots, n)$ 叫做**二项式系数**. $C_n^r a^{n-r}b^r$ 是二项展开式中的第 $r+1$ 项,又称为二项展开式的**通项**,记为 T_{r+1},即

$$T_{r+1} = C_n^r a^{n-r}b^r. \quad (14-9)$$

例 1 将下列各式展开：

（1）$(1 + x)^n$；　　　　（2）$(x - a)^4$.

解 （1）$(1 + x)^n = C_n^0 \cdot 1^n + C_n^1 \cdot 1^{n-1}x + \cdots + C_n^r \cdot 1^{n-r} \cdot x^r + \cdots + C_n^n x^n$

$= 1 + C_n^1 x + \cdots + C_n^r \cdot x^r + \cdots + x^n$.

（2）$(x - a)^4 = [x + (-a)]^4$

$= C_4^0 x^4 + C_4^1 x^3(-a) + C_4^2 x^2(-a)^2 + C_4^3 x(-a)^3 + C_4^4(-a)^4$

$= x^4 - 4x^3 a + 6x^2 a^2 - 4x a^3 + a^4$.

例 2 求 $(2x - y)^{11}$ 的展开式中的第 6 项.

解 $(2x - y)^{11}$ 的展开式的第 6 项是：

$$T_6 = T_{5+1} = C_{11}^5 (2x)^{11-5}(-y)^5 = -462 \times 2^6 x^6 y^5 = -29\,568 x^6 y^5.$$

例 3 求 $\left(x^2 + \dfrac{2}{x}\right)^8$ 的展开式中第 4 项的系数.

解 $\left(x^2 + \dfrac{2}{x}\right)^8$ 的展开式中第 4 项是

$$T_4 = T_{3+1} = C_8^3 (x^2)^5 \left(\frac{2}{x}\right)^3 = 56x^{10} \cdot \frac{2^3}{x^3} = 448x^7.$$

所以，$\left(x^2 + \dfrac{2}{x}\right)^8$ 的展开式中的第 4 项的系数是 448.

说明：在一个二项展开式中，第 $r+1$ 项的二项式系数 C_n^r 与第 $r + 1$ 项的系数是两个不同的概念，如例 3 中，第 4 项的二项式系数是 $C_8^3 = 56$，而第 4 项的系数是 448.

练习

1. 求 $(2a + b)^5$ 的展开式.

2. 求 $\left(\sqrt{x} - \dfrac{1}{\sqrt{x}}\right)^6$ 的展开式中的第 5 项.

二、二项式系数的性质

我们把 $(a + b)^n (n = 1, 2, \cdots)$ 展开式中各项的二项式系数抽出来，观察一下：

$$
\begin{array}{cccccccccccc}
(a + b)^1 & \dashrightarrow & & & & & 1 & & 1 & & & \\
(a + b)^2 & \dashrightarrow & & & & 1 & & 2 & & 1 & & \\
(a + b)^3 & \dashrightarrow & & & 1 & & 3 & & 3 & & 1 & \\
(a + b)^4 & \dashrightarrow & & 1 & & 4 & & 6 & & 4 & & 1 \\
(a + b)^5 & \dashrightarrow & 1 & & 5 & & 10 & & 10 & & 5 & 1
\end{array}
$$

上面的数表叫做**二项式系数表**. 它有这样的规律: (1) 表中每行两端的数都是 1; (2) 从第 2 行开始, 每行中除 1 以外的每一个数都等于它肩上两个数的和.

这两个规律用组合数公式及性质容易验证. 二项式系数还具有如下性质:

性质 1 **对称性**: 与首末两端"等距离"的两项的二项式系数相等.

性质 2 **最大系数的项**: 二项式系数的最大值在中间的项上取得, 即当 n 是偶数时, 中间一项的二项式系数 $C_n^{\frac{n}{2}}$ 最大; 当 n 是奇数时, 中间项有两项, 这两项的二项式系数 $C_n^{\frac{n-1}{2}} = C_n^{\frac{n+1}{2}}$, 且同时取得最大值.

性质 3 二项式系数之和为 2^n, 即

$$C_n^0 + C_n^1 + \cdots + C_n^r + \cdots + C_n^n = 2^n.$$

在式 $(14-8)$ 中令 $a = b = 1$, 即可得 $C_n^0 + C_n^1 + \cdots + C_n^r + \cdots + C_n^n = 2^n$.

例 4 求集合 $A = \{a, b, c\}$ 的所有子集的个数.

解 集合 A 的所有子集分四类:

(1) 由 A 中的 0 个元素构成的子集, 即空集, 有 C_3^0 个;

(2) 由 A 中的 1 个元素构成的子集, 有 C_3^1 个;

(3) 由 A 中的 2 个元素构成的子集, 有 C_3^2 个;

(4) 由 A 中的所有元素构成的子集, 有 C_3^3 个;

根据分类加法计数原理, A 共有

$$C_3^0 + C_3^1 + C_3^2 + C_3^3 = 2^3 = 8$$

个不同子集.

一般地, 有 n 个元素的集合 A 共有 2^n 个不同的子集.

练习

1. 填空:

(1) $(a + b)^{11}$ 的二项式系数的最大值是_____.

(2) $C_7^1 + C_7^2 + C_7^3 + C_7^4 + C_7^5 + C_7^6 + C_7^7$ 的值是_____.

2. 利用"二项式系数表"写出 $(a + b)^8$ 的二项式系数:

§14-3 微课视频

习题 14 – 3

A 组

1. 用二项式定理展开:

   (1) $(\sqrt{x} + 2x)^6$;   (2) $\left(\dfrac{x}{2} - \dfrac{2}{x}\right)^5$.

2. 求 $(1 - 2x)^{15}$ 的展开式中的前 5 项.

3. 求 $(2a^2 - b^2)^8$ 的展开式中的第 6 项.

4. 求 $\left(\dfrac{\sqrt{x}}{2} + \sqrt[3]{x}\right)^{11}$ 的展开式中的中间项.

5. 设 A 是一个有 10 个元素的集合,求 A 的所有子集的个数.

B 组

1. 求 $\left(2 - \dfrac{1}{2x}\right)^{10}$ 的展开式中含 $\dfrac{1}{x^5}$ 的项的系数.

2. 设 $(a + b)^n$ 的展开式中第 4 项与第 8 项的二项式系数相等,求 n 及这两项的二项式系数.

阅读

鸽 笼 原 理

结论 $n + 1$ 个鸽子飞入 n 个笼中,必有一笼至少有两个鸽子.

证明 $n + 1$ 个鸽子飞入 n 个笼中,根据分步乘法计数原理可知,共有 n^{n+1} 种不同的飞入方法. 最后以哪种方法飞入具有随机性(即任意性),但是不论是哪一种方法,都有一个共同的性质:有一个笼中至少有两只鸽子. 否则,假如每个笼中不超过一只鸽子,那么 n 个笼中鸽子数不超过 n 只,这与共有 $n + 1$ 只鸽子飞入矛盾.

这个结论称为**鸽笼原理**,进一步推广,它被抽象为多种数学形式,广泛用于逻辑推理判断中.

鸽笼原理的推广:有 n 只笼子,如果有 $kn + 1$ 只鸽子飞进这 n 只笼子,那么必有一只笼子至少有 $k + 1$ 只鸽子.

证明 否则,每只笼子中最多有 k 只鸽子,那么 n 只笼子中最多装有 kn 只鸽子,与已知有 $kn+1$ 只鸽子飞入 n 只笼子矛盾.所以,必有一只笼子中至少有 $k+1$ 只鸽子.

例 对一种写着"兵"、"马"及"炮"的牌中,一套牌是指"三兵"、"三马"、"三炮"或"兵马炮".试证明:任意 5 张牌中必有一套牌.

证明 若 5 张牌不缺花色,则必有一套"兵马炮";若只有一种花色,则必有一套"三兵"、"三马"或"三炮".上述两种情形,结论都成立,下面我们只需证明:若 5 张牌恰有 2 种花色时,也有一套牌即可.5 张牌 2 种花色,相当于 5 只鸽子被装进 2 只笼子中,而 $5 = 2 \times 2 + 1$,由鸽笼原理的推广可知,必有 3 张牌是同一种花色,即 5 张牌中也有一套牌.

综上所述,任意 5 张牌中必有一套牌.

复习题十四

A 组

1. 填空：

   (1) 乘积 $(a_1 + a_2 + a_3 + a_4 + a_5)(b_1 + b_2 + b_3 + b_4)$ 展开后,共有_____项.

   (2) 安排 6 名歌手的演出顺序,共有_____不同的安排方法.

   (3) 5 名同学去听同时进行的 4 个课外知识讲座,每名同学可自由选择听其中的 1 个讲座,不同的选法有_____种.

   (4) 有 4 张同样的足球入场券分给 5 个人,每人至多分 1 张,而且票必须分完,不同的分法有_____种.

   (5) $C_{12}^8 + C_{12}^9 = $_____.(用组合数记号表示)

   (6) $(3x + a)^{12}$ 的中间项是第_____项,该项的二项式系数是_____,系数是_____.

2. 有 5 位同学同时收到参加某一聚会的邀请函,假设他们彼此互不交流信息,即每人都可能去也可能不去. 那么,他们 5 人参加这一聚会的情况有多少种?

3. 某同学有 4 本不同的数学书,5 本不同的物理书,3 本不同的化学书. 他准备把它们排成一排,而且同类书排在一起,那么共有多少种不同的排法?

4. 一口袋中有大小相同的红球 7 只,黄球 3 只,白球 2 只. 从中取出 3 只. 问:

   (1) 取出的 3 只球中红、黄、白颜色齐全,有多少种这样的取法?

   (2) 取出的 3 只球颜色相同,有多少种这样的取法?

   (3) 取出的 3 只球有且仅有 2 种颜色,有多少种取法?

5. 某工具箱中有 10 只零件,其中有 7 只合格品,3 只次品. 从中顺序抽取 3 次,每次取 1 只,取后放回,再进行下一次抽取. 问:

   (1) 三次都取到次品的取法有多少种?

   (2) 第三次才取到合格品的取法有多少种?

   (3) 第三次取到的是合格品的取法有多少种?

6. 如图所示,K_1、K_2、K_3、K_4、K_5 是五个开关. 问从点 A 到点 B 处,可有多少种不同的通路?

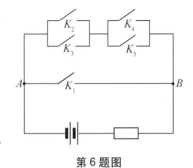

第 6 题图

7. 求 $(1 + x^2)^5$ 的展开式.

B 组

1. 从 0, 1, 2, 3, 4, 5, 6, 7, 8, 9 中任取 3 个不同的数：

   (1) 可以组成多少个没有重复数字的三位偶数？

   (2) 可以组成多少个没有重复数字且大于 210 的三位数？

2. 5 名同学 A、B、C、D、E 进行计算机操作比赛，决出了第 1 到第 5 名的名次. A、B 两位参赛同学去向老师询问成绩，老师对 A 说，"很遗憾，你和 B 都未拿到冠军"；又对 B 说，"你当然不会是最差的". 从老师的回答分析一下，5 人的名次排列可能有多少不同的情形？

3. 求 $\left(2\sqrt{x} - \dfrac{1}{x}\right)^{15}$ 的展开式中的中间项以及常数项.

4. 某班有同学 50 名，从中任意抽出多少名，就能保证抽出的同学中至少有三名同学的生日在同一个月份？

第15章 概率初步

这是惊人的,起源于赌博的概率理论,竟会成为人类知识的最重要的对象.

——拉普拉斯

明年 8 月参观北京故宫的总人数会有多少?在下一届奥运会上我国代表团将会获得多少枚金牌?明年全世界将会发生多少起空难事故?下一个交易日上海股市 A 股是涨还是落?你在本学期期末的数学考试中会得到多少分?你买了一张彩票,会中奖吗?你毕业时能得到满意工作的可能性有多大?你想做一件事,但有风险,成功的可能性有多大?等等,这些问题涉及的都是"偶然性"现象."概率论"就是研究偶然性现象数量规律的一门数学学科.著名数学家、天文家拉普拉斯说到:"生活中最重要的问题,实际上多半是概率问题.严格地讲,人们甚至可以说几乎所有的知识都是或然性的,而在我们能肯定知道的少量事情中,甚至在数学科学自身中,归纳和类比这样的发现真理的主要方法都是基于概率事件,所以说整个人类知识系统是与概率相关的".

生活、工作都需要概率知识,懂得一些概率,会帮助你对一些偶然现象作出正确的判断.本章将要学习随机事件及其概率,概率的加法公式,条件概率,乘法公式,独立事件、伯努利试验,离散型随机变量及其期望与方差等一些概率论的初步知识.

§15-1 随机事件

⊙随机事件 ⊙事件的包含与相等 ⊙事件的交 ⊙事件的并 ⊙互斥事件
⊙对立事件 ⊙事件的差

一、随机现象

首先来看下面描述的一些现象:

(1)上抛一个小球,小球落向地面;

(2)带同种电荷的两个小球相互排斥;

(3)明年北京 7 月份平均气温低于 0℃;

(4)掷一颗骰子,点数是 6;

(5)某网站晚上 7 点到 8 点之间点击次数不低于 2 000 次.

其中(1)、(2)、(3)所描述的现象,事先就能断定是否会发生,这类现象称为**确定性现**

象.(4)、(5)所描述的现象,都具有这样两个特点:①在一次观察中,这个现象可能发生,也可能不发生,结果呈现不确定性;②在大量重复观察中,其结果具有统计规律性. 如多次掷骰子出现 6 点的次数大体上占六分之一. 这类现象称为**随机现象**. 确定性现象和随机现象都广泛存在于客观世界中. 概率论就是研究随机现象统计规律性的数学分支.

二、随机事件

研究随机现象需要做试验,满足以下三个条件的试验称为**随机试验**:

① 试验可以在相同条件下多次重复;

② 试验可能出现的所有结果事先可预知;

③ 每次试验有且只有一个结果出现,但每次试验结束之前,不知道哪一个结果出现.

随机试验的每个可能的基本结果称为**基本事件**. 由全体基本事件构成的集合称为**样本空间**,记作 Ω. 由单个或多个基本事件组成的集合称为**随机事件**,简称**事件**,通常用字母 A,B,C,…表示. 显然,一个随机事件对应于样本空间的一个子集. 在随机试验中,如果发生的结果是事件 A 所含的基本事件,就称事件 A **发生**.

样本空间 Ω 含所有的基本事件,在每次试验中必然发生,故称为**必然事件**;空集 $\varnothing$ 不含任何基本事件,在每次试验中都不发生,称为**不可能事件**. 显然,必然事件与不可能事件已失去"不确定性",但是作为随机事件的两个极端情况,仍视为特殊的随机事件.

例如,掷一颗骰子,如果用 $\{i\}$ 表示"出现 i 点"($i = 1, 2, \cdots, 6$),则 $\{1\}$,$\{2\}$,…,$\{6\}$ 都是基本事件;样本空间 $\Omega = \{1, 2, 3, 4, 5, 6\}$. $A =$ "出现偶数点" $= \{2, 4, 6\}$ 是随机事件;$B =$ "点数不超过 6" 是必然事件,$C =$ "出现 7 点" 是不可能事件.

三、事件的关系和运算

1. 包含与相等

当事件 A 发生时,事件 B 也一定发生,则称 B **包含** A 或 A **含于** B,记作 $B \supset A$,或 $A \subset B$(如图 15-1 所示).

例如掷一颗骰子,$A =$ "出现 4 点或 6 点",$B =$ "出现偶数点",$B \supset A$.

对任一事件 A,都有 $\varnothing \subset A \subset \Omega$.

如果 $B \supset A$ 且 $A \supset B$,则称事件 A 与事件 B **相等**,记作 $A = B$.

例如掷一颗骰子,$A =$ "出现大于 4 的点",$B =$ "出现 5 点或 6 点",则 $A = B$.

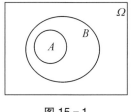
图 15－1

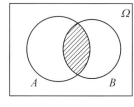
图 15－2

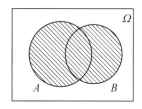
图 15－3

2. 交（积）

"A 与 B 同时发生"，这一事件称为 A 与 B 的**交**（或**积**），记作 $A \cap B$ 或 AB（如图 15－2 所示阴影部分）.

例如，掷一颗骰子，设 $E =$ "出现大于 3 的点" $= \{4, 5, 6\}$，$F =$ "出现偶数点" $= \{2, 4, 6\}$，则 $EF =$ "出现大于 3 的偶数点" $= \{4, 6\}$.

对任一事件 A，都有 $A \cap \Omega = A$，$A \cap \varnothing = \varnothing$.

3. 并（和）

"A 与 B 中至少有一个发生"（A 发生或 B 发生），这一事件称为 A 与 B 的**并**（或**和**），记作 $A \cup B$ 或 $A+B$（如图 15－3 所示阴影部分）.

例如，对于上面的事件 E、F，有 $E \cup F = \{4, 5, 6\} \cup \{2, 4, 6\} = \{2, 4, 5, 6\}$.

事件的交、并运算可以推广到有限多个事件：记作

$$\bigcap_{i=1}^{n} A_i = A_1 \cap A_2 \cap \cdots \cap A_n \text{ 或 } A_1 A_2 \cdots A_n;$$

$$\bigcup_{i=1}^{n} A_i = A_1 \cup A_2 \cup \cdots \cup A_n \text{ 或 } \sum_{i=1}^{n} A_i = A_1 + A_2 + \cdots + A_n.$$

4. 互斥（互不相容）

如果 $AB = \varnothing$，即事件 A 与事件 B 不可能同时发生，则称 A 与 B **互斥**（或**互不相容**）（如图 15－4 所示）.

例如，掷一颗骰子，$A =$ "出现奇数点"，$B =$ "出现偶数点"，A 与 B 互斥.

如果 n 个事件 A_1，A_2，$\cdots$，A_n 中的任意两个都不可能同时发生，即

$$A_i \cap A_j = \varnothing \, (i, j = 1, 2, \cdots, n, \, i \neq j),$$

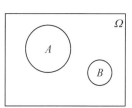
图 15－4

则称这 n 个事件**两两互斥**(**互不相容**).

在一次试验中的各个基本事件都是两两互斥的.

5. 对立(互逆)

> 如果事件 A 与事件 B 在一次试验中既不可能同时发生,又必定恰有一个发生,即满足 $AB = \varnothing$ 且 $A \cup B = \Omega$,则称 A 与 B **对立**(**或互逆**),并称 $B(A)$ 是 $A(B)$ 的**对立事件**(**或逆事件**),记作 $B = \overline{A}(A = \overline{B})$(如图 $15-5$ 所示).

例如,掷一颗骰子,$A =$ "出现奇数点" $= \{1, 3, 5\}$,$B = \{$出现偶数点$\} = \{2, 4, 6\}$,显然 $AB = \varnothing$,且 $A \cup B = \{1, 3, 5\} \cup \{2, 4, 6\} = \{1, 2, 3, 4, 5, 6\} = \Omega$,所以 A 与 B 对立(互逆).

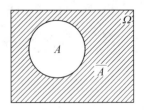

图 $15-5$

从图 $15-5$ 容易看出:

$$\overline{\overline{A}} = A, \quad A \cap \overline{A} = \varnothing, \quad A \cup \overline{A} = \Omega.$$

6. 差

> "事件 A 发生而事件 B 不发生"这一事件,称为 A 与 B 的**差**,记作 $A - B$(如图 $15-6$ 所示阴影部分).

如在掷一颗骰子的试验中,$A =$ "出现大于3的点" $= \{4, 5, 6\}$ 与 $B =$ "出现偶数点" $= \{2, 4, 6\}$ 的差:

$$A - B = \{4, 5, 6\} - \{2, 4, 6\} = \{5\}.$$

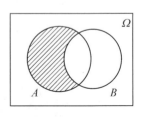

图 $15-6$

事件满足的运算律与集合的运算律相同:

(1) 交换律　$AB = BA, \quad A \cup B = B \cup A$;

(2) 结合律　$A(BC) = (AB)C,$

$$A \cup (B \cup C) = (A \cup B) \cup C;$$

(3) 分配律　$A \cap (B \cup C) = (A \cap B) \cup (A \cap C),$

$$A \cup (B \cap C) = (A \cup B) \cap (A \cup C);$$

(4) 对偶律　$\overline{A \cup B} = \overline{A}\,\overline{B}, \quad \overline{AB} = \overline{A} \cup \overline{B}.$

对偶律对有限多个事件都成立,例如,对三个事件 A、B、C 有:

$$\overline{A \cup B \cup C} = \overline{A}\,\overline{B}\,\overline{C},$$

$$\overline{ABC} = \overline{A} \cup \overline{B} \cup \overline{C}.$$

从图 15-6、15-7 还可以看出有关系:

$$A - B = A\bar{B};$$
$$A = A\bar{B} \cup AB;$$
$$A \cup B = A \cup B\bar{A}$$
$$= B \cup A\bar{B}$$
$$= A\bar{B} \cup AB \cup B\bar{A}.$$

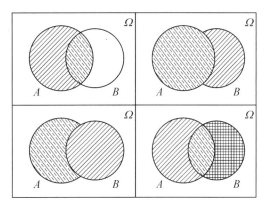

图 15-7

例 1 一批某种商品中有一等品,也有非一等品,三个人先后各购买 1 件,设 A_i 表示"第 i 个人买到一等品"($i = 1, 2, 3$). 试用 A_i 表示下列事件:

B = "三人都买到一等品";

C = "三个人中至少有 1 个人买到一等品";

D = "三个人中恰好有 1 个人买到一等品";

E = "三个人都未买到一等品".

解 $B = A_1 A_2 A_3$;

$C = A_1 \cup A_2 \cup A_3$;

$D = A_1 \bar{A}_2 \bar{A}_3 \cup \bar{A}_1 A_2 \bar{A}_3 \cup \bar{A}_1 \bar{A}_2 A_3$;

$E = \bar{A}_1 \bar{A}_2 \bar{A}_3$ (或 $\overline{A_1 \cup A_2 \cup A_3}$).

例 2 如图 15-8 所示,设 A、B、C 分别表示开关 K_1、K_2、K_3 闭合的事件,试用 A、B、C 表示事件"灯亮"与"灯不亮".

解 只有当 K_1 闭合,即 A 发生,或 K_2、K_3 同时闭合即 B、C 同时发生时,灯亮,所以

$$\text{"灯亮"} = A \cup (BC).$$

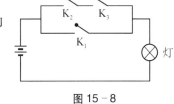

图 15-8

又"灯不亮"是"灯亮"的逆事件,所以

$$\text{"灯不亮"} = \overline{A \cup (BC)}$$
$$= \bar{A}(\overline{BC})$$
$$= \bar{A}(\bar{B} \cup \bar{C}).$$

练习

1. "某人打靶射击1发子弹,观察命中的环数",用 $i(i = 0,\ 1,\ 2,\ \cdots,\ 10)$ 表示"命中 i 环",并设 $A =$ "至少命中8环", $B =$ "命中不少于6环,不多于9环". 说明下列事件的意义:

   (1) $A \cup B$;　　(2) AB;　　(3) $A\overline{B}$.

2. 某人向同一目标射击3发子弹,设 $A_i(i = 1、2、3)$ 表示"第 i 发子弹命中目标". 用 A_i 表示下列事件:

   (1) "3发子弹都命中目标";

   (2) "至少1发子弹命中目标";

   (3) "3发子弹都没有命中目标";

   (4) "恰好1发子弹命中目标";

   (5) "恰好2发子弹命中目标";

   (6) "最多2发子弹命中目标".

习题 15-1

A 组

1. 把一枚均匀的硬币抛3次,观察落地后向上的面. 用 H 表示"正面向上", T 表示"反面向上",计算这一试验的基本事件总数,并列出样本空间.

2. 从分别写有1、2、3的三张卡片中任取1张,记下上面的数,然后放回,再取1张,记下上面的数,把两次取出的数排成一个十位数,第1次取出的数排在十位上. 计算这一试验的基本事件总数,并列出下列事件中的基本事件:

   (1) $A =$ "个位上的数是2";

   (2) $B =$ "十位及个位上至少有1个数是3";

   (3) $C =$ "小于25的数".

3. 在第1题的试验中,设 $E =$ "最多有2次正面向上", $F =$ "至少有1次正面向上":

   (1) 说明 $\overline{E}$、$\overline{F}$ 的意义;

   (2) 把 EF 与 $E \cup F$ 的基本事件列出来.

4. 加工某种产品要经过3道工序,只要有一道工序不合格,出来的产品就不合格. 设 $A_i =$ "第 i 道工序合格" $(i = 1、2、3)$,用 A_i 表示下列事件:

   (1) "加工出的产品合格";

（2）"加工出的产品不合格".

5. 从含有正品和次品的一批产品中任抽 5 件,描述下列事件的逆事件:

　（1）A = "抽到的 5 件产品都是正品";

　（2）B = "抽到的 5 件产品都是次品";

　（3）C = "抽到的 5 件产品中至少有 1 件次品";

　（4）D = "抽到的 5 件产品中恰有 1 件次品".

B　组

1. 一、二两个导弹营向同一目标各发射一枚导弹,设 A = "一营命中目标",B = "二营命中目标",说明下列事件的意义:

　（1）$A \cup B$;　（2）AB;　（3）$\overline{A}$;　（4）$\overline{A}\,\overline{B}$;　（5）$\overline{AB}$;　（6）$A\overline{B}$.

2. 如图所示,设 A_i = "开关 K_i 闭合"（$i = 1$、2、3、4）,试在下列两种情形下用 A_i（$i = 1$、2、3、4）表示事件"灯亮".

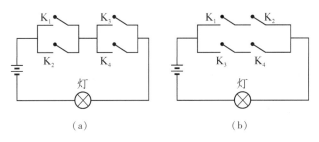

第 2 题图

§15 - 2　事件的概率　概率的加法公式

⊙概率的统计定义　⊙古典概型　⊙概率的古典定义　⊙互斥事件的概率加法公式　⊙对立事件的概率之和为 1　⊙任意事件的概率加法公式

事件 A 发生的可能性大小称为事件 A 的**概率**. 如何确定一个事件的概率呢? 本节将讨论两种重要的方法.

一、频率方法

在一次试验中,一个事件是否发生,事先不能确定,但在相同条件下可以重复进行的随机试验中,却往往呈现出明显的数量规律性. 例如,历史上人们曾作了大量的抛硬币试验,见表 15－1.

表 15－1

试验人	抛硬币次数 n	正面向上次数 m	正面向上的频率 $\dfrac{m}{n}$
蒲丰	4 040	2 048	0.506 9
费勒	10 000	4 979	0.497 9
皮尔逊	24 000	12 012	0.500 5
罗曼诺夫斯基	80 640	40 173	0.498 2

从表 15－1 可以看出,当抛掷次数很大时,正面向上的频率(即正面向上的次数与抛掷次数之比)接近常数 0.5,稳定在 0.5 附近.

一般地,在相同条件下进行的 n 次重复试验中,事件 A 发生的次数 m 与试验次数 n 之比 $\dfrac{m}{n}$ 叫做事件 A 发生的**频率**,记作 $f_n(A)$,即

$$f_n(A) = \frac{m}{n}.$$

定义 1 在相同条件下重复进行同一试验,当试验次数充分大时,若事件 A 发生的频率 $\dfrac{m}{n}$ 接近某一常数 p,并稳定在它附近,则称常数 p 为事件 A 的概率,记作 $P(A)$,即

$$P(A) = p.$$

这个定义也称为**概率的统计定义**.

在抛硬币的试验中,若用 H 表示"正面向上",则 $P(H) = 0.5$. 这正是在体育比赛中,比赛双方挑边,为什么可以用抛硬币的方法来确定的原因.

依据概率的统计定义来确定概率的方法,也称为**频率方法**.

通常求某事件的概率是不能直接用概率的统计定义精确得到的. 一种常用的方法是:在试验次数 n 充分大时,把事件 A 发生的频率 $\dfrac{m}{n}$ 作为其概率的近似值.

例如,从一批某种产品中抽检了 500 件,其中 6 件不合格,我们就估计事件"从这批产品中任抽 1 件是不合格品"的概率约为 $\dfrac{6}{500} = 0.012$.

二、古典方法

概率论发展的早期,主要研究对象是**古典概型**,也称为**等可能概型**,即满足以下两个条件的随机试验模型:

(1) 试验的样本空间只含有有限个基本事件;

(2) 每次试验中各基本事件发生的可能性相等.

> **定义 2**　在古典概型中,如果基本事件总数为 n,事件 A 所含的基本事件个数为 m,那么 A 的概率
>
> $$P(A) = \frac{A \text{ 所含的基本事件个数}}{\text{基本事件总数}} = \frac{m}{n}.$$

定义 2 所述求概率的方法称为"**古典方法**",定义 2 也称为**概率的古典定义**.

由定义 1 或定义 2,容易得出概率的以下**基本性质**:

(1) $0 \leqslant P(A) \leqslant 1$.

(2) $P(\Omega) = 1$;$P(\varnothing) = 0$.

(3) **有限可加性**:

若 A,B 互斥,则

$$P(A \cup B) = P(A) + P(B). \tag{15-1}$$

一般地,若 A_1,A_2,$\cdots$,A_n 两两互斥,则

$$P(A_1 \cup A_2 \cup \cdots \cup A_n) = P(A_1) + P(A_2) + \cdots + P(A_n). \tag{15-2}$$

因 A 与 $\bar{A}$ 互斥,且 $A \cup \bar{A} = \Omega$,得 $1 = P(\Omega) = P(A \cup \bar{A}) = P(A) + P(\bar{A})$,即有

$$P(\bar{A}) = 1 - P(A). \tag{15-3}$$

这就是说,**对立(互逆)事件概率之和为 1**.

公式(15-1)和公式(15-2)也称为**互斥事件的概率加法公式**.

例 1　一个袋子里装有 6 只黑球和 4 只白球,从中任意取出 3 只,求下列事件的概率:

(1)"取出的 3 只中恰有 i 只 $(i = 0, 1, 2, 3)$ 白球";

(2)"取出的 3 只中至少有 1 只白球".

解　从 10 只球中任意取出 3 只,共有 C_{10}^3 个不同的结果,故基本事件总数为 C_{10}^3. 由于

球是任意抽取的,所以每个结果的出现是等可能的.

(1) 设 $A_i=$"取出的 3 只中恰有 i 只白球"($i=0,1,2,3$),则 A_0、A_1、A_2、A_3 所含的基本事件个数分别为

$$C_4^0 \cdot C_6^3、C_4^1 \cdot C_6^2、C_4^2 \cdot C_6^1、C_4^3 \cdot C_6^0,$$

于是

$$P(A_0)=\frac{C_4^0 \cdot C_6^3}{C_{10}^3}=\frac{20}{120}=\frac{1}{6};$$

$$P(A_1)=\frac{C_4^1 \cdot C_6^2}{C_{10}^3}=\frac{60}{120}=\frac{1}{2};$$

$$P(A_2)=\frac{C_4^2 \cdot C_6^1}{C_{10}^3}=\frac{36}{120}=\frac{3}{10};$$

$$P(A_3)=\frac{C_4^3 \cdot C_6^0}{C_{10}^3}=\frac{4}{120}=\frac{1}{30}.$$

(2) 设 $B=$"取出的 3 只中至少有 1 只白球".

方法 1:因 $B=A_1 \cup A_2 \cup A_3$,又 A_1、A_2、A_3 两两互斥,所以

$$P(B)=P(A_1 \cup A_2 \cup A_3)$$
$$=P(A_1)+P(A_2)+P(A_3)$$
$$=\frac{1}{2}+\frac{3}{10}+\frac{1}{30}=\frac{5}{6}.$$

方法 2:因 $\overline{B}=$"取出的 3 只全是黑球"
$$=\text{"取出的 3 只中恰有 0 只白球"}=A_0,$$

于是
$$P(B)=1-P(\overline{B})=1-P(A_0)$$
$$=1-\frac{1}{6}=\frac{5}{6}.$$

例 2　一个袋子里装有 6 只黑球和 4 只白球,现从中每次任意取出 1 只,然后放回,再抽取下一只,连取 3 次,求下列事件的概率:

(1)"取出的 3 只全是黑球";

(2)"取出的 3 只中恰有 2 只白球".

解　这时基本事件总数为 10^3.

(1) 设 $B=$"取出的 3 只全是黑球",则 B 所含的基本事件个数为 6^3. 于是

$$P(B)=\frac{6^3}{10^3}=\frac{216}{1\,000}=0.216.$$

（2）设 A_2 = "取出的 3 只中恰有 2 只白球". 满足这一条件的不同取法可以这样考虑：从 6 个黑球中抽取 1 只，有 6 种取法，从 4 只白球中有放回地抽取 2 次，有 4^2 种取法，而 2 只白球可能在 3 次抽取中的任何 2 次抽到，共有 C_3^2 种可能，根据分步乘法计数原理，共有 $C_3^2 \cdot 4^2 \cdot 6$ 种不同的取法，即 A_2 所含的基本事件个数为 $C_3^2 \times 4^2 \times 6$. 于是

$$P(A_2) = \frac{C_3^2 \times 4^2 \times 6}{10^3} = \frac{288}{1\,000} = 0.288.$$

在上面的例 1 中，"从中任意取出 3 只"，可以看作是每次从中任意取出一只，不放回，接着再取下一只，这样的抽取称作**无放回**抽取. 例 2 中的抽取是每次从中任意取出一只后，又放回，然后再取下一只，这样的抽取称作**有放回**抽取. 在这两种抽取方式下，对同一问题的计算是不同的. 如例 1、例 2 中的事件 A_2，在例 1 中 $P(A_2) = \frac{3}{10} = 0.3$，而在例 2 中 $P(A_2) = 0.288$，两个结果不相等.

练习

1. 某国在 25~34 岁的人群中进行用手习惯的调查，结果如下表所示：

调查人数	习惯用右手人数	习惯用左手人数	左右手都善用人数
2 237	2 004	205	28

求这一人群中的人"习惯用右手"、"习惯用左手"、"左右手都善用"的概率.

2. 甲、乙二人下象棋，共有三种结果：甲胜、乙胜、和棋. 已知二人下一盘"甲胜"的概率是 $\frac{4}{9}$，"和棋"的概率是 $\frac{2}{9}$，那么"甲不输"的概率是_____；"乙胜"的概率是_____.

三、任意事件的概率加法公式

上一节给出了求互斥事件并的概率的公式（15-1）及公式（15-2），现在来看对于任意的事件，怎样求并的概率.

设 A、B 为任意的两个事件，因为

$$A \cup B = A \cup B\bar{A}, \quad B = AB \cup B\bar{A},$$

且 A 与 $B\bar{A}$ 互斥，AB 与 $B\bar{A}$ 互斥，所以由公式（15-1）得

$$P(A \cup B) = P(A) + P(B\bar{A}), \tag{1}$$

$$P(B) = P(AB) + P(B\bar{A}), \tag{2}$$

把式(2)改写为 $P(B\bar{A}) = P(B) - P(AB)$，把此式代入式(1)，即得

$$P(A \cup B) = P(A) + P(B) - P(AB). \tag{15-4}$$

其中 A、B 为任意的两个事件，公式(15-4)称为**任意事件的概率加法公式**.

例3 设 A、B 为两个事件，已知 $P(A) = 0.7$，$P(B) = 0.5$，$P(AB) = 0.4$，求下列事件的概率：

（1）A 不发生；　　　　　　　　　　（2）A 发生或 B 发生；

（3）A 发生但 B 不发生；　　　　　　（4）A、B 都不发生.

解 （1）A 不发生即 $\bar{A}$ 发生，所以

$$P(A \text{ 不发生}) = P(\bar{A}) = 1 - P(A) = 1 - 0.7 = 0.3.$$

（2）A 发生或 B 发生的概率，即

$$P(A \cup B) = P(A) + P(B) - P(AB) = 0.7 + 0.5 - 0.4 = 0.8.$$

（3）A 发生 B 不发生的概率，即 $P(A\bar{B})$. 因为 $A = AB \cup A\bar{B}$，且 $AB \cap A\bar{B} = \varnothing$，所以 $P(A) = P(AB) + P(A\bar{B})$，于是

$$P(A\bar{B}) = P(A) - P(AB) = 0.7 - 0.4 = 0.3.$$

（4）A、B 都不发生的概率，即 $P(\bar{A}\bar{B})$. 因 $\overline{A \cup B} = \bar{A}\bar{B}$，所以

$$P(\bar{A}\bar{B}) = P(\overline{A \cup B}) = 1 - P(A \cup B) = 1 - 0.8 = 0.2.$$

例4 从一副 52 张扑克牌(除去大、小王)中任意抽一张，求"抽到一张老 K 或黑桃"的概率.

解 设 $A = $ "抽到一张老 K"，$B = $ "抽到一张黑桃"，则事件"抽到一张老 K 或黑桃" $= A \cup B$，$AB = $ "抽到一张黑桃老 K". 于是

$$P(A \cup B) = P(A) + P(B) - P(AB)$$

$$= \frac{4}{52} + \frac{13}{52} - \frac{1}{52} = \frac{16}{52} = \frac{4}{13}.$$

§15-2　微课视频

练习

1. 设 A、B 为事件，$P(A)=0.4$，$P(B)=0.3$，$P(A \cup B)=0.6$，那么 $P(AB)=$ _____ ，$P(A\overline{B})=$ _____（填上计算结果）.

2. 某社区居民家庭订甲报的有 40%，订乙报的有 30%，甲、乙报都订的有 10%，那么这两种报纸至少订一种的有 _____ $\%$，这两种报都未订的有 _____ $\%$.

习题 15－2

A 组

1. 掷一颗骰子，求下列事件的概率：
   （1）"出现奇数点"；
   （2）"出现大于 4 的点".

2. 抛 3 枚可以区分的硬币，求下列事件的概率：
   （1）"恰有 1 枚正面向上"；
   （2）"至少有一枚正面向上"；
   （3）"3 枚向上的面相同".

3. 把一颗均匀的骰子先后掷 2 次，观察出现的点数，求：
   （1）基本事件总数；
   （2）"两次出现的点数之和是 7"的概率.

4. 一个盒子内装有 60 只集成块，其中有 3 只是次品，其余均为正品. 从中任取 3 只，求下列事件的概率：
   （1）"3 只都是正品"；
   （2）"3 只中恰有 1 件次品".

5. 在学号为 1，2，…，10 的十名同学中，随机地选出 3 人为班委，求下列事件的概率：
   （1）"学号为 1 号的同学为班委"；
   （2）"学号为 1 号和 2 号的同学都为班委"；
   （3）"学号为 1 号和 2 号的同学至少有一个为班委".

6. 甲、乙两人射击，甲击中目标的概率是 0.9，乙击中目标的概率是 0.85，甲、乙均击中目标的概率是 0.765. 求：
   （1）甲、乙至少有 1 人击中目标的概率；
   （2）甲、乙均未击中目标的概率.

B 组

1. 一家酒店共有 15 层，7 人在第一层进入电梯，假定每人等可能地从任一层出电梯（除

第一层外),求下列事件的概率:

(1)"7 个人在不同层出电梯";

(2)"恰有 3 位在最后一层离开".

2. 小刚手中拿了两颗骰子,让小明猜一次掷出这两颗骰子出现的点数之和,小明应说多少才能使猜对的可能性相对最大?并计算这种情况的概率.

3. 从 1,2,…,100 这一百个整数中随机取出 1 个,取出的数能被 3 整除或能被 4 整除的概率是多少?

§15-3 条件概率 事件的独立性

⊙条件概率 ⊙乘法公式 ⊙独立事件 ⊙伯努利试验 ⊙小概率事件

一、条件概率 乘法公式

掷一颗骰子,设 A = "出现小于 6 的点" = {1, 2, 3, 4, 5},B = "出现大于 3 的点" = {4, 5, 6}. 问: 在事件 B 已经发生的条件下,事件 A 发生的概率是多少?

把这个概率记作 $P(A|B)$. 由于事件 B 已发生,这时基本空间由原来的 {1, 2, 3, 4, 5, 6} 改变为 {4, 5, 6},共含 3 个基本事件,其中含在 A 中的基本事件有两个,所以

$$P(A \mid B) = \frac{2}{3}.$$

注意到在这里 $P(A \mid B) = \frac{2}{3} \neq \frac{5}{6} = P(A)$,这说明 $P(A \mid B)$ 与 $P(A)$ 的含义是不同的. 另外,$P(B) = \frac{3}{6} = \frac{1}{2}$,$P(AB) = \frac{2}{6} = \frac{1}{3}$,进而可以看到下面的关系:

$$\frac{P(AB)}{P(B)} = \frac{\frac{1}{3}}{\frac{1}{2}} = \frac{2}{3} = P(A \mid B).$$

定义1 设 A、B 为事件,且 $P(B) > 0$,称

$$P(A \mid B) = \frac{P(AB)}{P(B)} \tag{15-5}$$

为在 B 已发生的条件下 A 发生的**条件概率**.

类似地,若 $P(A) > 0$,则在 A 已发生的条件下,B 发生的条件概率为

$$P(B \mid A) = \frac{P(AB)}{P(A)}. \qquad (15 - 5')$$

例 1　某校学生业余体育训练队 70% 的同学参加球类训练,30% 的同学参加健美训练,10% 的同学既参加球类训练又参加健美训练,现从中随机抽 1 名同学:

(1) 如果他参加球类训练,求他参加健美训练的概率;

(2) 如果他参加健美训练,求他参加球类训练的概率.

解　设 $A =$ "他参加球类训练",$B =$ "他参加健美训练",则 $AB =$ "他既参加球类训练又参加健美训练". 由题设条件知,$P(A) = 0.7$,$P(B) = 0.3$,$P(AB) = 0.1$.

(1) 即要求 $P(B|A)$. 由公式(15 - 5')得

$$P(B \mid A) = \frac{P(AB)}{P(A)} = \frac{0.1}{0.7} = \frac{1}{7}.$$

(2) 即要求 $P(A|B)$. 由公式(15 - 5)得

$$P(A \mid B) = \frac{P(AB)}{P(B)} = \frac{0.1}{0.3} = \frac{1}{3}.$$

由条件概率定义,得

$$P(AB) = P(B)P(A \mid B) = P(A)P(B \mid A). \qquad (15 - 6)$$

这就是两个事件的概率**乘法公式**,它是求两个事件交的概率的公式.

一般地,对于有限个事件 A_1, A_2, $\cdots$, $A_n (P(A_1 A_2 \cdots A_{n-1}) > 0)$,有下面的概率乘法公式:

$$P(A_1 A_2 \cdots A_n) = P(A_1) P(A_2 \mid A_1) P(A_3 \mid A_1 A_2) \cdots P(A_n \mid A_1 A_2 \cdots A_{n-1}). \qquad (15 - 7)$$

例 2　某种配件 50 只,其中有 10 只二等品,其余均为一等品. 从中每次抽取 1 件不放回,连续抽取 3 次,求下列事件的概率:

(1) "3 次都取得一等品";

(2) "第 3 次才取得一等品".

解　设 $A_i =$ "第 i 次取得一等品"$(i = 1, 2, 3)$.

(1) 设 $B =$ "3 次都取得一等品",则 $B = A_1 A_2 A_3$,于是

$$P(B) = P(A_1 A_2 A_3) = P(A_1) P(A_2 \mid A_1) P(A_3 \mid A_1 A_2)$$

$$= \frac{40}{50} \cdot \frac{39}{49} \cdot \frac{38}{48} = 0.504\ 1.$$

（2）设 C＝"第3次才取得一等品"，则 $C = \overline{A_1}\overline{A_2}A_3$，于是

$$P(C) = P(\overline{A_1}\overline{A_2}A_3) = P(\overline{A_1})P(\overline{A_2} \mid \overline{A_1})P(A_3 \mid \overline{A_1}\overline{A_2})$$

$$= \frac{10}{50} \cdot \frac{9}{49} \cdot \frac{40}{48} = 0.030\,6.$$

我们约定：概率计算结果，当近似值精确到 10^{-4} 时，一般都使用"＝"号，而不使用"≈"号，上面例2中就是这样，以下均如此.

练习

1. 设 $P(A) = p$，$P(B) = q$，$P(A \cup B) = r$，则 $P(A \mid B) =$ _____，$P(B \mid A) =$ _____（填上计算结果）.

2. 一个盒子中装有8只白色乒乓球和4只黄色乒乓球，从中每次任取1只后不放回，再取下一只. 则前两次都取到白色乒乓球的概率为_____；第二次才取到黄色乒乓球的概率为_____；前两次抽取至少1次抽到黄色乒乓球的概率为_____.

二、独立事件

从一副52张的扑克牌中任取1张，然后放回，再从中任取1张. 设 A＝"第1张取到 K"，B＝"第2张取到 K". 由于第1张取后又放回，当第2次抽取时，仍是从52张中抽取，因而有 $P(B) = \frac{4}{52} = \frac{1}{13}$，$P(B \mid A) = \frac{4}{52} = \frac{1}{13}$. 这说明事件 A 的发生不影响事件 B 发生的概率.

定义2　如果事件 A 的发生不影响事件 B 发生的概率，即有

$$P(B \mid A) = P(B)$$

那么称事件 B 独立于事件 A.

容易知道，当 B 独立于 A 时，A 也一定独立于 B，称 A 与 B **相互独立**，简称 A 与 B **独立**. 由乘法公式和独立事件定义容易证明：A 与 B 独立的**充要条件**是

$$P(AB) = P(A)P(B). \tag{15-8}$$

还容易知道，当 A 与 B 独立时，A 与 $\overline{B}$，$\overline{A}$ 与 B，$\overline{A}$ 与 $\overline{B}$ 也分别独立.

例3　一、二两个导弹营互不影响地向同一目标各发射一枚导弹，一、二营击中目标的

概率分别为 0.85 和 0.83,求目标被击中的概率.

> **解**　设 A_1 = "一营击中目标",A_2 = "二营击中目标",B = "目标被击中","互不影响"意味着 A_1 与 A_2 独立,所以

$$
\begin{aligned}
P(B) = P(A_1 \cup A_2) &= P(A_1) + P(A_2) - P(A_1 A_2) \\
&= P(A_1) + P(A_2) - P(A_1)P(A_2) \\
&= 0.85 + 0.83 - 0.85 \times 0.83 \\
&= 0.974\,5.
\end{aligned}
$$

对于有限多个事件 A_1,A_2,$\cdots$,A_n,如果其中任一事件的概率不受其他 $(n-1)$ 个事件的影响,就称 A_1,A_2,$\cdots$,A_n 相互独立,并有下面的重要关系:

$$
P(A_1 A_2 \cdots A_n) = P(A_1)P(A_2)\cdots P(A_n). \tag{15-9}
$$

> **例 4**　在图 15-9 所示的线路中,各元件能否正常工作是相互独立的. 已知元件 a、b、c 出现故障的概率分别为 0.02、0.03、0.01,每一个元件出故障都将导致电路中断. 求线路中断的概率.

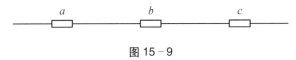

图 15-9

> **解**　设 A、B、C 分别表示元件 a、b、c 出现故障,D = "线路中断",则 $D = A \cup B \cup C$,于是

$$
\begin{aligned}
P(D) = P(A \cup B \cup C) &= 1 - P(\overline{A \cup B \cup C}) \\
&= 1 - P(\overline{A}\,\overline{B}\,\overline{C}) \\
&= 1 - P(\overline{A})P(\overline{B})P(\overline{C}) \\
&= 1 - [1 - P(A)][1 - P(B)][1 - P(C)] \\
&= 1 - 0.98 \times 0.97 \times 0.99 \\
&= 0.058\,9.
\end{aligned}
$$

三、伯努利试验

在相同条件下,进行 n 次重复试验,如果每次试验的可能结果只有两个,且它们发生的概率不变,则称这样的试验为 **n 重伯努利试验**,简称**伯努利试验**.

设两个可能的结果为 A 与 $\overline{A}$,且 $P(A) = p$, $P(\overline{A}) = q = 1 - p\,(0 < p < 1)$,求事件 A 在 n 重伯努利试验中恰好发生 k 次的概率.

例5 有 10 只相同的球,其中 8 只黑色,2 只白色,每次从中任取 1 件,有放回地抽取 5 次,求这 5 次中恰有 2 次是黑球的概率.

解 由于是有放回抽取,5 次抽取相互独立互不影响.取到黑球记作 A,且 $p = P(A) = \frac{8}{10} = \frac{4}{5}$,取到白球为 $\bar{A}$,且 $q = P(\bar{A}) = \frac{2}{10} = \frac{1}{5}$,这是一个 5 重伯努利试验.在 5 次试验中的某 2 次 A 发生,而其余的 3 次 A 不发生的概率为 $p^2 q^3$;而 A 发生的 2 次在 5 次中出现的情况有 C_5^2 种,它们之间又是两两互斥的.于是所求概率为

$$C_5^2 \left(\frac{4}{5} \right)^2 \cdot \left(\frac{1}{5} \right)^3 = 0.051\ 2.$$

一般地,设在 n 重伯努利试验中 $P(A) = p$,$P(\bar{A}) = q = 1 - p$,用 $P_n(k)$ 表示在这 n 次试验中事件 A 恰好发生 $k(k = 0, 1, 2, \cdots, n)$ 次的概率,那么

$$P_n(k) = C_n^k p^k q^{n-k}, \ (k = 0, 1, 2, \cdots, n). \tag{15-10}$$

公式 $(15-10)$ 中的 $C_n^k p^k q^{n-k}$,$(k = 0, 1, 2, \cdots, n)$ 恰好是二项展开式

$$(p + q)^n = q^n + C_n^1 q^{n-1} p + C_n^2 q^{n-2} p^2 + \cdots + C_n^k q^{n-k} p^k + \cdots + p^n$$

中的各项.由于 $p + q = 1$,所以上式右端等于 1,即有

$$\sum_{k=0}^{n} C_n^k p^k q^{n-k} = 1.$$

例6 一种彩票每周开奖一次,中奖率为万分之一,各次开奖相互独立.张某每周购买一张这种彩票,持续一年,求张某中奖的概率.

解 一年按 52 周计算,那么这是一个 52 重伯努利试验问题.

设 $A_i =$ "第 i 次购买的一张中奖"$(i = 1, 2, \cdots, 52)$,则 $p = P(A_i) = 0.000\ 1$,$q = P(\bar{A}_i) = 0.999\ 9$,又设 $B =$ "张某中奖",于是

$$P(B) = P_{52}(1) + P_{52}(2) + \cdots + P_{52}(52) = 1 - P(\bar{B}) = 1 - P_{52}(0)$$
$$= 1 - q^{52} = 1 - 0.999\ 9^{52} = 0.005\ 2.$$

尽管坚持购买一年,中奖的概率仍然非常小.

概率很小的事件称为**小概率事件**.关于小概率事件,有下面的原理:"小概率事件在一次试验中几乎不可能发生".这一原理称为**小概率原理**.

注意:尽管小概率事件在一次或少数几次试验中发生的可能性很小,但当试验次数很多且相互独立,则它发生的概率就可以很接近于 1.例 6 中如果张某购买彩票的张数为 n,他中奖的概率是 $P(B) = 1 - 0.999\ 9^n$,当 n 无限增大时,$P(B)$ 的极限为 1.所以,一个事件只要概

率大于0,把试验不断地独立重复下去,那么或早或晚必然发生.常言道"常在河边走,哪有不湿鞋"就是这个道理.

练习

1. 一颗骰子掷两次,求:

   (1) 两次都出现 6 点的概率;

   (2) 至少有一次出现 6 点的概率.

§15-3 微课视频

2. 某篮球运动员练习 3 分球投篮,设每次投进的概率为 0.55,求他在 20 次投篮中:

   (1) 恰好投进 11 个球的概率(使用计算器计算);

   (2) 至少投进 11 个球的概率(列出计算式子即可).

习题 15-3

A 组

1. 一副洗好的扑克牌 52 张(除去大、小王),从中任取 1 张不放回,再取 1 张,求下列事件的概率:

   (1) "二次都取到 A";

   (2) "第一次未取到 A,而第二次取到 A".

2. 某年级 20% 的学生数学不及格,15% 的学生英语不及格,10% 的学生数学、英语两门都不及格,从该年级中任抽一个学生,求:

   (1) 如果他数学不及格,那么他英语不及格的概率;

   (2) 如果他英语不及格,那么他数学不及格的概率;

   (3) 他数学或英语不及格的概率.

3. 一个盒中装有 4 个黄球和 2 个红球,另外一个盒子中装有 3 个黄球和 5 个红球.从每一盒子中任抽一个球,求下列事件的概率:

   (1) "抽到两个黄球";

   (2) "抽到一个黄球一个红球".

4. 甲、乙两位同学各自独立地解决某道数学题.如果甲、乙解出的概率分别为 0.6 和 0.7,求:

   (1) 至少 1 人解出的概率;

   (2) 都未解出的概率.

5. 一批产品合格率为 95%,从这批产品中抽取 10 件,求下列事件的概率:

   (1) "恰有 1 件不合格品";

   (2) "恰有 5 件合格品";

（3）"全是合格品".

6. 一种药物的显效率为80%,现有5人使用这种药物,那么至少有4人显效的概率是多少?

B　组

1. 掷两颗骰子,如果出现的点数不相同,求下列事件的概率:

　（1）"点数之和为偶数";

　（2）"点数之和超过9".

2. 据生产商提供的数据,该厂某种产品的合格率是97%,商检部门从这种产品中抽取20件进行检验,发现有3件不合格.试按合格率为97%计算抽取的20件中恰有3件不合格的概率,并依据小概率原理说说你对这批产品的合格率是97%的看法.

§15-4　离散型随机变量

⊙随机变量　⊙概率分布列　⊙两点分布　⊙二项分布

一、随机变量的概念

例1　试用数表示某110指挥中心一天内接到的求助电话次数.

解　我们用一个变量 X 表示可能接到的求助电话次数. 那么

"接到0次求助电话"就可以用数"$X = 0$"表示;

"接到1次求助电话"就可以用数"$X = 1$"表示;

"接到2次求助电话"就可以用数"$X = 2$"表示;

… … … … … … … … … …

"接到 i 次求助电话"就可以用数"$X = i$"表示;

… … … … … … … … … … …

这样,我们就用一个变量 X 的取值——数,表示了这一试验的各个结果.

由于试验之前并不能确定出现哪一个结果,因此变量 X 的取值是事先不能确定的,故把它称为随机变量.

一般地,把表示随机试验结果的变量叫做**随机变量**,常用大写字母 X、Y、Z 等表示,它们的取值用小写字母 x、y、z 等表示.

例 2　掷一颗骰子,用随机变量 X 表示出现的点数.

解　列表如下:

可能结果	出现 1 点	出现 2 点	…	出现 6 点
X 的取值	1	2	…	6

即用 "$X = i$" 表示 "出现 i 点"($i = 1, 2, \cdots, 6$).

例 3　检验某种袋装食品的净含量(单位:g,并假定净含量不会超出 450 g~460 g 的范围),可以用一个随机变量 X 表示其净含量,X 的值表示克数,比如净含量为 453 g,X 的值就是 453. X 的取值范围是区间 $[450, 460]$.

与上面几个例子不同,有些随机试验的结果本身不具有数量性质. 例如,买一张彩票的可能结果 "中奖" 与 "不中奖";掷一枚硬币,观察向上的面等. 这些试验的结果表面上都与数无直接关系. 这样的结果如何用随机变量或者数来表示呢?

例 4　掷一枚硬币,观察向上的面,试用随机变量表示试验的结果.

解　设 X 为随机变量,用 $X = 0$ 表示 "反面向上",用 $X = 1$ 表示 "正面向上" 即可.

随机变量每取一个值或某一范围内的值都表示事件,因此记号 $P(X = a)$,$P(X \leqslant a)$,$P(X < a)$,$P(X \geqslant a)$,$P(X > a)$,$P(a < X < b)$,$P(a \leqslant X < b)$,$P(a < X \leqslant b)$,$P(a \leqslant X \leqslant b)$ 等表示随机变量 X 取某个值或某一范围内值的概率.

例如上面的例 2,如果要求出现 "6 点","大于 4 的点","不小于 2 而小于 5 的点" 等事件的概率,就可以分别表示成

$$P(X = 6) = \frac{1}{6};$$

$$P(X > 4) = P(X = 5) + P(X = 6) = \frac{1}{6} + \frac{1}{6} = \frac{1}{3};$$

$$P(2 \leqslant X < 5) = P(X = 2) + P(X = 3) + P(X = 4) = \frac{1}{6} + \frac{1}{6} + \frac{1}{6} = \frac{1}{2}.$$

如果随机变量的取值是有限个数,或者虽有无穷多个数,但可以一一列举,就称其为**离散型随机变量**,如本节例 1、2、4 中的 X. 如果随机变量的取值可以是某一区间中的任一数,就称其为**非离散型随机变量**,如例 3 中的 X.

引入随机变量,实现了随机试验结果的数量化,使得人们可以更方便、深入地研究随机现象的数量规律,具有十分重要的作用和意义.

练习

1. 从 16 件正品、4 件次品中任取 3 件,用随机变量 X 表示其中的次品数,写出 X 可能取值的范围.

2. 掷一颗骰子,用 X 表示出现的点数,选用适当的记号填空,并在每一小题的最后一个空填上适当的数值:

(1) $P(3 < X \leqslant 6) = P(X = 4) + P(X = 5) + \underline{\qquad} = \underline{\qquad}$;

(2) $P(X < 4) = \underline{\qquad} + P(X = 2) + \underline{\qquad} = \underline{\qquad}$.

二、离散型随机变量的分布列

设离散型随机变量 X 可能取的值为 x_1,x_2,$\cdots$,x_k,$\cdots$,X 取值 $x_k(k = 1, 2, \cdots)$ 的概率记作 p_k,那么称表

X	x_1	x_2	$\cdots$	x_k	$\cdots$
P	p_1	p_2	$\cdots$	p_k	$\cdots$

为 X 的概率**分布列**.

由概率的基本性质,容易知道分布列具有以下两条性质:

(1) **非负性**:$p_k \geqslant 0 (k = 1, 2, \cdots)$;

(2) **正则性**:$\sum_k p_k = p_1 + p_2 + \cdots + p_k + \cdots = 1$.

分布列有时也表示成

$$P(X = x_k) = p_k, \quad (k = 1, 2, \cdots).$$

例 5 一次掷两枚均匀的硬币,用 X 表示正面向上的硬币个数,求 X 的分布列.

解 将试验的各可能结果、X 的取值、相应结果发生的概率 P 列表如下:

试验可能结果	正正	正反	反正	反反
X 取值	2	1	1	0
P	$\dfrac{1}{4}$	$\dfrac{1}{4}$	$\dfrac{1}{4}$	$\dfrac{1}{4}$

即 X 的可能取值为 0、1、2.

$$P(X = 0) = P(反反) = \frac{1}{4},$$

$$P(X = 1) = P(正反 \cup 反正) = P(正反) + P(反正) = \frac{1}{2},$$

$$P(X = 2) = P(\text{正正}) = \frac{1}{4}.$$

X 的分布列为

X	0	1	2
P	$\frac{1}{4}$	$\frac{1}{2}$	$\frac{1}{4}$

显然,在上面例 4 掷一枚硬币的试验中,X 的分布列为

X	0	1
P	$\frac{1}{2}$	$\frac{1}{2}$

这是"两点分布"的一个特例.

两点分布:如果随机变量 X 的分布列为

X	0	1
P	q	p

其中 $0 < p < 1$, $q = 1 - p$,则称 X 服从**两点分布**,记作 $X \sim B(1, p)$.两点分布也称 0-1 分布.

二项分布:在 n 重伯努利试验中,事件 A 发生的次数 X 是一个随机变量,由公式(15 - 10)知道其分布列为

X	0	1	2	$\cdots$	k	$\cdots$	n
P	q^n	$C_n^1 pq^{n-1}$	$C_n^2 p^2 q^{n-2}$	$\cdots$	$C_n^k p^k q^{n-k}$	$\cdots$	p^n

或写成

$$P(X = k) = C_n^k p^k q^{n-k}, \quad (k = 0, 1, 2, \cdots, n),$$

其中 $0 < p < 1$, $q = 1 - p$. 由于 $P(X = k) = C_n^k p^k q^{n-k}(i = 0, 1, 2, \cdots, n)$ 分别是二项式 $(p + q)^n$ 的展开式中的各项,因而称 X 服从**二项分布**,记作 $X \sim B(n, p)$,其中 n, p 为参数,二项分布由这两个参数 n 和 p 的值确定. 容易看出,两点分布是二项分布当 $n = 1$ 时的特殊情形. 二项分布是一种常用的分布.

例6　　一个门栋 10 户居民,每户有 1 台电冰箱,每台冰箱 1 个小时中平均工作 18 分钟(即在任一时刻工作的概率为 $\frac{18}{60} = 0.3$). 求:

(1) 任一时刻在工作状态的电冰箱数的分布列;

（2）至少有 6 台电冰箱在工作的概率.

　解　（1）观察一台电冰箱是否在工作可看作一次试验. 设任一时刻在工作状态的电冰箱数为 X, 可知 $X \sim B(10, 0.3)$, 其分布列为

$$P(X = k) = C_{10}^k (0.3)^k (0.7)^{10-k}, \ (k = 0, 1, 2, \cdots, 10).$$

（2）设 A = "至少有 6 台电冰箱在工作", 则

$$P(A) = P(X = 6) + P(X = 7) + P(X = 8) + P(X = 9) + P(X = 10)$$
$$= C_{10}^6 (0.3)^6 (0.7)^4 + C_{10}^7 (0.3)^7 (0.7)^3 + \cdots + 0.3^{10}$$
$$= 0.047 \ 3.$$

这说明在同一时刻有 5 台以上电冰箱在工作的概率很小.

练习

§15 – 4　微课视频

1. 下面是随机变量 X 的分布列, 在空格中填入适当的数：

X	-2	-1	0	1
P	$\dfrac{1}{5}$	$\dfrac{2}{5}$		$\dfrac{3}{10}$

2. 袋中有 8 只白球 2 只红球, 每次从中任取 1 只, 抽取 3 次, 试就有放回与无放回两种情形求取出红球数的分布列.

解练习题
微课视频

习题 15 – 4

A　组

1. 设随机变量 X 的分布列为

X	2	4	6	8	10
P	0.1	0.25	0.3	0.25	0.1

在下面的横线上填出相应的概率值：

$P(X = 8) = $ _____ , $P(X < 6) = $ _____ , $P(X \leqslant 6) = $ _____ ,

$P(1 < X < 5) =$ _____, $P(X \geqslant 8) =$ _____, $P(3 \leqslant X \leqslant 6) =$ _____.

2. 某一新型号手机,预计在两年内畅销的概率为 0.7,滞销的概率为 0.3. 用随机变量表示手机销售的可能结果,并写出分布列.

3. 100 万张奖券中设一等奖 10 个,二等奖 100 个,三等奖 1 000 个,四等奖 10 000 个:

    (1) 写出一张奖券中奖等级的分布列(不中奖用 0 表示);

    (2) 如果一、二、三、四等奖分别为 5 000 元、200 元、20 元、10 元,写出一张奖券得到钱(元)数的分布列.

4. 掷一枚均匀的硬币 4 次,求正面向上次数的分布列.

B 组

1. 某种导弹击中目标的概率为 $\dfrac{1}{3}$. 求直到击中目标为止,发射导弹数的分布列.

2. 某篮球运动员 3 分球的命中率为 40%. 在一次训练结束时,他希望投进一个 3 分球再离开,若投不进就再投一次,但最多投 5 次(即如果 5 次都未投进仍然离开). 假设各次投篮结果不相互影响,求他离开时投篮次数的分布列.

§15-5 离散型随机变量的期望与方差

⊙数学期望 ⊙方差 ⊙标准差 ⊙二项分布的均值、方差

有些数字反映了随机变量某些方面的特征,这样的数叫做随机变量的数字特征. 本节要介绍的数学期望、方差就是两个重要且常用的数字特征.

一、数学期望

引例 某班同学为文艺晚会活动购进了三种品牌、外观相同的签字笔共 100 支,其中售价为 3 元的 50 支,售价为 5 元的 30 支,售价为 8 元的 20 支. 将这批签字笔随机放进一个盲盒里,充分混合. 现从盲盒中随机取出一支,记抽到签字笔的售价为 X,则随机变量 X 的分布列为

X	3	5	8
P	$\dfrac{50}{100}$	$\dfrac{30}{100}$	$\dfrac{20}{100}$

有位善于思考的同学提出一个问题：这批签字笔的平均售价是多少？

解　记这批签字笔的平均售价为 $\bar{X}$，则

$$\bar{X} = \frac{3 \times 50 + 5 \times 30 + 8 \times 20}{100} = 3 \times \frac{50}{100} + 5 \times \frac{30}{100} + 8 \times \frac{20}{100}$$

$$= 3 \times 0.5 + 5 \times 0.3 + 8 \times 0.2 = 4.6(\text{元}).$$

注意到，平均售价 $\bar{X}$ 恰好等于随机变量 X 的各个取值与相应概率的乘积之和，这个平均值 $\bar{X}$ 又称为随机变量 X 的数学期望.

一般地，对于可能取值是有限个数的离散型随机变量 X，如果它的分布列为

X	x_1	x_2	$\cdots$	x_k	$\cdots$	x_n
P	p_1	p_2	$\cdots$	p_k	$\cdots$	p_n

那么称 $\sum\limits_{k=1}^{n} x_k p_k$ 为 X 的 **数学期望**，或**期望**、**均值**，记作 $E(X)$，即

$$E(X) = \sum_{k=1}^{n} x_k p_k = x_1 p_1 + x_2 p_2 + \cdots + x_n p_n. \tag{15-11}$$

$E(X)$ 的值反映了随机变量取值的"平均水平"这一重要特征.

例 1　设随机变量 X 服从两点分布，即 X 的分布列为

X	0	1
P	q	p

$(0 < p < 1, q = 1 - p)$，求 $E(X)$.

解　$E(X) = 0 \times q + 1 \times p = p.$

下面给出二项分布的均值：

$$\text{如果 } X \sim B(n, p)，\text{那么 } E(X) = np. \tag{15-12}$$

设随机变量 X 的分布列为

X	x_1	x_2	$\cdots$	x_k	$\cdots$	x_n
P	p_1	p_2	$\cdots$	p_k	$\cdots$	p_n

$Y = f(X)$，那么 Y 仍是随机变量，并且它的期望

$$E(Y) = E[f(X)] = \sum_{k=1}^{n} f(x_k) p_k.$$

例 2 设随机变量 X 的分布列为

X	-2	-1	0	1
P	0.3	0.4	0.1	0.2

求：$(1) E(X)$；$(2) E(X^2)$；$(3) E(2X + 3)$.

解 (1) $E(X) = -2 \times 0.3 + (-1) \times 0.4 + 0 \times 0.1 + 1 \times 0.2 = -0.8$.

(2) 令 $f(X) = X^2$，则 $f(x_k) = x_k^2 (k = 1, 2, 3, 4)$，所以

$$E(X^2) = (-2)^2 \times 0.3 + (-1)^2 \times 0.4 + 0^2 \times 0.1 + 1^2 \times 0.2 = 1.8.$$

(3) $E(2X + 3) = [2 \times (-2) + 3] \times 0.3 + [2 \times (-1) + 3] \times 0.4$

$$+ (2 \times 0 + 3) \times 0.1 + (2 \times 1 + 3) \times 0.2 = 1.4.$$

例 3 玩一种游戏，一次掷两枚均匀的硬币，若两枚都正面向上，则赢 2 元，若恰有一枚正面向上，则赢 1 元，若两个都反面向上，则输 3 元：

(1) 求玩一次这种游戏赢得钱数的期望值；

(2) 如果玩一次要付 0.5 元，那么玩 1 000 次，会有怎样的预期？

解 (1) 用 Y 表示掷一次赢得的钱（元）数，则 Y 的可能取值为 2, 1, -3. 由前面 §15 - 4 中例 5 的结果，可知

$$P(Y = 2) = P(X = 2) = \frac{1}{4},$$

$$P(Y = 1) = P(X = 1) = \frac{1}{2},$$

$$P(Y = -3) = P(X = 0) = \frac{1}{4},$$

所以 Y 的分布列为

Y	-3	1	2
P	$\dfrac{1}{4}$	$\dfrac{1}{2}$	$\dfrac{1}{4}$

于是

$$E(Y) = (-3) \times \frac{1}{4} + 1 \times \frac{1}{2} + 2 \times \frac{1}{4} = 0.25(\text{元}).$$

即平均起来,掷一次期望得到 0.25 元,这对投掷者是有利的.

(2) 如果掷一次要付 0.5 元,那么平均起来,期望得到的回报是

$$0.25 - 0.5 = -0.25(\text{元}).$$

这就对投掷者不利,意味着平均来说,掷 1 000 次,要赔掉约 250 元,当掷的次数 n 充分大时,赔掉约为 $0.25 \times n$ 元的可能性就很大,长期下去必然大赔.

下面给出期望的几个性质:

(1) $E(C) = C$ (C 为常数).

即常数的数学期望等于该常数.

(2) $E(CX) = CE(X)$ (C 为常数).

即常数与随机变量乘积的期望等于该常数与随机变量期望的乘积.

(3) 设 $X_1, X_2, \cdots, X_n$ 是($n \in \mathbf{N}_+$)个随机变量,则

$$E(X_1 + X_2 + \cdots + X_n) = E(X_1) + E(X_2) + \cdots + E(X_n).$$

即 n 个随机变量之和的期望等于各个随机变量期望的和.

利用上面的性质求本节例 2 中的 $E(2X + 3)$,易得

$$E(2X + 3) = 2E(X) + 3 = 2 \times (-0.8) + 3 = 1.4.$$

练习

1. 已知随机变量 X 的分布列为

X	-1	0	1	2	3
P	0.1	0.15	0.25	0.3	0.2

求:$E(X)$;$E(X^2)$;$E(3X - 2)$.

2. 掷一枚均匀的硬币 5 次,求正面向上次数的均值.

二、方差

先看下面的例子.

例 4 甲、乙两人在相同条件下进行射击,设 X、Y 分别表示甲、乙的命中环数,它们的分布列为

X	6	7	8	9	10
P	0	0.1	0.2	0.6	0.1

和

Y	6	7	8	9	10
P	0.05	0.1	0.3	0.2	0.35

,

比较甲、乙两人的射击水平.

解 计算均值:

$$E(X) = 6 \times 0 + 7 \times 0.1 + 8 \times 0.2 + 9 \times 0.6 + 10 \times 0.1 = 8.7,$$
$$E(Y) = 6 \times 0.05 + 7 \times 0.1 + 8 \times 0.3 + 9 \times 0.2 + 10 \times 0.35 = 8.7.$$

$E(X) = E(Y)$,这说明从平均命中环数看,二人射击水平相当. 但观察分布列可以看出,甲命中的环数比较集中,大部分集中在 9 环左右,而乙命中环数比较分散,这说明甲比较稳定,相对说来,乙的波动较大,因而从稳定程度这个角度来说,甲的水平要强于乙的水平.

上面所说的"稳定程度"或者说随机变量取值的"集中(分散)程度"可以用"方差(或标准差)"来度量.

设随机变量 X 的分布列为

X	x_1	x_2	$\cdots$	x_k	$\cdots$	x_n
P	p_1	p_2	$\cdots$	p_k	$\cdots$	p_n

,

那么把随机变量 $[X - E(X)]^2$ 的数学期望叫做随机变量 X 的**方差**,记作 $D(X)$,即

$$
\begin{aligned}
D(X) &= E[X - E(X)]^2 = \sum_{k=1}^{n} (x_k - E(X))^2 p_k \\
&= [x_1 - E(X)]^2 p_1 + [x_2 - E(X)]^2 p_2 + \cdots + [x_n - E(X)]^2 p_n.
\end{aligned}
\tag{15-13}
$$

方差 $D(X)$ 的算术平方根 $\sqrt{D(X)}$ 叫做 X 的**标准差**.

方差与标准差的值越小,说明随机变量的取值越集中;反之,方差与标准差的值越大,说明随机变量的取值越分散. 标准差的量纲与均值相同,故在实际中比较常用.

例 5　计算上面例 4 中 X、Y 的方差和标准差.

解　$D(X) = (6 - 8.7)^2 \times 0 + (7 - 8.7)^2 \times 0.1 + (8 - 8.7)^2 \times 0.2$
$\qquad\qquad + (9 - 8.7)^2 \times 0.6 + (10 - 8.7)^2 \times 0.1 = 0.61,$

$\sqrt{D(X)} = \sqrt{0.61} \approx 0.78.$

$D(Y) = (6 - 8.7)^2 \times 0.05 + (7 - 8.7)^2 \times 0.1 + (8 - 8.7)^2 \times 0.3$
$\qquad\qquad + (9 - 8.7)^2 \times 0.2 + (10 - 8.7)^2 \times 0.35 = 1.41,$

$\sqrt{D(Y)} = \sqrt{1.41} = 1.19.$

设 X 服从两点分布,因为 $E(X) = p$,所以

$$D(X) = (0 - p)^2 \times q + (1 - p)^2 \times p$$
$$= p^2 q + q^2 p = pq(p + q) = pq.$$

对于二项分布,可以证明:

$$\text{如果 } X \sim B(n, p),\text{那么 } D(X) = npq. \tag{15-14}$$

下面给出方差的几个性质:

(1) $D(C) = 0$　（C 为常数）.

(2) $D(CX) = C^2 D(X)$　　（C 为常数）.

(3) 设 $X_1, X_2, \cdots, X_n$ 是 $n(n \in \mathbf{N}_+)$ 个相互独立的随机变量,则

$$D(X_1 + X_2 + \cdots + X_n) = D(X_1) + D(X_2) + \cdots + D(X_n).$$

(4) 对任意随机变量 X,都有

$$D(X) = E(X^2) - [E(X)]^2. \tag{15-15}$$

在计算方差时,用公式(15-15)通常较为简便,因而也称它为**方差的简化计算公式**.

例 6　用公式(15-15)计算本节例 2 中 X 的方差.

解　利用例 2 中(1)、(2)的计算结果,即得

$$D(X) = E(X^2) - [E(X)]^2$$
$$= 1.8 - (-0.8)^2 = 1.16.$$

§15-5　微课视频

练习

1. 设随机变量 X 的分布列为

X	-1	0	1	2	3
P	0.2	0.1	0.3	0.3	0.1

(1) 用两种方法计算 X 的方差;(2) 求 X 的标准差.

2. 设 $D(X) = 2.5$,求 $D(-2X)$.

习题 15-5

A 组

1. 甲、乙两名工人在相同条件下加工同一种零件,且日产量相同. 设甲、乙一天中加工出的次品件数分别为随机变量 X 和 Y,它们的分布列为

X	0	1	2	3
P	0.2	0.3	0.2	0.3

Y	0	1	2	3
P	0.1	0.5	0.4	0

试从次品的均值与方差两个方面比较一下两人的技术水平.

2. 设盒内有 50 只同种元件,其中有 3 只次品,从中任取 2 只,求其中次品数的数学期望.

3. 设盒内有 50 只同种元件,其中有 3 只次品,从中每次取 1 件,取后放回,连取 2 次,求被取的 2 只中次品数的数学期望.

4. 某人上课迟到的概率是 0.1,用 X 表示他上课 100 次中迟到的次数,求 X 的均值和标准差.

5. 设 $X \sim B(n, p)$,且 $E(X) = 6$,$D(X) = \dfrac{18}{5}$. 求参数 n、p.

6. 设 $X \sim B(10, 0.4)$,求 $E(X^2)$.

7. 设 10 000 张彩票中有 1 个 1 000 元奖,5 个 200 元奖和 100 个 10 元奖.

(1) 求一张彩票的期望金;

(2) 买一张这样的彩票付多少钱是公平的?

8. 甲、乙两个元件是否发生故障是相互独立的,甲、乙发生故障的概率分别是 0.1 和 0.2. 求这两个元件中发生故障的元件数的均值.

B 组

1. 篮球运动员甲投 3 分球命中的概率是 0.3,求甲在 10 次独立投 3 分球中得到分数的期望值.

2. 在 n 把形状相近的钥匙中只有 1 把能打开锁,逐把试开,试过打不开锁的钥匙放到一边去. 设每次取到任何一把钥匙是等可能的,求试开次数的均值.

 阅读

生日相同的概率

一个班上有两个人生日相同,同学们或许会感到惊奇,认为这两个人有"缘分". 下面我们就来计算:在随机选取的 $n(n \leqslant 365)$ 个人中,至少有两人生日相同的概率.

假定一年为 365 天(不考虑闰年),且 n 个人的生日是相互独立的. 设 $A =$ "至少有两人的生日在同一天"(当然,这里仅指月、日相同,与年份无关),则

$A =$ "恰有 2 人的生日在同一天" $\cup$ "恰有 3 人的生日在同一天" $\cup \cdots \cup$
"n 个人的生日在同一天".

显然,事件 A 太复杂,我们考虑它的逆事件

$\overline{A} =$ "n 个人的生日全不相同".

可以这样考虑,n 个人中的第一个人以任意一天为生日的概率为 $\frac{365}{365} = 1$,那么第二个人除一天外,其他任一天都可为他的生日,概率为 $\frac{364}{365}$;第三个人除两天外,其他任一天都可为他的生日,概率为 $\frac{363}{365}$;$\cdots$,依次类推,因此

$$P(\overline{A}) = \frac{365}{365} \times \frac{364}{365} \times \frac{363}{365} \times \cdots \times \frac{365 - n + 1}{365}$$

$$= \frac{A_{365}^{n}}{365^{n}},$$

于是

$$P(A) = 1 - P(\overline{A}) = 1 - \frac{A_{365}^n}{365^n}.$$

由于数值太大,计算 $P(A)$ 还是有一定困难的. 下表中给出了计算的一些结果,在表中用 $P(n)$ 表示随机选取的 n 个人中至少有两人生日相同的概率,请看表:

n	15	20	23	25	30	35	40	45	50	55
$P(n)$	0.25	0.41	0.51	0.57	0.71	0.81	0.89	0.94	0.97	0.99

想不到吧! 当人数为 55 时,至少有两人生日相同的概率就已达到 0.99 了. 看来在一个班上某两人有这种"缘分",是不足为奇的.

尝　试

问题 1　假设一个人出生在各月份是等可能的,试求在同一个宿舍的 6 位同学的生日恰好集中在两个月的概率.

问题 2　(幸福 35 选 7)有一种福利彩票称为"幸福 35 选 7",即从 01, 02, …, 35 中不重复地开出 7 个基本号码和一个特殊号码,中各等奖的规则如下表. 试计算中各等奖的概率.

各等奖	中　奖　规　则
一等奖	7 个基本号码全中
二等奖	中 6 个基本号码和特殊号码
三等奖	中 6 个基本号码
四等奖	中 5 个基本号码和特殊号码
五等奖	中 5 个基本号码
六等奖	中 4 个基本号码和特殊号码
七等奖	中 4 个基本号码,或中 3 个基本号码和特殊号码

复习题十五

A 组

1. 填空题:

(1) 向某目标同时发射 1 号、2 号、3 号三枚导弹,设 A_i = "i 号导弹命中目标"(i = 1、2、3),试描述下列事件的意义:

$A_1 \cup A_2 \cup A_3$: _____;$A_1 A_2 A_3$: _____;$A_1 \bar{A_2} A_3$: _____;

$\overline{A_1 \cup A_2 \cup A_3}$: _____;$\bar{A_1} \cup \bar{A_2} \cup \bar{A_3}$: _____.

(2) 同时掷四枚均匀的硬币,出现 4 个正面的概率是_____;恰好出现 3 个正面的概率是_____.

(3) 同时掷三颗骰子,出现点数之和为 17 的概率为_____;出现点数之和至少为 17 的概率为_____.

(4) 设事件 A、B 相互独立,且 $P(A)$ = 0.4,$P(B)$ = 0.6,则 $P(A \cup B)$ = _____,$P(A \mid A \cup B)$ = _____.

(5) 设 A、B 为事件,且 $P(B)$ = $\dfrac{1}{4}$,$P(AB)$ = $\dfrac{1}{6}$,则 $P(B\bar{A})$ = _____.

(6) 一个盒子内装有 100 只同种元件,次品率为 10%,每次从中抽取 1 只,无放回地连取 2 只,两次都取到正品的概率是_____,第 2 次才取到正品的概率是_____,至少一次取到正品的概率是_____.

(7) 某气象台预报第二天天气的准确率为 85%,那么在 5 次预报中恰有 4 次准确的概率是_____,至少有 4 次准确的概率是_____.

(8) 同时掷两颗骰子,用 X 表示出现的点数之和,则 X 可能取值的集合是_____,$P(X = 6)$ = _____,$P(X \geq 10)$ = _____.

(9) 设随机变量 X 的分布列为

X	0	2	4	6
P	a	$\dfrac{1}{4}$	$\dfrac{5}{12}$	$\dfrac{1}{6}$

则常数 a = _____;X 的均值为 _____,标准差为 _____,$E(X^2)$ = _____.

2. 选择题:

(1) 设 A、B 是任意两个事件,则 $P(A - B)$ = (　　).

(A) $P(A) - P(B)$ 　　　　(B) $P(A) - P(B) + P(AB)$

(C) $P(A) - P(AB)$ 　　　　(D) $P(A) + P(B) - P(AB)$

(2) 设事件 A、B 互斥,且 $P(B) > 0$,则下列式子正确的是( ).

(A) $P(A \mid B) = P(A)$ (B) $P(A \mid B) > 0$

(C) $P(AB) = P(A)P(B)$ (D) $P(A \mid B) = 0$

(3) 在 52 张一副的扑克牌中随机地抽取 4 张,则至少有 1 张为 K 的概率是( ).

(A) $\dfrac{4}{C_{52}^4}$ (B) $1 - \dfrac{C_{48}^4}{C_{52}^4}$ (C) $\dfrac{C_4^1 C_{48}^3}{C_{52}^4}$ (D) $\displaystyle\sum_{i=1}^{4} \dfrac{C_4^i}{C_{52}^4}$

(4) 5 位同学参加英语等级考试,每人通过的概率都是 $\dfrac{3}{5}$,则恰有 3 人通过的概率是

( ).

(A) $\dfrac{3}{5}$ (B) $\left(\dfrac{3}{5}\right)^2$

(C) $10 \cdot \left(\dfrac{3}{5}\right)^3 \cdot \left(\dfrac{2}{5}\right)^2$ (D) $10 \cdot \left(\dfrac{3}{5}\right)^2 \cdot \left(\dfrac{2}{5}\right)^3$

3. 某班有男生 27 人,女生 13 人,现要选 3 名代表参加学院学生代表大会,求 3 名代表中至少有 1 名女生的概率.

4. 一个丈夫和一个妻子从现在起可再活 20 年的概率分别为 0.8 和 0.9,假定二人可再活 20 年是相互独立的.求下列事件的概率:

(1) 两人均再活 20 年;

(2) 二人均活不到 20 年;

(3) 至少有 1 人再活 20 年.

5. 将 3 封信随机地装入 3 个信封,求至少有一封信装正确的概率.

6. 小店的收钱箱内放有 2 张伍角、3 张贰角和 5 张壹角的钱,从中任取 5 张,求总金额超过壹圆的概率.

7. 假设总体上男、女孩的比是 $1:1$,如果一个家庭有两个孩子:

(1) 求两个孩子都是男孩的概率;

(2) 若已知至少有一个是男孩,求两个都是男孩的概率.

8. 一家工厂生产的仪器,可以直接出厂的概率是 0.7,需进一步调试的概率是 0.3,经调试后可以出厂的概率是 0.8,调试后仍不合格的不能出厂.在该厂生产的一批 20 台仪器中,求:

(1) 能直接出厂的仪器数的均值;

(2) 需调试,经调试后能出厂的概率;

(3) 仪器能出厂的概率;

(4) 20 台仪器全部能出厂的概率;

(5) 能出厂的仪器数的均值.

9. 足球队甲获胜的概率是 0.6,输球的概率是 0.3,打平的概率是 0.1. 甲在一周内打了 3 场比赛,设 $A=$"甲至少胜两场,且一场未输":

(1) 写出 A 中的所有基本事件;

(2) 求 $P(A)$.

10. 一盒子内有 5 只正品元件和 3 只次品元件,随机地从中每次取出 1 只,若是次品就将其放在一旁,而放入盒内一只正品,直到取出 1 只正品为止. 求抽取次数 X 的分布列及均值.

B 组

1. 设事件 A、B 满足 $P(AB)=P(\overline{A}\,\overline{B})$,且 $P(A)=p$,则 $P(B)=$ _____.

2. 从 5 双不同号码的鞋中随机取出 4 只,求 4 只中恰有两只配成一双的概率.

3. 甲、乙两人玩掷骰子游戏,两人轮流掷一颗骰子,以先掷出 6 点者为胜,甲先掷,求甲、乙获胜的概率.

4. 甲、乙二人进行乒乓球比赛,每一局甲胜的概率是 0.6,乙胜的概率是 0.4,比赛可采用三局二胜制或五局三胜制. 问采用哪一种赛制甲获胜的概率较大?

第16章 线性代数初步

如果熟悉矩阵代数的技巧,我们就有办法处理规模庞大的联立方程组.

——卡尔文·克劳森

在日常生活、经济管理和工程技术中,经常会遇到和处理一些大型数据表.例如,学生的成绩表及管理,工厂的投入与产出表及分析,大型超市中各类商品的销售与利润表及处理,等等.为了记述和处理的方便,英国数学家凯莱(Arthur Cayley,1821—1895)和西尔维斯特(James Sylvester,1814—1897)发明了矩阵的概念及其相关运算.有了矩阵这一工具,许多棘手问题的解决变得简单.例如,利用矩阵可以简便地求解线性方程组、解决坐标轴的旋转问题、破解电路理论和分子结构等.再如,逆矩阵在情报的加密上有重要应用.如今,矩阵已经成为现代科学技术不可缺少的工具了.

本章将要学习的主要内容有:矩阵的概念及运算、用矩阵的初等行变换求逆矩阵和矩阵的秩、利用矩阵解线性方程组、行列式的概念及计算等.

§16-1 矩阵的概念和运算

⊙矩阵的定义 ⊙单位矩阵及其他特殊矩阵 ⊙矩阵的相等 ⊙转置矩阵
⊙矩阵的加法、减法、数乘 ⊙矩阵乘法

一、矩阵的概念

1. 矩阵的定义

先来看下面的例子.

例 1 调查显示,网上购物已成为年青人的最爱. 表 16-1 是根据易观智库网上零售监测系统统计出的 2019 年 7 月~8 月手机用户使用份额(排名前五位).

表 16-1

品　牌	7 月使用份额(%)	8 月使用份额(%)
苹果	28.72	28.24

品　牌	7 月使用份额(%)	8 月使用份额(%)
OPPO	12. 98	12. 92
华为	10. 08	10. 54
荣耀	7. 26	7. 53
红米	6. 23	6. 12

将表 16 - 1 中我们最关心的数据抽出来,按原来的顺序排列成一个矩形数表,并用圆括号(或方括号)括起来,那么表 16 - 1 就可简记为

$$\begin{bmatrix} 28.72 & 28.24 \\ 12.98 & 12.92 \\ 10.08 & 10.54 \\ 7.26 & 7.53 \\ 6.23 & 6.12 \end{bmatrix}.$$

这样的矩形数表在数学上就称为矩阵.

定义 1　由 $m \times n$ 个数 $a_{ij}(i = 1, 2, \cdots, m; j = 1, 2, \cdots, n)$ 排成的 m 行 n 列的矩形数表

$$\begin{bmatrix} a_{11} & a_{12} & \cdots & a_{1n} \\ a_{21} & a_{22} & \cdots & a_{2n} \\ \vdots & \vdots & \vdots & \vdots \\ a_{m1} & a_{m2} & \cdots & a_{mn} \end{bmatrix}$$

称为 m 行 n 列矩阵,简称 $m \times n$ **矩阵**. 矩阵中的每一个数称为**矩阵的元素**,简称**元**,a_{ij} 表示位于第 i 行第 j 列的**元素**,下标 i 和 j 分别称为**行标**和**列标**.

矩阵通常用大写黑体字母 A、B、C 等来表示. 有时为了表明矩阵的行数与列数,$m \times n$ 矩阵 A 也可记为 $A_{m \times n}$ 或 $(a_{ij})_{m \times n}$.

只有一行的矩阵 $[a_1 \quad a_2 \quad \cdots \quad a_n]$ 称为**行矩阵**,也称为**行向量**.

只有一列的矩阵 $\begin{bmatrix} b_1 \\ b_2 \\ \vdots \\ b_m \end{bmatrix}$ 称为**列矩阵**,也称为**列向量**.

当 $m \times n$ 矩阵的元素全为 0 时, 称为 **零矩阵**, 记为 $\boldsymbol{O}_{m \times n}$ 或 $\boldsymbol{O}$.

2. 方阵

当行数与列数相等时, 矩阵

$$\boldsymbol{A} = \begin{bmatrix} a_{11} & a_{12} & \cdots & a_{1n} \\ a_{21} & a_{22} & \cdots & a_{2n} \\ \vdots & \vdots & \vdots & \vdots \\ a_{n1} & a_{n2} & \cdots & a_{nn} \end{bmatrix}$$

称为 n **阶方阵**, 简记为 $\boldsymbol{A}_n$. 在 n 阶方阵中, 从左上角至右下角的 n 个元素 a_{11}, a_{22}, $\cdots$, a_{nn} 所在的对角线称为 **主对角线**, $a_{ii}(i = 1, 2, \cdots, n)$ 称为 **主对角元素**.

若方阵 $\boldsymbol{A}$ 的主对角线以下(以上)的元素全为零, 则称 $\boldsymbol{A}$ 为 **上三角阵(下三角阵)**. 即

$$\boldsymbol{A} = \begin{bmatrix} a_{11} & a_{12} & \cdots & a_{1n} \\ 0 & a_{22} & \cdots & a_{2n} \\ \vdots & \vdots & \vdots & \vdots \\ 0 & 0 & \cdots & a_{nn} \end{bmatrix} \text{和} \boldsymbol{A} = \begin{bmatrix} a_{11} & 0 & \cdots & 0 \\ a_{21} & a_{22} & \cdots & 0 \\ \vdots & \vdots & \vdots & \vdots \\ a_{n1} & a_{n2} & \cdots & a_{nn} \end{bmatrix}$$

分别为上三角阵和下三角阵.

在方阵 $\boldsymbol{A}$ 中, 若主对角线以外的元素全为 0, 即

$$\boldsymbol{A} = \begin{bmatrix} \lambda_1 & 0 & \cdots & 0 \\ 0 & \lambda_2 & \cdots & 0 \\ \vdots & \vdots & \vdots & \vdots \\ 0 & 0 & \cdots & \lambda_n \end{bmatrix},$$

则称 $\boldsymbol{A}$ 为 **对角阵**.

特别地, 主对角线上的元素都是 1 的对角阵 $\begin{bmatrix} 1 & 0 & \cdots & 0 \\ 0 & 1 & \cdots & 0 \\ \vdots & \vdots & \vdots & \vdots \\ 0 & 0 & \cdots & 1 \end{bmatrix}$ 称为 **单位阵**, 记作 $\boldsymbol{E}$. n

阶单位阵也常记作 $\boldsymbol{E}_n$.

3. 矩阵的相等

若两个矩阵 $\boldsymbol{A}$ 和 $\boldsymbol{B}$ 的行数相同, 列数也相同, 则称它们是 **同型矩阵**

定义 2　设 $\boldsymbol{A}$ 与 $\boldsymbol{B}$ 都是 $m \times n$ 矩阵, 如果它们的对应元素相等, 即

$$a_{ij} = b_{ij}(i = 1, 2, \cdots, m, j = 1, 2, \cdots, n),$$

则称矩阵 $\boldsymbol{A}$ 与 $\boldsymbol{B}$ 相等, 记为 $\boldsymbol{A} = \boldsymbol{B}$.

例2 已知 $A = \begin{bmatrix} 1 & a+1 & b-1 \\ 0 & 1 & 2 \end{bmatrix}$，$B = \begin{bmatrix} 1 & 5 & 3 \\ 0 & 1 & 2c \end{bmatrix}$，且 $A = B$，求 a、b、c.

解 由矩阵相等的定义，可知 $a + 1 = 5$，$b - 1 = 3$，$2c = 2$，所以

$$a = 4,\ b = 4,\ c = 1.$$

4. 转置矩阵

将矩阵

$$A = \begin{bmatrix} a_{11} & a_{12} & \cdots & a_{1n} \\ a_{21} & a_{22} & \cdots & a_{2n} \\ \vdots & \vdots & \vdots & \vdots \\ a_{m1} & a_{m2} & \cdots & a_{mn} \end{bmatrix}$$

的所有行换为同序数的列，这样得到的矩阵称为 **A 的转置矩阵**，记为 A^{T}，即

$$A^{\mathrm{T}} = \begin{bmatrix} a_{11} & a_{21} & \cdots & a_{m1} \\ a_{12} & a_{22} & \cdots & a_{m2} \\ \vdots & \vdots & \vdots & \vdots \\ a_{1n} & a_{2n} & \cdots & a_{mn} \end{bmatrix}.$$

例如，$A = \begin{bmatrix} 8 & -5 & 10 \\ 7 & 6 & 9 \end{bmatrix}$ 的转置矩阵为 $A^{\mathrm{T}} = \begin{bmatrix} 8 & 7 \\ -5 & 6 \\ 10 & 9 \end{bmatrix}$. 可以看出，若 A 是 $m \times n$ 矩阵，则 A^{T} 是 $n \times m$ 矩阵.

练习

1. 设一个农业研究所植物园中某植物的基因类型为 AA，Aa，aa. 该研究所计划采用 *AA* 型的植物与每一种基因型植物相结合的方案培育后代，根据遗传学知识，双亲的基因类型与后代基因类型的概率关系如下表所示.

后代基因类型	父体–母体的基因类型		
	AA – AA	**AA – Aa**	**AA – aa**
AA	1	1/2	0
Aa	0	1/2	1
aa	0	0	0

用矩阵表示双亲的基因类型与后代基因类型的概率关系.

2. 设 $A = \begin{bmatrix} 2x & 1 & 0 \\ 0 & 1 & y \\ 1 & 2 & 3 \end{bmatrix}$，$B = \begin{bmatrix} 4 & 1 & 0 \\ 0 & 1 & 3 \\ 1 & 2 & 3z \end{bmatrix}$，且 $A = B$，求 x、y、z.

二、矩阵的运算

矩阵不仅可以简记含有大量数的数表，还可以通过对矩阵施行一些有意义的运算来进行数据分析和处理.

1. 矩阵的加法、减法、数乘

定义 3 设 A 和 B 是两个 $m \times n$ 矩阵，规定：

（1）矩阵 A 与 B 的和记为 $A+B$，且

$$A + B = (a_{ij} + b_{ij})_{m \times n}.$$

（2）矩阵 A 与 B 的差记为 $A-B$，且

$$A - B = (a_{ij} - b_{ij})_{m \times n}.$$

（2）数 λ 与矩阵 A 的积记为 λA，且

$$\lambda A = (\lambda a_{ij})_{m \times n}.$$

特别地，当 $\lambda = -1$ 时，$(-1)A = (-a_{ij})_{m \times n}$，该矩阵称为 A 的**负矩阵**，记为 $-A$.

上面定义的三种运算，分别称为矩阵的**加法**、**减法**以及**数乘**运算.

例3 设 $A = \begin{bmatrix} 5 & 2 & -3 & 2 \\ 0 & 1 & 5 & -2 \\ 1 & 3 & 1 & -1 \end{bmatrix}$，$B = \begin{bmatrix} 3 & 1 & -1 & 3 \\ 2 & -1 & 3 & 2 \\ 1 & 3 & 2 & 3 \end{bmatrix}$，求：$A + B$，$A - 2B$.

解 $A + B = \begin{bmatrix} 5 & 2 & -3 & 2 \\ 0 & 1 & 5 & -2 \\ 1 & 3 & 1 & -1 \end{bmatrix} + \begin{bmatrix} 3 & 1 & -1 & 3 \\ 2 & -1 & 3 & 2 \\ 1 & 3 & 2 & 3 \end{bmatrix} = \begin{bmatrix} 8 & 3 & -4 & 5 \\ 2 & 0 & 8 & 0 \\ 2 & 6 & 3 & 2 \end{bmatrix}$；

$A - 2B = \begin{bmatrix} 5 & 2 & -3 & 2 \\ 0 & 1 & 5 & -2 \\ 1 & 3 & 1 & -1 \end{bmatrix} - \begin{bmatrix} 6 & 2 & -2 & 6 \\ 4 & -2 & 6 & 4 \\ 2 & 6 & 4 & 6 \end{bmatrix} = \begin{bmatrix} -1 & 0 & -1 & -4 \\ -4 & 3 & -1 & -6 \\ -1 & -3 & -3 & -7 \end{bmatrix}$.

例 4 表 16－2 和表 16－3 分别给出了某班 4 名同学在期中考试和期末考试中三门课程的考试成绩. 在下面两种规定下,分别利用矩阵计算这 4 位同学的总评成绩:

（1）每门课程的总评成绩等于期中成绩与期末成绩之和;

（2）每门课程的总评成绩等于期中成绩的 30% 加上期末成绩的 70%.

表 16－2 （期中考试成绩）

学生 \ 课程	语文	数学	英语
甲	90	80	80
乙	70	90	60
丙	80	80	90
丁	50	60	60

表 16－3 （期末考试成绩）

学生 \ 课程	语文	数学	英语
甲	80	90	70
乙	60	80	70
丙	90	80	80
丁	60	60	70

解 这 4 名学生的期中和期末成绩所对应的矩阵分别记为

$$A = \begin{bmatrix} 90 & 80 & 80 \\ 70 & 90 & 60 \\ 80 & 80 & 90 \\ 50 & 60 & 60 \end{bmatrix}, \quad B = \begin{bmatrix} 80 & 90 & 70 \\ 60 & 80 & 70 \\ 90 & 80 & 80 \\ 60 & 60 & 70 \end{bmatrix}.$$

（1）设这 4 位同学的总评成绩所对应的矩阵为 C,容易知道,

$$C = A + B = \begin{bmatrix} 90+80 & 80+90 & 80+70 \\ 70+60 & 90+80 & 60+70 \\ 80+90 & 80+80 & 90+80 \\ 50+60 & 60+60 & 60+70 \end{bmatrix} = \begin{bmatrix} 170 & 170 & 150 \\ 130 & 170 & 130 \\ 170 & 160 & 170 \\ 110 & 120 & 130 \end{bmatrix}.$$

（2）设这 4 位同学的总评成绩所对应的矩阵为 D.

期中成绩分别乘以 0.3,对应的矩阵为

$$A_1 = 0.3A = \begin{bmatrix} 90 \times 0.3 & 80 \times 0.3 & 80 \times 0.3 \\ 70 \times 0.3 & 90 \times 0.3 & 60 \times 0.3 \\ 80 \times 0.3 & 80 \times 0.3 & 90 \times 0.3 \\ 50 \times 0.3 & 60 \times 0.3 & 60 \times 0.3 \end{bmatrix} = \begin{bmatrix} 27 & 24 & 24 \\ 21 & 27 & 18 \\ 24 & 24 & 27 \\ 15 & 18 & 18 \end{bmatrix};$$

期末成绩分别乘以 0.7,对应的矩阵为

$$B_1 = 0.7B = \begin{bmatrix} 80 \times 0.7 & 90 \times 0.7 & 70 \times 0.7 \\ 60 \times 0.7 & 80 \times 0.7 & 70 \times 0.7 \\ 90 \times 0.7 & 80 \times 0.7 & 80 \times 0.7 \\ 60 \times 0.7 & 60 \times 0.7 & 70 \times 0.7 \end{bmatrix} = \begin{bmatrix} 56 & 63 & 49 \\ 42 & 56 & 49 \\ 63 & 56 & 56 \\ 42 & 42 & 49 \end{bmatrix}.$$

所以总评成绩对应的矩阵为

$$D = A_1 + B_1 = 0.3A + 0.7B = \begin{bmatrix} 83 & 87 & 73 \\ 63 & 83 & 67 \\ 87 & 80 & 83 \\ 57 & 60 & 67 \end{bmatrix}.$$

矩阵的加法、数乘运算满足下列运算律,其中 λ, μ 是数:

(1)交换律 $A + B = B + A$;

(2)结合律 $(A + B) + C = A + (B + C)$,$\lambda(\mu A) = (\lambda\mu)A$;

(3)分配律 $\lambda(A + B) = \lambda A + \lambda B$,$(\mu + \lambda)A = \mu A + \lambda A$.

2. 矩阵乘法

看下面的例子.

例 5 某家电超市 2017 年 1 月、2 月经销的某种品牌彩电、空调、冰箱的销售量(台)及每种商品的单位售价(千元)、单位利润(千元/台)见表 16 - 4 和表 16 - 5.求这两个月这三种商品的销售总额和利润总额,并用矩阵表示.

表 16 - 4

	彩电	空调	冰箱
1 月销售量	250	100	300
2 月销售量	300	150	250

表 16－5

	单位售价	单位利润
彩电	3	0.4
空调	5	0.8
冰箱	4	0.5

解 由题意,两个月这三种商品的销售总额和利润总额如表 16－6 所示.

表 16－6

	销售总额	利润总额
1 月	$250 \times 3 + 100 \times 5 + 300 \times 4 = 2\,450$	$250 \times 0.4 + 100 \times 0.8 + 300 \times 0.5 = 330$
2 月	$300 \times 3 + 150 \times 5 + 250 \times 4 = 2\,650$	$300 \times 0.4 + 150 \times 0.8 + 250 \times 0.5 = 365$

表 16－4、表 16－5 及表 16－6 用矩阵可分别表示为

$$A = \begin{bmatrix} 250 & 100 & 300 \\ 300 & 150 & 250 \end{bmatrix},\ B = \begin{bmatrix} 3 & 0.4 \\ 5 & 0.8 \\ 4 & 0.5 \end{bmatrix},$$

$$C = \begin{bmatrix} 250 \times 3 + 100 \times 5 + 300 \times 4 & 250 \times 0.4 + 100 \times 0.8 + 300 \times 0.5 \\ 300 \times 3 + 150 \times 5 + 250 \times 4 & 300 \times 0.4 + 150 \times 0.8 + 250 \times 0.5 \end{bmatrix}$$

$$= \begin{bmatrix} 2\,450 & 330 \\ 2\,650 & 365 \end{bmatrix}.$$

可以看出,矩阵 C 的元素 $c_{ij}(i = 1, 2; j = 1, 2)$ 是由矩阵 A 的第 i 行上的各元素与矩阵 B 的第 j 列上的各元素对应相乘再相加得到的,即

$$c_{ij} = a_{i1}b_{1j} + a_{i2}b_{2j} + a_{i3}b_{3j}.\ (i = 1、2; j = 1、2)$$

我们称矩阵 C 为矩阵 A 与 B 的乘积,记为 AB.

定义 4 设 $A = (a_{ij})_{m \times s}$,$B = (b_{ij})_{s \times n}$,则称由元素

$$c_{ij} = a_{i1} \cdot b_{1j} + a_{i2} \cdot b_{2j} + \cdots + a_{is} \cdot b_{sj}(i = 1, 2, \cdots, m; j = 1, 2, \cdots, n)$$

所组成的矩阵 $C = (c_{ij})_{m \times n}$ 为矩阵 A 与 B 的**乘积**,记为 AB,即 $AB = C = (c_{ij})_{m \times n}.$

求矩阵乘积的运算称为**矩阵乘法**.

两点说明:

(1) 只有当左边矩阵 A 的列数等于右边矩阵 B 的行数时,AB 才有意义;

（2）在 $AB = C$ 中，C 中的元素 c_{ij} 等于左边矩阵 A 的第 i 行与右边矩阵 B 的第 j 列各元素对应乘积之和，C 的行数与 A 的行数相同，列数与 B 的列数相同.

例 6　设 $A = \begin{bmatrix} 1 & 2 \\ -1 & 4 \\ 3 & -2 \end{bmatrix}$，$B = \begin{bmatrix} 2 & 5 \\ 1 & 2 \end{bmatrix}$，判断 AB、BA 是否有意义，若有意义将其求出.

解　因为 A 是 3×2 矩阵，B 是 2×2 矩阵，所以 AB 有意义，但 BA 无意义.

$$AB = \begin{bmatrix} 1 & 2 \\ -1 & 4 \\ 3 & -2 \end{bmatrix} \begin{bmatrix} 2 & 5 \\ 1 & 2 \end{bmatrix} = \begin{bmatrix} 1 \times 2 + 2 \times 1 & 1 \times 5 + 2 \times 2 \\ (-1) \times 2 + 4 \times 1 & (-1) \times 5 + 4 \times 2 \\ 3 \times 2 + (-2) \times 1 & 3 \times 5 + (-2) \times 2 \end{bmatrix} = \begin{bmatrix} 4 & 9 \\ 2 & 3 \\ 4 & 11 \end{bmatrix}.$$

例 7　设 $A = \begin{bmatrix} 1 & 2 \\ -1 & -2 \end{bmatrix}$，$B = \begin{bmatrix} 6 & -2 \\ -3 & 1 \end{bmatrix}$，求 AB，BA.

解　$AB = \begin{bmatrix} 1 & 2 \\ -1 & -2 \end{bmatrix} \begin{bmatrix} 6 & -2 \\ -3 & 1 \end{bmatrix} = \begin{bmatrix} 0 & 0 \\ 0 & 0 \end{bmatrix}$，

$BA = \begin{bmatrix} 6 & -2 \\ -3 & 1 \end{bmatrix} \begin{bmatrix} 1 & 2 \\ -1 & -2 \end{bmatrix} = \begin{bmatrix} 8 & 16 \\ -4 & -8 \end{bmatrix}.$

从例 6 和例 7 可以看出，**矩阵的乘法不满足交换律**，即一般地，$AB \neq BA$.

例 8　设 $A = \begin{bmatrix} 2 & 0 \\ 5 & 0 \end{bmatrix}$，$B = \begin{bmatrix} 0 & 0 \\ 8 & 6 \end{bmatrix}$，$C = \begin{bmatrix} 0 & 0 \\ -1 & 2 \end{bmatrix}$，求 AB，AC.

解　$AB = \begin{bmatrix} 2 & 0 \\ 5 & 0 \end{bmatrix} \begin{bmatrix} 0 & 0 \\ 8 & 6 \end{bmatrix} = \begin{bmatrix} 0 & 0 \\ 0 & 0 \end{bmatrix}$；$AC = \begin{bmatrix} 2 & 0 \\ 5 & 0 \end{bmatrix} \begin{bmatrix} 0 & 0 \\ -1 & 2 \end{bmatrix} = \begin{bmatrix} 0 & 0 \\ 0 & 0 \end{bmatrix}.$

从例 8 可以看出，两个矩阵都不是零矩阵，但乘积矩阵却可能是零矩阵. 因此，由矩阵 $AB = O$，不能推出矩阵 $A = O$ 或 $B = O$. 另外，从例 8 还可以看出，虽然 $B \neq C$，但是却有 $AB = AC$. 所以，**矩阵的乘法不满足消去律**，即由 $AB = AC$，不能推出 $B = C$.

可以验证，矩阵的乘法满足以下运算律：

（1）结合律　$(AB)C = A(BC)$，$\lambda(AB) = (\lambda A)B = A(\lambda B)$（其中 λ 是数）；

（2）分配律　$A(B + C) = AB + AC$，$(A + B)C = AC + BC$；

（3）$A_{m \times n} E_n = E_m A_{m \times n} = A_{m \times n}$，$A_n E_n = E_n A_n = A_n$.

3. 方阵的幂

> **定义 5**　设 A 是 n 阶方阵，k 是自然数，规定：
>
> $$A^0 = E, A^1 = A, A^2 = A \cdot A, \cdots, A^k = A^{k-1} \cdot A = \underbrace{A \cdot A \cdot \cdots \cdot A}_{k\uparrow},$$
>
> 称 A^k 为方阵 A 的 k 次幂.

由定义 5 可知，$A^k \cdot A^l = A^l \cdot A^k = A^{k+l}$，$(A^k)^l = A^{kl}$（其中 k, l 为非负整数）. 但由于矩阵乘法不满足交换律，一般地，$(AB)^k \neq A^k B^k$.

例 9　设 $A = \begin{bmatrix} 1 & 0 \\ 2 & 1 \end{bmatrix}$，求 A^2, A^3.

解　$A^2 = A \cdot A = \begin{bmatrix} 1 & 0 \\ 2 & 1 \end{bmatrix} \begin{bmatrix} 1 & 0 \\ 2 & 1 \end{bmatrix} = \begin{bmatrix} 1 & 0 \\ 4 & 1 \end{bmatrix}$；

$A^3 = A^2 \cdot A = \begin{bmatrix} 1 & 0 \\ 4 & 1 \end{bmatrix} \begin{bmatrix} 1 & 0 \\ 2 & 1 \end{bmatrix} = \begin{bmatrix} 1 & 0 \\ 6 & 1 \end{bmatrix}$.

练习

1. 设 $A = \begin{bmatrix} 1 & 6 & 4 \\ -4 & 2 & 8 \end{bmatrix}$，$B = \begin{bmatrix} -2 & 0 & 1 \\ 2 & -3 & 4 \end{bmatrix}$，$C = \begin{bmatrix} 1 & 1 & -1 \\ 0 & 1 & 1 \end{bmatrix}$，求：

(1) $\dfrac{1}{2}A$；　(2) $A + B$；　(3) $2A + B$；　(4) $A - B + 2C$.

§16-1　微课视频

2. 表 16-7 给出了在 3 家不同的商店购买 3 种不同糖果的价格.

(1) 写出表中对应的糖果价格矩阵；

(2) 若糖果价格加倍，则糖果价格矩阵是什么？

(3) 若糖果价格下降 50%，则糖果价格矩阵是什么？

表 16-7

糖果　商店	糖果 A	糖果 B	糖果 C
第一商店	25	20	15
第二商店	20	18	20
第三商店	25	30	25

3. 计算：

(1) $\begin{bmatrix} 1 & 2 & 3 \\ -2 & 1 & 2 \end{bmatrix} \begin{bmatrix} 1 & 2 & 0 \\ 0 & 1 & 1 \\ 3 & 0 & 1 \end{bmatrix}$；　(2) $\begin{bmatrix} 1 \\ 1 \\ 2 \end{bmatrix} \begin{bmatrix} 4 & 5 & 6 \end{bmatrix}$；　(3) $\begin{bmatrix} 1 & -1 \\ 1 & -1 \end{bmatrix}^3$.

习题 16－1

A 组

1. 甲、乙、丙三种商品在某三家超市 Ⅰ、Ⅱ、Ⅲ 的销售价格（单位：元），如表 16－8 所示.

   (1) 用矩阵表示三种商品在三家超市的销售价格，并写出其转置矩阵.

   (2) 若三家超市均五折优惠（即三种商品价格均下降 50%），求此时三种商品的销售价格矩阵.

表 16－8

	甲	乙	丙
Ⅰ	10	110	1.5
Ⅱ	11	120	2
Ⅲ	10.5	115	2.2

2. 设 $A = \begin{bmatrix} x+2 & 0 & 3 \\ 0 & 1 & 3 \\ 2z & 2 & 3 \end{bmatrix}$，$B = \begin{bmatrix} 3 & 0 & 3 \\ 0 & 1 & y-1 \\ 4 & 2 & 3 \end{bmatrix}$，并且 $A = B$，求 x、y、z.

3. 设 $A = \begin{bmatrix} 4 & 6 & 10 \\ -2 & 4 & 8 \end{bmatrix}$，$B = \begin{bmatrix} -1 & 2 & 1 \\ 3 & 4 & 1 \end{bmatrix}$，$C = \begin{bmatrix} 1 & 2 & -2 \\ 0 & 3 & 1 \end{bmatrix}$，求：

   (1) $\dfrac{1}{2}A$；　　　　(2) $A+B$；　　　(3) $3A-C$；　　　(4) $B+2C$.

4. 计算：

   (1) $\begin{bmatrix} 2 & 1 \\ 2 & 3 \end{bmatrix} \begin{bmatrix} 3 & -1 \\ -2 & 2 \end{bmatrix}$；　(2) $\begin{bmatrix} -1 & 0 \\ 1 & -1 \end{bmatrix}^3$；　(3) $\begin{bmatrix} 2 & 1 & 4 \\ 5 & 3 & 6 \end{bmatrix} \begin{bmatrix} 1 & 0 & 2 \\ 3 & -1 & 1 \\ 0 & 2 & 3 \end{bmatrix}$；

(4) $\begin{bmatrix} 1 & 2 \\ -1 & 3 \\ 0 & -1 \end{bmatrix} \begin{bmatrix} 0 & 1 \\ 1 & 0 \end{bmatrix}$；　(5) $\begin{bmatrix} 1 & 2 & 3 \end{bmatrix} \begin{bmatrix} 1 \\ 2 \\ 3 \end{bmatrix}$；　(6) $\begin{bmatrix} 1 \\ 0 \\ 2 \end{bmatrix} \begin{bmatrix} 1 & 3 & 5 \end{bmatrix}$.

5. 设 $A = \begin{bmatrix} 1 & 2 & 3 \\ 0 & 1 & 1 \\ 2 & 1 & 4 \end{bmatrix}$，$E = \begin{bmatrix} 1 & 0 & 0 \\ 0 & 1 & 0 \\ 0 & 0 & 1 \end{bmatrix}$，验证 $AE = EA = A$.

6. 写出下面方程组中系数构成的矩阵 A、未知量构成的列矩阵 X 和常数项构成的列矩阵 B，并利用矩阵的乘法及相等的定义，说明 $AX = B$.

$$\begin{cases} 2x_1 + 2x_2 - x_3 = 6, \\ x_1 - 2x_2 + 4x_3 = 3, \\ 5x_1 + 7x_2 + x_3 = 28. \end{cases}$$

B 组

1. 设 $A = \begin{bmatrix} 3 & 7 & 2 \\ 1 & -1 & 4 \end{bmatrix}$，$B = \begin{bmatrix} 1 & 3 & 0 \\ 1 & 1 & 0 \end{bmatrix}$，且 $2X - A = 3B$. 求矩阵 X.

2. 设

$$A = \begin{bmatrix} 1 & 2 & 1 & 2 \\ 2 & 1 & 2 & 1 \\ 1 & 2 & 3 & 4 \end{bmatrix}, \quad B = \begin{bmatrix} 4 & 3 & 2 & 1 \\ -2 & 1 & -2 & 1 \\ 0 & -1 & 0 & -1 \end{bmatrix},$$

求：(1) $3A - B$；(2) A^T；(3) $A^T B$.

3. 某工厂生产产品 A、B、C，各种产品每件所需的生产成本(单位：元)以及四个季度每一种产品的生产件数，分别由表 16-9 与 16-10 给出.

表 16-9

成本 \ 产品	A	B	C
原材料	0.1	0.3	0.15
劳动量	0.3	0.4	0.25
管理费	0.1	0.2	0.15

表 16 - 10

季度 产品	I	II	III	IV
A	4 000	5 000	5 000	4 000
B	2 000	3 000	2 000	2 000
C	6 000	6 000	6 000	6 000

将各个季度所需各类成本用矩阵表示.

§16-2　矩阵的初等行变换　秩和逆矩阵

⊙矩阵的初等行变换　⊙阶梯形矩阵　⊙行标准形　⊙矩阵的秩　⊙逆矩阵

一、矩阵的初等行变换

矩阵的初等行变换在求矩阵的秩和逆矩阵以及解线性方程组中有重要应用. 下面给出矩阵的初等行变换的定义:

定义 1　下面三种变换称为矩阵的**初等行变换**:

(1) **互换变换**: 互换矩阵的两行;

(2) **倍乘变换**: 将矩阵某一行的每一个元素同乘某一非零常数 k;

(3) **倍加变换**: 将矩阵某一行的每一个元素加上另一行对应元素的 k 倍.

为了书写方便, 矩阵的三种初等行变换常用下面符号表示:

(1) 互换第 i 行与第 j 行, 记为 $r_i \leftrightarrow r_j$;

(2) 用非零常数 k 同乘第 i 行上的每一个元素, 记为 $k \cdot r_i$;

(3) 第 i 行的每一个元素加上第 j 行上对应元素的 k 倍, 记为 $r_i + k \cdot r_j$.

若矩阵 B 可由矩阵 A 经过一系列的初等行变换得到, 则称 A 与 B **等价**, 记作 $A \cong B$.

例如, $A = \begin{bmatrix} 1 & 2 & 3 \\ 3 & 4 & 5 \\ 2 & 1 & 1 \end{bmatrix} \xrightarrow{r_2 + (-3)r_1} \begin{bmatrix} 1 & 2 & 3 \\ 0 & -2 & -4 \\ 2 & 1 & 1 \end{bmatrix} = B.$ 所以 $A \cong B.$

二、矩阵的秩

1. 阶梯形矩阵

在矩阵中,元素不全为零的行称为**非零行**,非零行中第一个不等于零的元素称为该非零行的**首非零元**;元素全为零的行称为**零行**.

> **定义 2** 满足下列两个条件的矩阵称为**阶梯形矩阵**:
>
> (1) 零行在非零行的下方或无零行;
>
> (2) 非零行(第一行除外)的首非零元所在列位于前一行首非零元的右侧.
>
> 特别地,每一个非零行的首非零元均为1,且首非零元所在列的其他元素全为零的阶梯形矩阵称为**行标准形**.

例如,下列矩阵均为阶梯形矩阵,其中 D, E, F 为行标准形.

$$A = \begin{bmatrix} 1 & 0 & 2 & 3 \\ 0 & 1 & 2 & 2 \\ 0 & 0 & 1 & 2 \end{bmatrix}, B = \begin{bmatrix} 1 & 1 & 0 & 3 \\ 0 & 0 & 2 & -1 \\ 0 & 0 & 0 & 0 \end{bmatrix}, C = \begin{bmatrix} 0 & 2 & 1 & 0 \\ 0 & 0 & 1 & 3 \\ 0 & 0 & 0 & 0 \end{bmatrix},$$

$$D = \begin{bmatrix} 1 & 0 & 0 \\ 0 & 1 & 0 \\ 0 & 0 & 1 \end{bmatrix}, E = \begin{bmatrix} 1 & 0 & 2 & 1 \\ 0 & 1 & -1 & 2 \\ 0 & 0 & 0 & 0 \end{bmatrix}; F = \begin{bmatrix} 1 & -1 & 0 & 0 & 2 \\ 0 & 0 & 1 & 0 & 6 \\ 0 & 0 & 0 & 1 & -3 \\ 0 & 0 & 0 & 0 & 0 \end{bmatrix}.$$

> **定理** 任一矩阵可通过有限次初等行变换化为阶梯形矩阵和行标准形.

例 1 用初等行变换把矩阵

$$A = \begin{bmatrix} 1 & 1 & 1 & 1 \\ 0 & 1 & -1 & 2 \\ 2 & 4 & 0 & 6 \\ 3 & 4 & 2 & 5 \end{bmatrix}$$

化为阶梯形矩阵和行标准形.

解 $A = \begin{bmatrix} 1 & 1 & 1 & 1 \\ 0 & 1 & -1 & 2 \\ 2 & 4 & 0 & 6 \\ 3 & 4 & 2 & 5 \end{bmatrix} \xrightarrow[r_4 + (-3)r_1]{r_3 + (-2)r_1} \begin{bmatrix} 1 & 1 & 1 & 1 \\ 0 & 1 & -1 & 2 \\ 0 & 2 & -2 & 4 \\ 0 & 1 & -1 & 2 \end{bmatrix} \xrightarrow[r_4 + (-1)r_2]{r_3 + (-2)r_2}$

$$\begin{bmatrix} 1 & 1 & 1 & 1 \\ 0 & 1 & -1 & 2 \\ 0 & 0 & 0 & 0 \\ 0 & 0 & 0 & 0 \end{bmatrix}.$$

这是阶梯形矩阵.

对上面的阶梯形矩阵继续进行初等行变换：

$$\begin{bmatrix} 1 & 1 & 1 & 1 \\ 0 & 1 & -1 & 2 \\ 0 & 0 & 0 & 0 \\ 0 & 0 & 0 & 0 \end{bmatrix} \xrightarrow{r_1 + (-1)r_2} \begin{bmatrix} 1 & 0 & 2 & -1 \\ 0 & 1 & -1 & 2 \\ 0 & 0 & 0 & 0 \\ 0 & 0 & 0 & 0 \end{bmatrix}.$$ 这是行标准形.

2. 矩阵的秩

定义 3 设矩阵 A 经过若干次初等行变换化为阶梯形矩阵 D,则称阶梯形矩阵 D 的非零行的行数为矩阵 A 的**秩**,记作 $r(A)$.

矩阵的秩是矩阵的本质属性,对一个矩阵施行初等行变换不改变它的秩. 因此,如果两个矩阵 A 与 B 等价,则有 $r(A) = r(B)$.

例2 求矩阵 $A = \begin{bmatrix} 1 & 2 & 3 & 4 \\ 1 & -2 & 4 & 5 \\ 1 & 10 & 1 & 2 \end{bmatrix}$ 的秩.

解 $A = \begin{bmatrix} 1 & 2 & 3 & 4 \\ 1 & -2 & 4 & 5 \\ 1 & 10 & 1 & 2 \end{bmatrix} \xrightarrow[r_3 + (-1)r_1]{r_2 + (-1)r_1} \begin{bmatrix} 1 & 2 & 3 & 4 \\ 0 & -4 & 1 & 1 \\ 0 & 8 & -2 & -2 \end{bmatrix} \xrightarrow{r_3 + 2r_2} \begin{bmatrix} 1 & 2 & 3 & 4 \\ 0 & -4 & 1 & 1 \\ 0 & 0 & 0 & 0 \end{bmatrix} = D.$

D 是阶梯形矩阵,所以 $r(A) = 2$.

练习

1. 指出下列矩阵哪些是阶梯形矩阵,哪些是行标准形：

(1) $\begin{bmatrix} 1 & 0 & 0 \\ 0 & 1 & 1 \\ 0 & 0 & 3 \end{bmatrix}$; (2) $\begin{bmatrix} 1 & 1 & 1 \\ 0 & 2 & 2 \\ 0 & 3 & 3 \\ 0 & 0 & 4 \end{bmatrix}$; (3) $\begin{bmatrix} 1 & 5 & 0 \\ 0 & 0 & 1 \\ 0 & 0 & 0 \\ 0 & 0 & 0 \end{bmatrix}$.

2. 求下列矩阵的秩：

$$(1) \begin{bmatrix} 0 & 0 & 1 \\ 0 & 1 & 0 \\ 1 & 0 & 0 \end{bmatrix}; \quad (2) \begin{bmatrix} 1 & 3 \\ 2 & 3 \\ -1 & -3 \end{bmatrix}; \quad (3) \begin{bmatrix} 1 & 1 & 1 \\ 0 & 1 & 1 \\ 0 & 3 & 3 \\ 0 & 0 & 2 \end{bmatrix}.$$

三、逆矩阵

1. 逆矩阵

看下面的例子.

设 $A = \begin{bmatrix} 1 & 2 \\ 1 & 3 \end{bmatrix}$, $B = \begin{bmatrix} 3 & -2 \\ -1 & 1 \end{bmatrix}$,则有

$$AB = BA = \begin{bmatrix} 1 & 0 \\ 0 & 1 \end{bmatrix} = E.$$

这时,称 A 是可逆的,B 是它的逆矩阵.

> **定义 4** 设 A 为 n 阶方阵,如果存在一个 n 阶方阵 B,使得
>
> $$AB = BA = E,$$
>
> 则称 A **是可逆的**,称 B 是 A 的**逆矩阵**,记为 A^{-1},即 $A^{-1} = B$.

由定义可知,如果 B 是 A 的逆矩阵,那么 A 也是 B 的逆矩阵,即 A、B 互为逆矩阵. 设方阵 A 可逆,则 $AB = BA = E$,又可写成

$$AA^{-1} = A^{-1}A = E.$$

利用定义可以证明逆矩阵有下列性质:

> (1) 若 A 可逆,则 A 的逆矩阵是唯一的;
> (2) 若 A 可逆,则 A^{-1} 也可逆,且 $(A^{-1})^{-1} = A$;
> (3) 若 A,B 均为 n 阶可逆方阵,则 $(AB)^{-1} = B^{-1}A^{-1}$.

2. 用初等行变换求逆矩阵

设 A 为 n 阶方阵,如果 $r(A) = n$,则称 A 为**满秩矩阵**. 可以证明,**方阵 A 有逆矩阵的充分必要条件是 A 为满秩矩阵**. 若 A 有逆矩阵,则称 A 是**非奇异的**,否则,称 A 是**奇异的**. 下面说明用初等行变换求逆矩阵的方法.

用初等行变换求 n 阶可逆方阵 $\boldsymbol{A}$ 的逆矩阵的步骤如下:

(1) 构造一个新的 $n \times 2n$ 矩阵 $(\boldsymbol{A} \vdots \boldsymbol{E})$,该矩阵的左边是 $\boldsymbol{A}$ 的元素,右边是单位阵 $\boldsymbol{E}$ 的元素;

(2) 对矩阵 $(\boldsymbol{A} \vdots \boldsymbol{E})$ 作初等行变换,直到将 $(\boldsymbol{A} \vdots \boldsymbol{E}) \rightarrow (\boldsymbol{E} \vdots \boldsymbol{B})$,则 $\boldsymbol{B}$ 即为 $\boldsymbol{A}^{-1}$.

例 3 试判断矩阵 $\boldsymbol{A} = \begin{bmatrix} 1 & 2 & 3 \\ 2 & 1 & 2 \\ 1 & 3 & 4 \end{bmatrix}$ 是否有逆矩阵,若有将其求出.

解 因为 $\boldsymbol{A} = \begin{bmatrix} 1 & 2 & 3 \\ 2 & 1 & 2 \\ 1 & 3 & 4 \end{bmatrix} \rightarrow \begin{bmatrix} 1 & 2 & 3 \\ 0 & -3 & -4 \\ 0 & 1 & 1 \end{bmatrix} \rightarrow \begin{bmatrix} 1 & 2 & 3 \\ 0 & 1 & 1 \\ 0 & 0 & -1 \end{bmatrix}$,所以 $r(\boldsymbol{A}) = 3$,$\boldsymbol{A}$ 有逆

矩阵.

$$(\boldsymbol{A} \vdots \boldsymbol{E}) = \begin{bmatrix} 1 & 2 & 3 & 1 & 0 & 0 \\ 2 & 1 & 2 & 0 & 1 & 0 \\ 1 & 3 & 4 & 0 & 0 & 1 \end{bmatrix} \xrightarrow[r_3 + (-1)r_1]{r_2 + (-2)r_1} \begin{bmatrix} 1 & 2 & 3 & 1 & 0 & 0 \\ 0 & -3 & -4 & -2 & 1 & 0 \\ 0 & 1 & 1 & -1 & 0 & 1 \end{bmatrix} \xrightarrow{r_2 \leftrightarrow r_3}$$

$$\begin{bmatrix} 1 & 2 & 3 & 1 & 0 & 0 \\ 0 & 1 & 1 & -1 & 0 & 1 \\ 0 & -3 & -4 & -2 & 1 & 0 \end{bmatrix} \xrightarrow{r_3 + 3r_2} \begin{bmatrix} 1 & 2 & 3 & 1 & 0 & 0 \\ 0 & 1 & 1 & -1 & 0 & 1 \\ 0 & 0 & -1 & -5 & 1 & 3 \end{bmatrix} \xrightarrow{(-1)r_3}$$

$$\begin{bmatrix} 1 & 2 & 3 & 1 & 0 & 0 \\ 0 & 1 & 1 & -1 & 0 & 1 \\ 0 & 0 & 1 & 5 & -1 & -3 \end{bmatrix} \xrightarrow[r_1 + (-3)r_3]{r_2 + (-1)r_3} \begin{bmatrix} 1 & 2 & 0 & -14 & 3 & 9 \\ 0 & 1 & 0 & -6 & 1 & 4 \\ 0 & 0 & 1 & 5 & -1 & -3 \end{bmatrix} \xrightarrow{r_1 + (-2)r_2}$$

$$\begin{bmatrix} 1 & 0 & 0 & -2 & 1 & 1 \\ 0 & 1 & 0 & -6 & 1 & 4 \\ 0 & 0 & 1 & 5 & -1 & -3 \end{bmatrix}.$$ 于是,$\boldsymbol{A}^{-1} = \begin{bmatrix} -2 & 1 & 1 \\ -6 & 1 & 4 \\ 5 & -1 & -3 \end{bmatrix}$.

下面来看一个用逆矩阵解线性方程组的例子.

例 4 解线性方程组 $\begin{cases} x_1 + 2x_2 + 3x_3 = 1, \\ 2x_1 + x_2 + 2x_3 = 3, \\ x_1 + 3x_2 + 4x_3 = 2. \end{cases}$

解 设 $\boldsymbol{A} = \begin{bmatrix} 1 & 2 & 3 \\ 2 & 1 & 2 \\ 1 & 3 & 4 \end{bmatrix}$,$\boldsymbol{X} = \begin{bmatrix} x_1 \\ x_2 \\ x_3 \end{bmatrix}$,$\boldsymbol{B} = \begin{bmatrix} 1 \\ 3 \\ 2 \end{bmatrix}$,则由矩阵的乘法和相等可知,原线性方程

组可表示为 $\boldsymbol{AX} = \boldsymbol{B}$.

由本节例 3 可知, A 有逆矩阵,且 $A^{-1} = \begin{bmatrix} -2 & 1 & 1 \\ -6 & 1 & 4 \\ 5 & -1 & -3 \end{bmatrix}$.

在 $AX = B$ 两端同时左乘 A^{-1},得

$$A^{-1}(AX) = A^{-1}B, \; E(X) = A^{-1}B, \text{即 } X = A^{-1}B.$$

把 A^{-1}, B 代入,得

$$X = \begin{bmatrix} x_1 \\ x_2 \\ x_3 \end{bmatrix} = A^{-1}B = \begin{bmatrix} -2 & 1 & 1 \\ -6 & 1 & 4 \\ 5 & -1 & -3 \end{bmatrix} \begin{bmatrix} 1 \\ 3 \\ 2 \end{bmatrix} = \begin{bmatrix} 3 \\ 5 \\ -4 \end{bmatrix}.$$

即原方程组的解为 $x_1 = 3$, $x_2 = 5$, $x_3 = -4$.

练习

1. 判断下列矩阵是否有逆矩阵,若有,将其求出:

$(1) \begin{bmatrix} 1 & 3 \\ 2 & 5 \end{bmatrix}$; $\quad (2) \begin{bmatrix} 1 & 1 & -1 \\ 0 & 1 & 2 \\ 0 & 0 & 1 \end{bmatrix}$; $\quad (3) \begin{bmatrix} 1 & 1 & 2 \\ 2 & 2 & 4 \\ 1 & 3 & 5 \end{bmatrix}$.

§16-2　微课视频

2. 用逆矩阵法求解线性方程组:

$$\begin{cases} x_1 - 3x_2 = 3, \\ 3x_1 - 8x_2 = 1. \end{cases}$$

习题 16-2

A 组

1. 求出下列矩阵的秩,并将它们化为行标准形:

$(1) \begin{bmatrix} -1 & 1 & 2 \\ 3 & 1 & 1 \end{bmatrix}$; $\quad (2) \begin{bmatrix} -1 & 2 & 3 \\ 0 & 1 & -1 \\ -2 & 1 & 4 \end{bmatrix}$; $\quad (3) \begin{bmatrix} 2 & 1 \\ 1 & -1 \\ -1 & 2 \end{bmatrix}$;

$(4) \begin{bmatrix} 2 & 2 & -4 & 6 \\ 3 & 1 & 2 & 5 \\ 1 & 3 & -6 & 7 \end{bmatrix}$; $\quad (5) \begin{bmatrix} 1 & 1 & 0 \\ -3 & -1 & 2 \\ 1 & 1 & -1 \\ 3 & 0 & 4 \end{bmatrix}$; $\quad (6) \begin{bmatrix} 2 & 3 & 1 & -1 & 0 \\ 0 & 2 & 2 & 2 & 0 \\ 0 & -1 & -1 & 1 & 1 \\ 1 & 3 & 2 & 2 & -1 \end{bmatrix}$.

2. 判断下列方阵是否有逆矩阵,若有,将其求出:

(1) $\begin{bmatrix} 1 & 1 \\ -3 & -2 \end{bmatrix}$; (2) $\begin{bmatrix} 3 & 6 \\ -1 & 1 \end{bmatrix}$; (3) $\begin{bmatrix} 1 & 0 & 0 \\ 1 & 2 & 0 \\ 1 & 2 & 3 \end{bmatrix}$;

(4) $\begin{bmatrix} 1 & 2 & 3 \\ 2 & 4 & 6 \\ 1 & -1 & 2 \end{bmatrix}$; (5) $\begin{bmatrix} 1 & -3 & 2 \\ -3 & 0 & 1 \\ 1 & 1 & -1 \end{bmatrix}$; (6) $\begin{bmatrix} 2 & 0 & 0 & 0 \\ 0 & 2 & 0 & 0 \\ 0 & 0 & 2 & 0 \\ 0 & 0 & 0 & 2 \end{bmatrix}$.

3. 用逆矩阵法求解下列方程组:

(1) $\begin{cases} x_1 - 2x_2 = 2, \\ 3x_1 - 4x_2 = 4; \end{cases}$ (2) $\begin{cases} x_1 - x_2 = 2, \\ 5x_1 - 4x_2 + x_3 = -1, \\ 3x_1 - 2x_2 + 2x_3 = 1. \end{cases}$

B 组

1. 设 $A = \begin{bmatrix} 1 & 0 & 1 \\ -1 & 2 & 3 \\ 2 & 1 & 1 \end{bmatrix}$, $B = \begin{bmatrix} 1 & 0 & 0 & 2 \\ 0 & -2 & 0 & 1 \\ -1 & -1 & 2 & 1 \end{bmatrix}$,求 $r(AB)$.

2. 设 $A = \begin{bmatrix} \sin\alpha & \cos\alpha \\ -\cos\alpha & \sin\alpha \end{bmatrix}$, $B = \begin{bmatrix} \sin\alpha & -\cos\alpha \\ \cos\alpha & \sin\alpha \end{bmatrix}$,证明 A、B 互为逆矩阵.

3. 某厂计划生产 A、B、C 三种产品,每种产品所需资源如表 16-11 所示,且已知现有资源量为钢材 210 吨、铜材 390 吨、燃料 350 吨. 设三种产品 A、B、C 生产的数量分别为 x_1、x_2、x_3(单位:吨). 为使现有资源恰好用完,试写出三种产品的生产数量 x_1、x_2、x_3 应满足的方程组,并利用逆矩阵求出方程组的解.

表 16-11

资源 \ 产品	A	B	C
钢材	1	2	0
铜材	2	1	3
燃料	1	2	2

§16-3　利用矩阵解线性方程组

⊙关于线性方程组解的定理　⊙利用矩阵解线性方程组的方法

线性方程组无论在理论上还是在实际中都有重要应用,本节将给出关于线性方组解的一些结论以及利用矩阵解线性方程组的方法.

令 $A = \begin{bmatrix} a_{11} & a_{12} & \cdots & a_{1n} \\ a_{21} & a_{22} & \cdots & a_{2n} \\ \vdots & \vdots & \vdots & \vdots \\ a_{m1} & a_{m2} & \cdots & a_{mn} \end{bmatrix}$, $X = \begin{bmatrix} x_1 \\ x_2 \\ \vdots \\ x_n \end{bmatrix}$, $B = \begin{bmatrix} b_1 \\ b_2 \\ \vdots \\ b_m \end{bmatrix}$, 则线性方程组

$$\begin{cases} a_{11}x_1 + a_{12}x_2 + \cdots + a_{1n}x_n = b_1, \\ a_{21}x_1 + a_{22}x_2 + \cdots + a_{2n}x_n = b_2, \\ \cdots \quad \cdots \quad \cdots \quad \cdots \\ a_{m1}x_1 + a_{m2}x_2 + \cdots + a_{mn}x_n = b_m \end{cases} \quad (16-1)$$

用矩阵可表示为 $AX = B$. 矩阵 A、X 和 B 分别称为方程组(16-1)的**系数矩阵**、**未知量矩阵**和**常数项矩阵**. 矩阵

$$(A \vdots B) = \begin{bmatrix} a_{11} & a_{12} & \cdots & a_{1n} & b_1 \\ a_{21} & a_{22} & \cdots & a_{2n} & b_2 \\ \vdots & \vdots & \vdots & \vdots & \vdots \\ a_{m1} & a_{m2} & \cdots & a_{mn} & b_m \end{bmatrix},$$

称为方程组(16-1)的**增广矩阵**. 可以看出,线性方程组(16-1)与增广矩阵 $(A \vdots B)$ 是一一对应的,方程组(16-1)的解由 $(A \vdots B)$ 确定.

特别地,在方程组(16-1)中,当 $b_1 = b_2 = \cdots = b_m = 0$ 时,有

$$\begin{cases} a_{11}x_1 + a_{12}x_2 + \cdots + a_{1n}x_n = 0, \\ a_{21}x_1 + a_{22}x_2 + \cdots + a_{2n}x_n = 0, \\ \cdots \quad \cdots \quad \cdots \quad \cdots \\ a_{m1}x_1 + a_{m2}x_2 + \cdots + a_{mn}x_n = 0. \end{cases} \quad (16-2)$$

方程组(16-2)称为**齐次线性方程组**. 可以看出,方程组(16-2)完全由系数矩阵 A 确定,因此它的解也完全由 A 来确定.

在中学,用消元法解线性方程组(16-1)时,经常进行以下三种同解变形:

(1) 互换两个方程的位置;

(2) 将一个方程的两端同乘一个非零常数 k;

(3) 将一个方程的两端同乘非零常数 k 后与另一个方程相加.

从矩阵的角度来看,这三种变形相当于对方程组(16-1)的增广矩阵$(A \vdots B)$进行初等行变换. 于是,下面的定理1成立.

定理1 若对线性方程组(16-1)的增广矩阵$(A \vdots B)$进行若干次初等行变换后得到阶梯形矩阵$(U \vdots V)$,则方程组$AX = B$与$UX = V$同解.

关于方程组(16-1)的解,有下面的定理.

定理2 设n是方程组(16-1)中未知量的个数,则
(1) 当$r(A \vdots B) \neq r(A)$时,方程组(16-1)无解;
(2) 当$r(A \vdots B) = r(A) = n$时,方程组(16-1)有唯一解;
(3) 当$r(A \vdots B) = r(A) < n$时,方程组(16-1)有无穷多解.

特别地,对于方程组(16-2)的解,有下面的结论成立.

定理3 设n是方程组(16-2)中未知量的个数,则
(1) 当$r(A) = n$时,方程组(16-2)有唯一解,此解就是$x_1 = x_2 = \cdots = x_n = 0$,又称为零解;
(2) 当$r(A) < n$时,方程组(16-2)有无穷多解,这时方程组有非零解.

由定理2可知,方程组(16-1)有解的充要条件是:$r(A \vdots B) = r(A)$.

根据定理1和定理2,解线性方程组(16-1)可以按下面的步骤进行:

(1) 写出增广矩阵$(A \vdots B)$,并进行初等行变换,将它化为阶梯形矩阵,考察$r(A)$与$r(A \vdots B)$是否相等,从而判定方程组是否有解;

(2) 当方程组(16-1)有解时,将阶梯形矩阵进一步化为行标准形$(U \vdots V)$,并解出$(U \vdots V)$对应的线性方程组$UX = V$的解,它就是原方程组(16-1)的解.

对于齐次线性方程组(16-2),只需对它的系数矩阵A施行初等行变换,将其化为行标准形,并解其对应的方程组即可得原方程组的解.

例1 解线性方程组$\begin{cases} x_1 - 2x_2 + 2x_3 = -1, \\ 2x_1 + 4x_2 = 10, \\ x_1 - x_2 - 5x_3 = 7. \end{cases}$

解 $(A \vdots B) = \begin{bmatrix} 1 & -2 & 2 & \vdots & -1 \\ 2 & 4 & 0 & \vdots & 10 \\ 1 & -1 & -5 & \vdots & 7 \end{bmatrix} \xrightarrow[r_3 + (-1)r_1]{r_2 + (-2)r_1} \begin{bmatrix} 1 & -2 & 2 & \vdots & -1 \\ 0 & 8 & -4 & \vdots & 12 \\ 0 & 1 & -7 & \vdots & 8 \end{bmatrix} \xrightarrow{r_2 \leftrightarrow r_3}$

$$\begin{bmatrix} 1 & -2 & 2 & \vdots & -1 \\ 0 & 1 & -7 & \vdots & 8 \\ 0 & 8 & -4 & \vdots & 12 \end{bmatrix} \xrightarrow{r_3 + (-8)r_2} \begin{bmatrix} 1 & -2 & 2 & \vdots & -1 \\ 0 & 1 & -7 & \vdots & 8 \\ 0 & 0 & 52 & \vdots & -52 \end{bmatrix}.$$

因为 $r(A \vdots B) = r(A) = 3$，所以方程组有唯一解. 继续对上面的阶梯形矩阵进行初等行变换，把它化为行标准形：

$$\begin{bmatrix} 1 & -2 & 2 & \vdots & -1 \\ 0 & 1 & -7 & \vdots & 8 \\ 0 & 0 & 52 & \vdots & -52 \end{bmatrix} \xrightarrow{\frac{1}{52}r_3} \begin{bmatrix} 1 & -2 & 2 & \vdots & -1 \\ 0 & 1 & -7 & \vdots & 8 \\ 0 & 0 & 1 & \vdots & -1 \end{bmatrix} \xrightarrow[r_1 + (-2)r_3]{r_2 + 7r_3}$$

$$\begin{bmatrix} 1 & -2 & 0 & \vdots & 1 \\ 0 & 1 & 0 & \vdots & 1 \\ 0 & 0 & 1 & \vdots & -1 \end{bmatrix} \xrightarrow{r_1 + 2r_2} \begin{bmatrix} 1 & 0 & 0 & \vdots & 3 \\ 0 & 1 & 0 & \vdots & 1 \\ 0 & 0 & 1 & \vdots & -1 \end{bmatrix}.$$

这个行标准形所对应的方程组为 $\begin{cases} x_1 = 3, \\ x_2 = 1, \\ x_3 = -1. \end{cases}$ 这就是原方程组的解.

例2 解线性方程组 $\begin{cases} 3x_1 - 2x_2 + 5x_3 + 4x_4 = 2, \\ 6x_1 - 7x_2 + 4x_3 + 3x_4 = 3, \\ 9x_1 - 9x_2 + 9x_3 + 7x_4 = -1. \end{cases}$

解 $(A \vdots B) = \begin{bmatrix} 3 & -2 & 5 & 4 & \vdots & 2 \\ 6 & -7 & 4 & 3 & \vdots & 3 \\ 9 & -9 & 9 & 7 & \vdots & -1 \end{bmatrix} \longrightarrow \begin{bmatrix} 3 & -2 & 5 & 4 & \vdots & 2 \\ 0 & -3 & -6 & -5 & \vdots & -1 \\ 0 & 0 & 0 & 0 & \vdots & -6 \end{bmatrix}.$

$r(A \vdots B) = 3$，$r(A) = 2$. 因为 $r(A \vdots B) \neq r(A)$，所以方程组无解. 这个结论也可以从初等行变换后所得阶梯形矩阵对应的方程组

$$\begin{cases} 3x_1 - 2x_2 + 5x_3 + 4x_4 = 2, \\ \quad\quad -3x_2 - 6x_3 - 5x_4 = -1, \\ \quad\quad\quad\quad\quad\quad\quad\quad 0 = -6 \end{cases}$$

中看出，由于第 3 个方程是矛盾的，因此方程组无解.

例3 解线性方程组：

$$\begin{cases} x_1 + 5x_2 - x_3 - x_4 = -1, \\ x_1 + 3x_2 + x_3 + 3x_4 = 3, \\ 3x_1 + 13x_2 - x_3 + x_4 = 1, \\ x_1 + x_2 + 3x_3 + 7x_4 = 7. \end{cases}$$

解 $(\boldsymbol{A} \vdots \boldsymbol{B}) = \begin{bmatrix} 1 & 5 & -1 & -1 & \vdots & -1 \\ 1 & 3 & 1 & 3 & \vdots & 3 \\ 3 & 13 & -1 & 1 & \vdots & 1 \\ 1 & 1 & 3 & 7 & \vdots & 7 \end{bmatrix} \begin{array}{l} r_2 + (-1)r_1 \\ r_3 + (-3)r_1 \\ r_4 + (-1)r_1 \end{array} \longrightarrow$

$\begin{bmatrix} 1 & 5 & -1 & -1 & \vdots & -1 \\ 0 & -2 & 2 & 4 & \vdots & 4 \\ 0 & -2 & 2 & 4 & \vdots & 4 \\ 0 & -4 & 4 & 8 & \vdots & 8 \end{bmatrix} \xrightarrow{\left(-\frac{1}{2}\right)r_2} \begin{bmatrix} 1 & 5 & -1 & -1 & \vdots & -1 \\ 0 & 1 & -1 & -2 & \vdots & -2 \\ 0 & -2 & 2 & 4 & \vdots & 4 \\ 0 & -4 & 4 & 8 & \vdots & 8 \end{bmatrix} \begin{array}{l} r_3 + 2r_2 \\ r_4 + 4r_2 \end{array} \longrightarrow$

$\begin{bmatrix} 1 & 5 & -1 & -1 & \vdots & -1 \\ 0 & 1 & -1 & -2 & \vdots & -2 \\ 0 & 0 & 0 & 0 & \vdots & 0 \\ 0 & 0 & 0 & 0 & \vdots & 0 \end{bmatrix} \xrightarrow{r_1 + (-5)r_2} \begin{bmatrix} 1 & 0 & 4 & 9 & \vdots & 9 \\ 0 & 1 & -1 & -2 & \vdots & -2 \\ 0 & 0 & 0 & 0 & \vdots & 0 \\ 0 & 0 & 0 & 0 & \vdots & 0 \end{bmatrix}.$

行标准形对应的线性方程组为

$$\begin{cases} x_1 & +4x_3+9x_4 = 9, \\ & x_2 - x_3 - 2x_4 = -2. \end{cases}$$

在这个方程组中有 4 个未知量,两个方程,因此有两个变量可以自由取值. x_1、x_2 为行标准形非零行的首非零元所对应的未知量,把它们作为**基变量**,而 x_3、x_4 作为**自由变量**. 不妨令 $x_3 = k_1$,$x_4 = k_2$. 则方程组的解可表示为

$$\begin{cases} x_1 = 9 - 4k_1 - 9k_2, \\ x_2 = -2 + k_1 + 2k_2, \\ x_3 = k_1, \\ x_4 = k_2. \end{cases} \text{(其中 } k_1 \text{、} k_2 \text{ 为任意常数)}$$

这样的解又称为方程组的**一般解**.

一般地,当含有 n 个未知数的线性方程组有无穷多解时,通常把行标准形中各非零行的首非零元所对应的变量作为基变量,其余 $n - r(\boldsymbol{A})$ 个变量作为自由变量.

例 4 解线性方程组

$$\begin{cases} x_1 + x_2 - 3x_3 - x_4 = 0, \\ 3x_1 + x_2 - 3x_3 + 3x_4 = 0, \\ x_1 + 3x_2 - 9x_3 - 7x_4 = 0. \end{cases}$$

解 $A = \begin{bmatrix} 1 & 1 & -3 & -1 \\ 3 & 1 & -3 & 3 \\ 1 & 3 & -9 & -7 \end{bmatrix} \xrightarrow[r_3+(-1)r_1]{r_2+(-3)r_1} \begin{bmatrix} 1 & 1 & -3 & -1 \\ 0 & -2 & 6 & 6 \\ 0 & 2 & -6 & -6 \end{bmatrix} \xrightarrow{(-\frac{1}{2})r_2}$

$\begin{bmatrix} 1 & 1 & -3 & -1 \\ 0 & 1 & -3 & -3 \\ 0 & 2 & -6 & -6 \end{bmatrix} \xrightarrow{r_3+(-2)r_2} \begin{bmatrix} 1 & 1 & -3 & -1 \\ 0 & 1 & -3 & -3 \\ 0 & 0 & 0 & 0 \end{bmatrix} \xrightarrow{r_1+(-1)r_2} \begin{bmatrix} 1 & 0 & 0 & 2 \\ 0 & 1 & -3 & -3 \\ 0 & 0 & 0 & 0 \end{bmatrix},$

由于 $r(A) = 2 < 4$(未知量的个数),方程组有无穷多解.

解行标准形对应的方程组

$$\begin{cases} x_1 & +2x_4 = 0, \\ x_2 - 3x_3 - 3x_4 = 0, \end{cases}$$

得 $x_1 = -2k_2$;$x_2 = 3k_1 + 3k_2$;$x_3 = k_1$;$x_4 = k_2$(其中 k_1、k_2 为任意常数).

练习

解下列线性方程组:

(1) $\begin{cases} x_1 - x_2 + x_3 = 7, \\ -x_1 + 5x_2 + 3x_3 = 1, \\ 2x_1 - 3x_2 + 2x_3 = 0; \end{cases}$
(2) $\begin{cases} -x_1 - x_2 + x_3 = 2, \\ 2x_1 + 2x_2 - 4x_3 = -4, \\ x_1 - 2x_2 - 4x_3 = 4; \end{cases}$

(3) $\begin{cases} x_1 - 2x_2 + x_3 + x_4 = 1, \\ 2x_1 - 4x_3 + 2x_3 - 2x_4 = -2, \\ x_1 - 2x_2 + x_3 - 5x_4 = 5; \end{cases}$
(4) $\begin{cases} x_1 - x_2 + 4x_3 - 2x_4 = 0, \\ x_1 - x_2 - x_3 + 3x_4 = 0, \\ x_1 - 3x_2 - 12x_3 + 6x_4 = 0. \end{cases}$

§16-3 微课视频

解练习题
微课视频

习题 16-3

A 组

1. 解下列线性方程组:

(1) $\begin{cases} x_1 + x_2 + x_3 = 3, \\ 2x_1 - x_2 + 5x_3 = 6, \\ 3x_1 + x_2 - 2x_3 = 2; \end{cases}$
(2) $\begin{cases} -x_1 + 2x_2 - x_3 + 3x_4 = 3, \\ x_1 - 2x_3 + x_3 - x_4 = -1, \\ 2x_1 - 4x_2 + 2x_3 - 6x_4 = 4; \end{cases}$

$$(3)\begin{cases} x_1+3x_2+2x_3=-1, \\ 2x_1+3x_2+x_3=-2, \\ -2x_1+2x_2-3x_3=9; \end{cases}$$

$$(4)\begin{cases} x_1+4x_2+x_4=1, \\ -2x_2+2x_3+4x_4=4, \\ x_1+5x_2-x_3-x_4=-1, \\ 2x_1+10x_2-2x_3-2x_4=-2; \end{cases}$$

$$(5)\begin{cases} x_1-x_2+2x_3=0, \\ x_1-x_3=0, \\ x_1-2x_2+5x_3=0, \\ -x_1-2x_2+7x_3=0; \end{cases}$$

$$(6)\begin{cases} x_1-x_2-x_3+3x_4=0, \\ 2x_1-2x_2+3x_3+x_4=0, \\ -2x_2-11x_3+3x_4=0. \end{cases}$$

2. 某公司有三个炼油厂,每个炼油厂都生产三种石油产品:燃料油、柴油和汽油.从 1 桶(1 桶为 31.5 加仑)原油中,每个厂生产出三种石油产品的数量(单位:加仑)如下表所示.

	第一厂	第二厂	第三厂
燃料油	10	15	5
柴油	8	16	4
汽油	5	10	5

　　设该公司收到订单需求为燃料油 750 万加仑,柴油 680 万加仑,汽油 450 万加仑.问:三个厂分别加工多少原油,可使生产的产品恰好满足订单需求?

B 组

1. 设含有参数 λ 的线性方程组为

$$\begin{cases} x_1-x_2+x_3=0, \\ x_1+2x_3=-2, \\ 3x_1-2x_2+\lambda x_3=3, \end{cases}$$

λ 取何值时,方程组:(1)无解?(2)有唯一解? 并求出此解.

2. 某工厂生产甲、已两种产品,每单位产品所需要消耗原材料 A、B、C 的数量及该厂现有原材料总量由下表给出.问:两种产品的生产量分别为多少时,三种原材料均恰好用完?

	甲	乙	原材料总量
A	1	2	8
B	5	2	24
C	1	8	20

§16−4 行列式

⊙二阶行列式、n 阶行列式   ⊙行列式的性质   ⊙克莱姆法则

行列式是研究矩阵的重要工具,本节将简要介绍行列式的概念、性质等基本知识.

一、行列式

1. 二阶行列式的定义

用消元法可以推出,当 $a_{11}a_{22} - a_{21}a_{12} \neq 0$ 时,线性方程组

$$\begin{cases} a_{11}x_1 + a_{12}x_2 = b_1, \\ a_{21}x_1 + a_{22}x_2 = b_2 \end{cases} \tag{16-3}$$

的解为

$$\begin{cases} x_1 = \dfrac{b_1 a_{22} - b_2 a_{12}}{a_{11}a_{22} - a_{12}a_{21}}, \\ x_2 = \dfrac{a_{11}b_2 - a_{21}b_1}{a_{11}a_{22} - a_{12}a_{21}}. \end{cases}$$

为了便于记忆上述公式,下面引入二阶行列式的定义.

定义1 由 2^2 个数 $a_{ij}(i,j = 1,2)$ 组成的记号 $\begin{vmatrix} a_{11} & a_{12} \\ a_{21} & a_{22} \end{vmatrix}$ 称为**二阶行列式**,其

中横排称为**行**,竖排称为**列**,$a_{ij}(i,j = 1,2)$ 称为第 i 行第 j 列的**元素**.并且规定:

$$\begin{vmatrix} a_{11} & a_{12} \\ a_{21} & a_{22} \end{vmatrix} = a_{11}a_{22} - a_{21}a_{12}. \tag{16-4}$$

称式(16−4)右端的式子 $a_{11}a_{22} - a_{21}a_{12}$ 为二阶行列式的**展开式**.

根据二阶行列式的定义,令

$$D = \begin{vmatrix} a_{11} & a_{12} \\ a_{21} & a_{22} \end{vmatrix} = a_{11}a_{22} - a_{21}a_{12}, \quad D_1 = \begin{vmatrix} b_1 & a_{12} \\ b_2 & a_{22} \end{vmatrix} = b_1 a_{22} - b_2 a_{12},$$

$$D_2 = \begin{vmatrix} a_{11} & b_1 \\ a_{21} & b_2 \end{vmatrix} = a_{11}b_2 - a_{21}b_1,$$

则当 $D \neq 0$ 时,方程组(16-3)的解可表示为

$$x_1 = \frac{D_1}{D}, \quad x_2 = \frac{D_2}{D}.$$

其中 D 称为线性方程组(16-3)的 **系数行列式**.

例 1　求下面方程组的解:

$$\begin{cases} 3x_1 + 4x_2 = 2, \\ 2x_1 + 3x_2 = 1. \end{cases}$$

解　$D = \begin{vmatrix} 3 & 4 \\ 2 & 3 \end{vmatrix} = 3 \times 3 - 4 \times 2 = 1, \quad D_1 = \begin{vmatrix} 2 & 4 \\ 1 & 3 \end{vmatrix} = 2 \times 3 - 4 \times 1 = 2, \quad D_2 = \begin{vmatrix} 3 & 2 \\ 2 & 1 \end{vmatrix}$

$= 3 \times 1 - 2 \times 2 = -1.$

于是,方程组的解为

$$x_1 = \frac{D_1}{D} = 2, \quad x_2 = \frac{D_2}{D} = -1.$$

2. n 阶行列式的定义

下面给出 n 阶行列式的定义.

定义 2　由 n^2 个数 $a_{ij}(i, j = 1, 2, \cdots, n)$ 组成的记号

$$\begin{vmatrix} a_{11} & a_{12} & \cdots & a_{1n} \\ a_{21} & a_{22} & \cdots & a_{2n} \\ \vdots & \vdots & \vdots & \vdots \\ a_{n1} & a_{n2} & \cdots & a_{nn} \end{vmatrix}$$

称为 n **阶行列式**,a_{ij} 称为第 i 行第 j 列的**元素**. 规定:当 $n = 1$ 时,$|a_{11}| = a_{11}$;当 $n \geq 2$ 时,

$$\begin{vmatrix} a_{11} & a_{12} & \cdots & a_{1n} \\ a_{21} & a_{22} & \cdots & a_{2n} \\ \vdots & \vdots & \vdots & \vdots \\ a_{n1} & a_{n2} & \cdots & a_{nn} \end{vmatrix} = a_{11}A_{11} + a_{12}A_{12} + \cdots + a_{1n}A_{1n}. \tag{16-5}$$

其中 $A_{ij} = (-1)^{i+j}M_{ij}$ 称为元素 a_{ij} 的**代数余子式**; M_{ij} 称为 a_{ij} 的**余子式**, 它是划去元素 a_{ij} 所在的行和列上的元素, 剩余元素按原来的次序所组成的 $n-1$ 阶行列式.

式(16-5)右端的式子称为 n 阶行列式的**展开式**.

例如, 当 $n=3$ 时, $\begin{vmatrix} a_{11} & a_{12} & a_{13} \\ a_{21} & a_{22} & a_{23} \\ a_{31} & a_{32} & a_{33} \end{vmatrix}$ 称为**三阶行列式**, 元素 a_{11} 的余子式为 $M_{11} = \begin{vmatrix} a_{22} & a_{23} \\ a_{32} & a_{33} \end{vmatrix}$,

代数余子式为 $A_{11} = (-1)^{1+1}M_{11} = a_{22}a_{33} - a_{32}a_{23}$; 元素 a_{12} 的余子式为 $M_{12} = \begin{vmatrix} a_{21} & a_{23} \\ a_{31} & a_{33} \end{vmatrix}$, 代数

余子式为 $A_{12} = (-1)^{1+2}M_{12} = a_{31}a_{23} - a_{21}a_{33}$. 由式(16-5)可得三阶行列式的展开式为:

$$\begin{vmatrix} a_{11} & a_{12} & a_{13} \\ a_{21} & a_{22} & a_{23} \\ a_{31} & a_{32} & a_{33} \end{vmatrix} = a_{11}A_{11} + a_{12}A_{12} + a_{13}A_{13}$$

$$= a_{11}a_{22}a_{33} + a_{12}a_{23}a_{31} + a_{13}a_{32}a_{21} - a_{13}a_{22}a_{31} - a_{12}a_{21}a_{33} - a_{11}a_{32}a_{23}. \tag{16-6}$$

例2 计算下列行列式:

(1) $\begin{vmatrix} 1 & 2 & 3 \\ -1 & 0 & 6 \\ 4 & 0 & 5 \end{vmatrix}$;

(2) $\begin{vmatrix} a_{11} & 0 & 0 & 0 \\ a_{21} & a_{22} & 0 & 0 \\ a_{31} & a_{32} & a_{33} & 0 \\ a_{41} & a_{42} & a_{43} & a_{44} \end{vmatrix}$.

解 (1) 由式(16-6), 得

$$\begin{vmatrix} 1 & 2 & 3 \\ -1 & 0 & 6 \\ 4 & 0 & 5 \end{vmatrix} = 1 \times 0 \times 5 + 2 \times 6 \times 4 + 3 \times 0 \times (-1) - 3 \times 0 \times 4 - 6 \times 0 \times$$

$$1 - 5 \times (-1) \times 2 = 58.$$

(2) $\begin{vmatrix} a_{11} & 0 & 0 & 0 \\ a_{21} & a_{22} & 0 & 0 \\ a_{31} & a_{32} & a_{33} & 0 \\ a_{41} & a_{42} & a_{43} & a_{44} \end{vmatrix} = a_{11}(-1)^2 \begin{vmatrix} a_{22} & 0 & 0 \\ a_{32} & a_{33} & 0 \\ a_{42} & a_{43} & a_{44} \end{vmatrix} = a_{11}a_{22} \begin{vmatrix} a_{33} & 0 \\ a_{43} & a_{44} \end{vmatrix} = a_{11}a_{22}a_{33}a_{44}.$

类似地,可得 $\begin{vmatrix} a_{11} & a_{12} & a_{13} & a_{14} \\ 0 & a_{22} & a_{23} & a_{24} \\ 0 & 0 & a_{33} & a_{34} \\ 0 & 0 & 0 & a_{44} \end{vmatrix} = a_{11}a_{22}a_{33}a_{44}.$

一般地,有

$$\begin{vmatrix} a_{11} & 0 & \cdots & 0 \\ a_{21} & a_{22} & \cdots & 0 \\ \vdots & \vdots & \vdots & \vdots \\ a_{n1} & a_{n2} & \cdots & a_{nn} \end{vmatrix} = \begin{vmatrix} a_{11} & a_{12} & \cdots & a_{1n} \\ 0 & a_{22} & \cdots & a_{2n} \\ \vdots & \vdots & \vdots & \vdots \\ 0 & 0 & \cdots & a_{nn} \end{vmatrix} = a_{11}a_{22}\cdots a_{nn}.$$

上式中的两个行列式分别称为**下三角行列式**和**上三角行列式**.

n 阶行列式 D 也常记为 D_n. 因为行列式 $D_n = \begin{vmatrix} a_{11} & a_{12} & \cdots & a_{1n} \\ a_{21} & a_{22} & \cdots & a_{2n} \\ \vdots & \vdots & \vdots & \vdots \\ a_{n1} & a_{n2} & \cdots & a_{nn} \end{vmatrix}$ 与 n 阶方阵 $A = $

$\begin{bmatrix} a_{11} & a_{12} & \cdots & a_{1n} \\ a_{21} & a_{22} & \cdots & a_{2n} \\ \vdots & \vdots & \vdots & \vdots \\ a_{n1} & a_{n2} & \cdots & a_{nn} \end{bmatrix}$ 有相同的元素,所以行列式 D_n 又称为 **n 阶方阵 A 的行列式**,记为 $|A|$ 或

$\mathbf{det}(A)$,即 $\mathbf{det}(A) = \begin{vmatrix} a_{11} & a_{12} & \cdots & a_{1n} \\ a_{21} & a_{22} & \cdots & a_{2n} \\ \vdots & \vdots & \vdots & \vdots \\ a_{n1} & a_{n2} & \cdots & a_{nn} \end{vmatrix}.$ 需要注意的是,行列式与矩阵是两个截然不同的

概念.

3. 行列式的性质

当 $n \geqslant 3$ 时,按定义计算行列式,运算量往往较大. 下面给出行列式的一些性质,并利用这些性质来进行行列式的计算.

把 n 阶行列式

$$D = \begin{vmatrix} a_{11} & a_{12} & \cdots & a_{1n} \\ a_{21} & a_{22} & \cdots & a_{2n} \\ \vdots & \vdots & \vdots & \vdots \\ a_{n1} & a_{n2} & \cdots & a_{nn} \end{vmatrix},$$

中每一行换为同序数的列所得到的新行列式称为 D 的**转置行列式**,记为 D^T,即

$$D^T = \begin{vmatrix} a_{11} & a_{21} & \cdots & a_{n1} \\ a_{12} & a_{22} & \cdots & a_{n2} \\ \vdots & \vdots & \vdots & \vdots \\ a_{1n} & a_{2n} & \cdots & a_{nn} \end{vmatrix}.$$

性质 1 行列式 D 与它的转置行列式 D^T 的值相等,即 $D = D^T$.

性质 2 互换行列式中的某两行(列),所得新行列式的值等于原来行列式值的相反数.

互换行列式中的第 i 行与第 j 行记为 $r_i \leftrightarrow r_j$;互换第 i 列与第 j 列记为 $c_i \leftrightarrow c_j$.

如果行列式 D 中有两行(列)的对应元素都相等,交换这两行(列)后得到的行列式还是 D,由性质 2,有 $D = -D$,即 $D = 0$,因此,有下面的推论:

推论 1 如果行列式 D 中某两行(列)的对应元素都相等,那么 $D = 0$.

性质 3 行列式的值等于它任意一行(列)的各元素与其对应的代数余子式乘积之和,即

$$D_n = a_{i1}A_{i1} + a_{i2}A_{i2} + \cdots + a_{in}A_{in}(i = 1, 2, \cdots, n)$$

或

$$D_n = a_{1j}A_{1j} + a_{2j}A_{2j} + \cdots + a_{nj}A_{nj}(j = 1, 2, \cdots, n).$$

推论 2 如果行列式中有一行(列)元素全为 0,那么行列式的值为 0.

性质 4 如果行列式中某一行(列)的所有元素有公因子 k,那么 k 可提到行列式记号外.

由性质 4 和推论 1,可得下面的推论.

推论 3 如果行列式 D 中某两行(列)的元素对应成比例,那么 $D = 0$.

性质 5 把行列式的某一行(列)的每一个元素加上另一行(列)对应元素的 k 倍,所得到的新行列式与原来行列式的值相等.

把行列式第 i 行的每个元素加上第 j 行对应元素的 k 倍,记为 $r_i + kr_j$;第 i 列的每个元素加上第 j 列对应元素的 k 倍,记为 $c_i + kc_j$.

例3 计算行列式 $\begin{vmatrix} 2 & -1 & 5 & 2 \\ 1 & 1 & 1 & -2 \\ 3 & 1 & -1 & -4 \\ 5 & 1 & 1 & 1 \end{vmatrix}$.

解 $\begin{vmatrix} 2 & -1 & 5 & 2 \\ 1 & 1 & 1 & -2 \\ 3 & 1 & -1 & -4 \\ 5 & 1 & 1 & 1 \end{vmatrix} \xlongequal{r_1 \leftrightarrow r_2} - \begin{vmatrix} 1 & 1 & 1 & -2 \\ 2 & -1 & 5 & 2 \\ 3 & 1 & -1 & -4 \\ 5 & 1 & 1 & 2 \end{vmatrix} \begin{array}{l} r_2 + (-2)r_1 \\ r_3 + (-3)r_1 \\ r_4 + (-5)r_1 \end{array}$

$$- \begin{vmatrix} 1 & 1 & 1 & -2 \\ 0 & -3 & 3 & 6 \\ 0 & -2 & -4 & 2 \\ 0 & -4 & -4 & 12 \end{vmatrix} = 24 \begin{vmatrix} 1 & 1 & 1 & -2 \\ 0 & 1 & -1 & -2 \\ 0 & 1 & 2 & -1 \\ 0 & 1 & 1 & -3 \end{vmatrix} = 24 \begin{vmatrix} 1 & 1 & 1 & -2 \\ 0 & 1 & -1 & -2 \\ 0 & 0 & 3 & 1 \\ 0 & 0 & 2 & -1 \end{vmatrix} =$$

$$24 \begin{vmatrix} 1 & 1 & 1 & -2 \\ 0 & 1 & -1 & -2 \\ 0 & 0 & 1 & 2 \\ 0 & 0 & 0 & -5 \end{vmatrix} = -120.$$

对于一个三阶以及三阶以上的行列式,常利用性质将它化为上三角行列式来求值.

二、克莱姆法则

定理(克莱姆法则) 设有 n 个未知量、n 个方程的线性方程组

$$\begin{cases} a_{11}x_1 + a_{12}x_2 + \cdots + a_{1n}x_n = b_1, \\ a_{21}x_1 + a_{22}x_2 + \cdots + a_{2n}x_n = b_2, \\ \cdots \quad \cdots \quad \cdots \quad \cdots \\ a_{n1}x_1 + a_{n2}x_2 + \cdots + a_{nn}x_n = b_n \end{cases} \quad (16-7)$$

的系数行列式为

$$D = \begin{vmatrix} a_{11} & a_{12} & \cdots & a_{1n} \\ a_{21} & a_{22} & \cdots & a_{2n} \\ \vdots & \vdots & \cdots & \vdots \\ a_{n1} & a_{n2} & \cdots & a_{nn} \end{vmatrix},$$

则当 $D \neq 0$ 时,方程组(16-7)有唯一解

$$x_1 = \frac{D_1}{D}, \ x_2 = \frac{D_2}{D}, \ \cdots, \ x_n = \frac{D_n}{D},$$

其中 $D_i(i=1,2,\cdots,n)$ 是将 D 中第 i 列的元素依次换成常数项 $b_1, b_2, \cdots, b_n$ 所得到的行列式.

例4 用克莱姆法则解方程组

$$\begin{cases} 2x_1 - x_2 + x_3 = 0, \\ 3x_1 + 2x_2 - 5x_3 = 1, \\ x_1 + 3x_2 - 2x_3 = 4. \end{cases}$$

解
$$D = \begin{vmatrix} 2 & -1 & 1 \\ 3 & 2 & -5 \\ 1 & 3 & -2 \end{vmatrix} = \begin{vmatrix} 1 & 3 & -2 \\ 0 & 7 & -1 \\ 0 & 0 & 4 \end{vmatrix} = 28,$$

$$D_1 = \begin{vmatrix} 0 & -1 & 1 \\ 1 & 2 & -5 \\ 4 & 3 & -2 \end{vmatrix} = \begin{vmatrix} 1 & 2 & -5 \\ 0 & 1 & -1 \\ 0 & 0 & 13 \end{vmatrix} = 13,$$

$$D_2 = \begin{vmatrix} 2 & 0 & 1 \\ 3 & 1 & -5 \\ 1 & 4 & -2 \end{vmatrix} = \begin{vmatrix} 1 & 4 & -2 \\ 0 & 1 & -11 \\ 0 & 0 & 47 \end{vmatrix} = 47,$$

$$D_3 = \begin{vmatrix} 2 & -1 & 0 \\ 3 & 2 & 1 \\ 1 & 3 & 4 \end{vmatrix} = \begin{vmatrix} 1 & 3 & 4 \\ 0 & 7 & 11 \\ 0 & 0 & 3 \end{vmatrix} = 21.$$

所以,方程组的解为

$$x_1 = \frac{D_1}{D} = \frac{13}{28}, \quad x_2 = \frac{D_2}{D} = \frac{47}{28}, \quad x_3 = \frac{D_3}{D} = \frac{3}{4}.$$

§16-4 微课视频

练习

1. 计算下列行列式:

$(1)\ \begin{vmatrix} 5 & 3 \\ -2 & 4 \end{vmatrix};\quad (2)\ \begin{vmatrix} 1 & 1 & 1 \\ 3 & 1 & 4 \\ 8 & 9 & 5 \end{vmatrix};\quad (3)\ \begin{vmatrix} 0 & a & 0 \\ b & 0 & c \\ 0 & d & 0 \end{vmatrix};\quad (4)\ \begin{vmatrix} 1 & 1 & 1 & 1 \\ -1 & 1 & 1 & 1 \\ -1 & -1 & 1 & 1 \\ -1 & -1 & -1 & 1 \end{vmatrix}.$

2. 用克莱姆法则解下列方程组:

$(1)\ \begin{cases} 2x_1 + x_2 = 5, \\ 5x_1 + 3x_2 = 2; \end{cases}\qquad (2)\ \begin{cases} -2x_1 - 3x_2 + x_3 = 7, \\ x_1 + x_2 - x_3 = -4, \\ -3x_1 + x_2 + 2x_3 = 1. \end{cases}$

习题 16-4

A 组

1. 计算下列行列式:

(1) $\begin{vmatrix} 2 & 3 \\ 1 & 2 \end{vmatrix}$;

(2) $\begin{vmatrix} a & b \\ a^2 & b^2 \end{vmatrix}$;

(3) $\begin{vmatrix} x-1 & 1 \\ -1 & x+1 \end{vmatrix}$;

(4) $\begin{vmatrix} 0 & 5 & 0 \\ -2 & 0 & 7 \\ 0 & -2 & -4 \end{vmatrix}$;

(5) $\begin{vmatrix} 1 & 0 & -2 \\ 3 & 4 & 5 \\ 1 & 2 & 6 \end{vmatrix}$;

(6) $\begin{vmatrix} 1 & 1 & 1 \\ 2 & 3 & 4 \\ 4 & 9 & 16 \end{vmatrix}$;

(7) $\begin{vmatrix} 1 & 2 & 3 & 4 \\ 2 & 1 & 4 & 3 \\ 3 & 4 & 1 & 2 \\ 4 & 3 & 2 & 1 \end{vmatrix}$;

(8) $\begin{vmatrix} 1 & 2 & -4 & 0 \\ 4 & -1 & 3 & 5 \\ 3 & 1 & -2 & -5 \\ 2 & 0 & 5 & 1 \end{vmatrix}$.

2. 用克莱姆法则解下列方程组:

(1) $\begin{cases} 5x + 4y = 6, \\ 3x + 3y = 8; \end{cases}$

(2) $\begin{cases} x_1 - 2x_2 + x_3 = 1, \\ 3x_1 - x_2 = 2, \\ x_1 - 3x_2 - 4x_3 = -10. \end{cases}$

B 组

证明下列等式:

(1) $\begin{vmatrix} ae & ac & -ab \\ de & -cd & bd \\ -ef & cf & bf \end{vmatrix} = -4abcdef$;

(2) $\begin{vmatrix} 1 & 1 & 1 \\ x & y & z \\ x^2 & y^2 & z^2 \end{vmatrix} = (z-x)(z-y)(y-x)$.

📖 阅读

矩阵的发明及坐标变换

矩阵的产生,可回溯至公元前 303 年的巴比伦人及公元前 200 年的中国人,他们在解联立线性方程组时,考虑到数的阵列. 但是,他们都未能领悟到矩阵背后竟然藏有如此伟大的内涵,未能定义矩阵及其运算.

真正发展出现代矩阵观念的两个功臣是:凯莱(Arthur Cayley, 1821—1895 年)和西尔维斯特(James Sylvester, 1814—1897 年),他们都是英国人,不但在研究数学上密切合作,两人还有深挚长久的友情. 他们是在研究坐标变换时发明矩阵的.

设点 $M(x, y)$ 为坐标平面 Oxy 内任一点. 现在, 进行坐标轴的线性变换, M 点的坐标变为 $Ox'y'$ 内的新坐标 x'、y', 并且他们的关系是:

$$\begin{cases} x' = a_1 x + b_1 y, \\ y' = c_1 x + d_1 y, \end{cases} \tag{1}$$

其中 a_1、b_1、c_1、d_1 都是实数, 这个方程组称为变换方程式. 这样, 原来在 Oxy 上的点会变成 $Ox'y'$ 上的新位置.

做完第一次变换后, 假设还要做第二次变换, 所依据的变换方程组是

$$\begin{cases} x'' = a_2 x' + b_2 y', \\ y'' = c_2 x' + d_2 y', \end{cases} \tag{2}$$

其中 a_2、b_2、c_2、d_2 都是实数.

如果把两次变换一次完成, 只须把第一个变换方程式中的 x'、y' 代入第二个变换中, 即可得

$$\begin{cases} x'' = (a_2 a_1 + b_2 c_1) x + (a_2 b_1 + b_2 d_1) y, \\ y'' = (c_2 a_1 + d_2 c_1) x + (c_2 b_1 + d_2 d_1) y. \end{cases} \tag{3}$$

这个变换方程组看起来很凌乱无章, 令人头痛. 为了便于记住式(3), 凯莱定义了下面三个符号

$$\begin{bmatrix} a_1 & b_1 \\ c_1 & d_1 \end{bmatrix}, \begin{bmatrix} a_2 & b_2 \\ c_2 & d_2 \end{bmatrix}, \begin{bmatrix} a_2 a_1 + b_2 c_1 & a_2 b_1 + b_2 d_1 \\ c_2 a_1 + d_2 c_1 & c_2 b_1 + d_2 d_1 \end{bmatrix},$$

并把它们称为矩阵. 而且, 凯莱还据此定义了矩阵的乘法运算, 即

$$\begin{bmatrix} a_2 & b_2 \\ c_2 & d_2 \end{bmatrix} \begin{bmatrix} a_1 & b_1 \\ c_1 & d_1 \end{bmatrix} = \begin{bmatrix} a_2 a_1 + b_2 c_1 & a_2 b_1 + b_2 d_1 \\ c_2 a_1 + d_2 c_1 & c_2 b_1 + d_2 d_1 \end{bmatrix}.$$

有了矩阵及矩阵的乘法, 凯莱发现做坐标轴的线性变换变得非常简单, 最终的变换矩阵只需让每一次变换矩阵依次(后一次的变换矩阵乘在前一次变换的左边)相乘即可得到, 当然变换方程组也很容易写出.

矩阵及其乘法就是这样被发明的. 矩阵就像数, 但比数要复杂, 更有威力, 我们可以把矩阵想像成数的延伸, 犹如复数代表实数的延伸, 每个矩阵都比单个的数涵盖更多的信息, 因为它是一组在特定位置上的数组合而成. 数学家和科学家都发现, 矩阵可以让他们解决一大堆棘手的问题, 诸如: 线性方程组的求解、坐标轴的旋转以及分子结构上的难题. 现在, 矩阵已经成为现代科学技术不可缺少的工具和基础了.

复习题十六

A 组

1. 判断正误:

(1) $3\begin{bmatrix} 1 & 1 & 1 \\ 1 & 2 & 3 \\ 2 & 5 & 6 \end{bmatrix} = \begin{bmatrix} 3 & 3 & 3 \\ 1 & 2 & 3 \\ 2 & 5 & 6 \end{bmatrix}$. 　　　　　　　　　　　　（　　）

(2) 行列式 D 的某两行(列)的元素对应成比例,则 $D = 0$. 　　　　　（　　）

(3) 互换行列式的某两行(列),行列式的值不变. 　　　　　　　　　（　　）

(4) $\begin{bmatrix} 1 & 1 & 2 & 3 \\ 0 & 0 & 1 & 0 \\ 0 & 0 & 0 & 0 \end{bmatrix}$ 是阶梯形矩阵. 　　　　　　　　　　　　（　　）

(5) $\begin{bmatrix} 1 & 0 & 0 & 0 \\ 0 & 1 & 3 & 0 \\ 0 & 0 & 0 & 1 \end{bmatrix}$ 是行标准形. 　　　　　　　　　　　　　（　　）

(6) 设方程组 $AX = B$ 有解,则 $r(A \vdots B) = r(A)$. 　　　　　　　　（　　）

(7) 设 A 是 n 阶方阵,如果 $r(A) = n$,则 A 一定有逆矩阵. 　　　　（　　）

(8) 设 A 经过若干次初等行变换得到 B,则 $r(A) = r(B)$. 　　　　　（　　）

2. 计算:

(1) $3\begin{bmatrix} 1 & -2 & 1 & 2 \\ -1 & 3 & 2 & 1 \\ 1 & 2 & 3 & 4 \end{bmatrix} - 2\begin{bmatrix} 0 & 2 & -1 & 5 \\ 1 & -1 & 7 & 6 \\ 3 & 3 & 1 & 4 \end{bmatrix}$; 　　(2) $\begin{bmatrix} 1 & 1 & 2 \\ 1 & 0 & 3 \end{bmatrix}\begin{bmatrix} -1 & 4 \\ 1 & -4 \\ 0 & 0 \end{bmatrix}$.

(3) $\begin{bmatrix} 1 & -2 \\ 3 & 4 \end{bmatrix}^3$; 　　　(4) $\begin{bmatrix} 4 & 1 & -1 \end{bmatrix}\begin{bmatrix} -1 \\ 1 \\ -1 \end{bmatrix}$; 　　(5) $\begin{bmatrix} -1 \\ 1 \\ 1 \end{bmatrix}\begin{bmatrix} 3 & 2 & 1 \end{bmatrix}$;

(6) $\begin{bmatrix} 1 & 1 \\ -1 & 2 \\ 0 & -1 \end{bmatrix}\begin{bmatrix} 1 & 1 \\ -1 & 0 \end{bmatrix}$; 　　(7) $\begin{bmatrix} 2 & 1 & 0 \\ 0 & 2 & 1 \\ 0 & 0 & 2 \end{bmatrix}^2$.

3. 设 $A = \begin{bmatrix} 1 & 3 \\ 2 & 1 \end{bmatrix}$, $B = \begin{bmatrix} -1 & 2 \\ 4 & 1 \end{bmatrix}$,求(1) $(A + B)(A - B)$;(2) $A^2 - B^2$.

4. 求下列矩阵的逆矩阵:

$(1)\ \begin{bmatrix} 2 & 1 \\ 3 & 4 \end{bmatrix};$
$(2)\ \begin{bmatrix} 1 & 0 & 2 \\ 2 & -1 & 3 \\ 4 & 1 & 8 \end{bmatrix};$
$(3)\ \begin{bmatrix} 1 & 2 & 3 & 4 \\ 0 & 1 & 2 & 3 \\ 0 & 0 & 1 & 2 \\ 0 & 0 & 0 & 1 \end{bmatrix}.$

5. 解下列方程组:

$(1)\ \begin{cases} x_1 - x_2 + 5x_3 = 7, \\ 2x_1 - x_2 - x_3 = 4, \\ x_1 + 5x_2 - x_3 = 7; \end{cases}$
$(2)\ \begin{cases} 2x_1 + 3x_2 + x_3 = 4, \\ 3x_1 + 8x_2 - 2x_3 = 13, \\ 5x_1 - 4x_2 + 6x_3 = -7; \end{cases}$

$(3)\ \begin{cases} x_1 + 3x_2 - 3x_3 = -8, \\ 3x_1 - x_2 + x_3 = 6, \\ 8x_1 + 4x_2 - 4x_3 = -2; \end{cases}$
$(4)\ \begin{cases} x_1 + 4x_2 - 3x_3 + 5x_4 = -2, \\ 2x_1 + x_2 - x_3 + x_4 = 1, \\ 3x_1 - 2x_2 + x_3 - 3x_4 = 4; \end{cases}$

$(5)\ \begin{cases} x_1 + 2x_2 + x_3 - x_4 = 0, \\ 3x_1 + 5x_2 - x_3 - 3x_4 = 0, \\ 5x_1 + 10x_2 + x_3 - 6x_4 = 0; \end{cases}$
$(6)\ \begin{cases} x_1 + x_2 - 3x_4 = 0, \\ x_1 - x_2 + 2x_3 - x_4 = 0, \\ 4x_1 - 2x_2 + 6x_3 + 3x_4 = 0, \\ 2x_1 + 4x_2 - 2x_3 + 4x_4 = 0. \end{cases}$

6. 计算下列行列式:

$(1)\ \begin{vmatrix} a-b & b \\ -b & a+b \end{vmatrix};$
$(2)\ \begin{vmatrix} 1 & 1 & 2 \\ 2 & 1 & 1 \\ 1 & 2 & 1 \end{vmatrix};$
$(3)\ \begin{vmatrix} 1 & -2 & 5 & 0 \\ -2 & 3 & -8 & -1 \\ 3 & 1 & -2 & 4 \\ 1 & 4 & 2 & -5 \end{vmatrix}.$

B 组

1. 计算下列行列式:

$(1)\ \begin{vmatrix} 1 & 1 & 1 \\ 1 & 1+\sin x & 1-\cos x \\ 1 & 1+\cos x & 1+\sin x \end{vmatrix};$
$(2)\ \begin{vmatrix} 0 & 0 & \cdots & 0 & a_1 \\ 0 & 0 & \cdots & a_2 & 0 \\ \vdots & \vdots & \cdots & \vdots & \vdots \\ 0 & a_{n-1} & \cdots & 0 & 0 \\ a_n & 0 & \cdots & 0 & 0 \end{vmatrix}.$

2. 有甲、乙、丙三种食品原料,其中蛋白质、脂肪、淀粉及其他成分的含量见下表.

	蛋白质	脂肪	淀粉及其他
甲	40%	10%	50%
乙	25%	0	75%
丙	45%	20%	35%

用三种原料混合制成一种食品 100 kg,要求制作的食品含量如下:蛋白质 31.5 kg、脂肪 5 kg、淀粉及其他成分 63.5 kg. 问:应取三种原料各多少(kg)?

常用基本初等函数

函数及其定义域		图　象	特　性
常值函数	$y = C$（C 为常数） $(-\infty, +\infty)$		偶函数
常用幂函数	$y = x$ $(-\infty, +\infty)$		奇函数 单调增加
	$y = x^2$ $(-\infty, +\infty)$		偶函数 在 $(-\infty, 0)$ 上单调减少 在 $(0, +\infty)$ 上单调增加
	$y = x^3$ $(-\infty, +\infty)$		奇函数 单调增加
	$y = x^{-1}$ $(-\infty, 0) \cup (0, +\infty)$		奇函数 在 $(-\infty, 0)$ 上单调减少 在 $(0, +\infty)$ 上单调减少

（续表）

	函数及其定义域	图　象	特　性
常 用 幂 函 数	$y = x^{-2}$ $(-\infty，0) \cup (0，+\infty)$		偶函数 在$(-\infty，0)$上单调增加 在$(0，+\infty)$上单调减少
	$y = x^{\frac{1}{2}}$ $[0，+\infty)$		单调增加
	$y = x^{\frac{1}{3}}$ $(-\infty，+\infty)$		奇函数 单调增加
	$y = x^{\frac{2}{3}}$ $(-\infty，+\infty)$		偶函数 在$(-\infty，0)$上单调减少 在$(0，+\infty)$上单调增加
指 数 函 数	$y = a^x \ (a > 1)$ $(-\infty，+\infty)$		单调增加
	$y = a^x$ $(0 < a < 1)$ $(-\infty，+\infty)$		单调减少
对 数 函 数	$y = \log_a x$ $(a > 1)$ $(0，+\infty)$		单调增加

（续表）

	函数及其定义域	图　象	特　性
对数函数	$y = \log_a x \ (0 < a < 1)$ $(0, +\infty)$		单调减少
三角函数	$y = \sin x$ $(-\infty, +\infty)$		周期为 2π,奇函数,有界,在 $\left[2k\pi - \dfrac{\pi}{2}, 2k\pi + \dfrac{\pi}{2}\right]$ $(k \in \mathbf{Z})$ 上单调增加,在 $\left[2k\pi + \dfrac{\pi}{2}, 2k\pi + \dfrac{3\pi}{2}\right]$ $(k \in \mathbf{Z})$ 上单调减少
	$y = \cos x$ $(-\infty, +\infty)$		周期为 2π,偶函数,有界,在 $[2k\pi, 2k\pi + \pi]$ $(k \in \mathbf{Z})$ 上单调减少,在 $[2k\pi + \pi, 2k\pi + 2\pi]$ $(k \in \mathbf{Z})$ 上单调增加
	$y = \tan x$ $\left\{x \mid x \neq k\pi + \dfrac{\pi}{2}, k \in \mathbf{Z}\right\}$		周期为 π,奇函数,在 $\left(k\pi - \dfrac{\pi}{2}, k\pi + \dfrac{\pi}{2}\right)$ $(k \in \mathbf{Z})$ 上单调增加
反三角函数	$y = \arcsin x$ $[-1, 1]$		奇函数,单调增加,有界

（续表）

	函数及其定义域	图　象	特　性
反三角函数	$y = \arccos x$ $[-1, 1]$		单调减少,有界
	$y = \arctan x$ $(-\infty, +\infty)$		奇函数,单调增加,有界

MATLAB 实验（二）

下面以 MATLAB R2019b 版本为例介绍：利用 MATLAB 实现微积分中的运算和线性代数中的运算.

一、利用 MATLAB 实现微积分中的运算

在 MATLAB 中求极限、求导数和求积分运算称为符号运算. 利用 MATLAB 进行这些运算之前，需要把函数中的自变量定义为符号变量，下面来看这些运算的具体实现方法.

1. 创建符号变量

创建符号变量的格式有：

x = sym('x')　　　　创建一个符号变量 x；

syms　x　y　z　　　　创建多个符号变量 x, y, z.

2. 利用 MATLAB 求极限

在 MATLAB 中，计算极限采用的命令格式如表 1 所示.

表 1　常用求极限格式

命 令 格 式	功　能
limit(f(x) ,x,a)	求 $\lim\limits_{x \to a} f(x)$
limit(f(x) ,x,inf)	求 $\lim\limits_{x \to \infty} f(x)$
limit(f(x) ,x,a,'right')	求 $\lim\limits_{x \to a^+} f(x)$
limit(f(x) ,x,a,'left')	求 $\lim\limits_{x \to a^-} f(x)$
limit(f(x) ,x,+inf)	求 $\lim\limits_{x \to +\infty} f(x)$
limit(f(x) ,x,-inf)	求 $\lim\limits_{x \to -\infty} f(x)$

注：命令中的 x 是符号变量，f(x) 是符号表达式，a 是常数.

例 1　利用 MATLAB 求下列极限：

（1）$\lim\limits_{x \to 0} \dfrac{\sin 3x}{x}$；　　　（2）$\lim\limits_{x \to \infty}\left(1 + \dfrac{2}{x}\right)^x$；　　　（3）$\lim\limits_{x \to -\infty} e^x$；　　　（4）$\lim\limits_{x \to +\infty} \dfrac{\ln x}{x}$.

解 （1）在 MATLAB 中输入下列语句：

\>>syms x

\>>limit(sin(3 * x)/x, x, 0)

运行结果为：ans = 3，即 $\dfrac{\sin 3x}{x} = 3$.

（2）在 MATLAB 中输入下列语句：

\>>syms x

\>>limit((1+2/x)^x, x, inf)

运行结果为：ans = exp(2)，即 $\lim\limits_{x \to \infty} \left(1 + \dfrac{2}{x} \right)^x = e^2$.

（3）在 MATLAB 中输入下列语句：

\>>syms x

\>> limit(exp(x), x, −inf)

运行结果为：ans = 0，即 $\lim\limits_{x \to -\infty} e^x = 0$.

（4）在 MATLAB 中输入下列语句：

\>>syms x

\>> limit(log(x)/x, x, +inf)

运行结果为：ans = 0，即 $\lim\limits_{x \to +\infty} \dfrac{\ln x}{x} = 0$.

3. 利用 MATLAB 求导数

在 MATLAB 中，常用下面命令格式求导数.

格式 1：diff(f(x)) 求函数 f(x) 的一阶导数，其中 f(x) 为符号函数；

格式 2：diff(f(x), n) 求函数 f(x) 的 n 阶导数，其中 f(x) 为符号函数.

注：首先把函数的自变量定义为符号变量，再调用上面格式求导数.

例 2 利用 MATLAB 求 $y = e^{2x} \cos x + \ln 3$ 的一阶导数和 5 阶导数.

解 在 MATLAB 命令窗口中输入下列语句，即可求出函数的一阶导数和 5 阶导数.

\>>clear　　　　　　　　　　　　　　%清除所有变量的赋值

\>> syms x

\>> diff(exp(2 * x) * cos(x)+log(3))　　　%求一阶导数

ans =

2 * exp(2 * x) * cos(x) − exp(2 * x) * sin(x)

即　$y' = 2e^{2x} \cos x - e^{2x} \sin x$.

\>> diff(exp(2 * x) * cos(x)+log(3), 5)　　　%求 5 阶导数

ans =

$-38 * \exp(2 * x) * \cos(x) - 41 * \exp(2 * x) * \sin(x)$

即 $y^{(5)} = -38 e^{2x} \cos x - 41 e^{2x} \sin x.$

4. 利用 MATLAB 求积分

在 MATLAB 中,常用下面命令格式求积分.

格式1: $\mathrm{int}(f(x), x)$

功能: 求不定积分 $\int f(x) dx$, 其中 $f(x)$ 为符号函数;

格式2: $\mathrm{int}(f(x), x, a, b)$

功能: 求定积分 $\int_a^b f(x) dx$, 其中 $f(x)$ 为符号函数.

注: 首先把函数的自变量定义为符号变量,再调用上面格式求不定积分和定积分.

例3   利用 MATLAB 求下列不定积分或定积分:

(1) $\int \dfrac{x+1}{x^2 - x - 6} dx$;   (2) $\int_1^2 \dfrac{2x^2}{\sqrt{9 - x^2}} dx.$

解   (1) 在 MATLAB 命令窗口中输入下列语句:

```
>> syms x
>>f=(x+1)/(x^2-x-6);        %将被积函数赋值给变量 f
>>y=int(f,x)                %计算不定积分,并赋值给 y
```

运行结果为

y =

   $\log(x + 2)/5 + (4 * \log(x - 3))/5$

即 $\int \dfrac{x+1}{x^2 - x - 6} dx = \dfrac{1}{5} \ln(x + 2) + \dfrac{4}{5} \ln(x - 3) + C.$

注: 利用 MATLAB 求不定积分的输出结果中是不带积分常数的,写成数学上的计算结果时,注意要加上积分常数 C.

(2) 在 MATLAB 命令窗口中输入下列语句:

```
>> syms x a
>>f=(2*x^2)/sqrt(9-x^2);
>>a=int(f,1,2)             %计算定积分的精确解,并赋值给 a
```

运行结果为

$a = -2 * 5^{\wedge}(1/2) + 9 * \mathrm{asin}(2/3) + 2 * 2^{\wedge}(1/2) - 9 * \mathrm{asin}(1/3).$

二、利用 MATLAB 进行矩阵运算

1. 矩阵的生成

（1）数值矩阵的生成

直接输入数值矩阵的方法是：同一行中的元素用逗号（或空格符）分隔；不同行的元素用分号分隔；所有元素用方括号"[ ]"括起来. 例如，矩阵 $\begin{bmatrix} 1 & 2 & 3 \\ 4 & 5 & 6 \\ 7 & 8 & 9 \end{bmatrix}$ 的输入方法为：

>>A = [1,2,3;4,5,6;7,8,9].

（2）特殊矩阵的生成

特殊的矩阵可以用相应的函数生成，常用的函数及其作用如表2所示.

表2　特殊矩阵的生成函数

函　数	作　用
zeros(n)	生成 $n \times n$ 零矩阵
zeros(m, n)	生成 $m \times n$ 零矩阵
eye(n)	生成 $n \times n$ 单位阵
ones(n)	生成 $n \times n$ 元素全是 1 的矩阵
zeros(m, n)	生成 $m \times n$ 元素全是 1 的矩阵
rand(n)	生成 $n \times n$ 随机矩阵，其元素全在 (0, 1) 内
rand(m, n)	生成 $m \times n$ 随机矩阵，其元素全在 (0, 1) 内

例如，>>A = ones(5)　　　　　%生成5×5元素全是1的矩阵 A

运行后的结果是：

A =

　　1　　1　　1　　1　　1

　　1　　1　　1　　1　　1

　　1　　1　　1　　1　　1

　　1　　1　　1　　1　　1

　　1　　1　　1　　1　　1

2. 矩阵的运算

设 A、B 为向量或矩阵，a 为一个数，n 为自然数. 向量和矩阵的常见运算及格式如表3所示.

表 3 向量和矩阵的常见运算及格式

格 式	意 义
$A + B(A - B)$	矩阵 A 和 B 的加法(减法)运算
$A * B$	矩阵 A 和 B 的乘法运算
A'	矩阵 A 的转置 A^T
$A\char`^n$	计算方阵 A 的 n 次幂 A^n
$A.\char`^n$	A 点 n 次幂,即 A 中的每一个元素都 n 次幂
A/B	矩阵的右除,计算 AB^{-1}(B 为方阵)
$A \backslash B$	矩阵的左除,计算 $A^{-1}B$(A 为方阵)
$A + a$	A 中的每一个元素都加 a
$A. * a$	A 点乘 a,即 A 中的每一个元素都乘以 a
$A. /a$	A 右点除 a,即 A 中的每一个元素都除以 a
$A. \backslash a$	A 左点除 a,即 A 中的每一个元素都除 a

例 4 设 $A_1 = \begin{bmatrix} 4 & 6 & 8 \\ 2 & 2 & 10 \end{bmatrix}$,$A_2 = \begin{bmatrix} 1 & 0 & 7 \\ 3 & 2 & 1 \end{bmatrix}$,$B = \begin{bmatrix} 1 & -1 & 0 \\ 2 & 3 & 1 \\ -5 & 1 & 6 \end{bmatrix}$,求 $A_1 + A_2$,B^T,

$A_2 B^T$,$B. * 3$,B^4 及 $B. \char`^4$.

解 在 MATLAB 窗口中键入下列语句,运行后,依次可得计算结果:

```
>> A1=[4,6,8;2,2,10];        %输入矩阵 A₁
>> A2=[1,0,7;3,2,1];         %输入矩阵 A₂
>> B=[1,-1,0;2,3,1;-5,1,6];  %输入矩阵 B
>> A1+A2                     %计算 A₁ + A₂
ans =
    5    6   15
    5    4   11
>> B'                        %计算 Bᵀ
ans =
    1    2   -5
   -1    3    1
    0    1    6
>>A2 * B'                    %计算 A₂Bᵀ
ans =
```

$$\begin{array}{rrr} 1 & 2 & -5 \\ -1 & 3 & 1 \\ 0 & 1 & 6 \end{array}$$

```
>> B. * 3                          %计算 B. * 3
ans =
```

$$\begin{array}{rrr} 3 & -3 & 0 \\ 6 & 9 & 3 \\ -15 & 3 & 18 \end{array}$$

```
>> B^4                             %计算 B⁴
ans =
```

$$\begin{array}{rrr} 22 & -42 & -72 \\ -276 & 178 & 402 \\ -1146 & 762 & 1528 \end{array}$$

```
>> B.^4                            %计算 B.^4
ans =
```

$$\begin{array}{rrr} 1 & 1 & 0 \\ 16 & 81 & 1 \\ 625 & 1 & 1296 \end{array}$$

三、利用 MATLAB 求矩阵的秩和行标准形

在 MATLAB 中求矩阵的秩和将矩阵化为行标准形的函数和格式如表 4 所示.

表 4　求矩阵的秩和行标准形的函数及格式

格　式	意　义
rank(A)	求矩阵 A 的秩 $r(A)$
rref(A)	将矩阵 A 化为行标准形

例5　求矩阵

$$A = \begin{bmatrix} 1 & -1 & 0 & -2 \\ 3 & 4 & 3 & 1 \\ 2 & 1 & 6 & 5 \end{bmatrix}$$

的秩,并把 A 化为行标准形.

解 在 MATLAB 窗口中键入下列语句,运行后,可得计算结果:

>> A = [1,-1,0,2;3,4,3,1;2,1,6,5];   %输入矩阵 A

>> r = rank(A)   %求矩阵 A 的秩,结果存入 r

r = 3

>> B = rref(A)   %把 A 化为行标准形,结果存入 B

B =

$$
\begin{matrix}
1.0000 & 0 & 0 & 1.0000 \\
0 & 1.0000 & 0 & -1.0000 \\
0 & 0 & 1.0000 & 0.6667
\end{matrix}
$$

四、利用 MATLAB 求方阵的逆矩阵和行列式的值

设 A 为 n 阶方阵,如果 A 为满秩矩阵(即 $r(A) = n$),则 A 有逆矩阵. 在 MATLAB 中求逆矩阵的函数和格式如表 5 所示.

任何一个方阵均可对应一个行列式 $\det(A)$,相应地,任何一个行列式均可看成一个方阵 A 的行列式 $\det(A)$. 因此,行列式的计算可以通过求方阵 A 的行列式 $\det(A)$ 来实现. 在 MATLAB 中求方阵的行列式值的函数和格式如表 5 所示.

表 5 求方阵的逆矩阵和行列式值的函数及格式

格 式	意 义
inv(A)	求可逆矩阵 A 的逆矩阵 A^{-1}
det(A)	方阵 A 的行列式 $\det(A)$ 的值

例 6 设方阵 $A = \begin{pmatrix} 1 & -1 & -3 \\ 1 & 3 & 2 \\ -2 & -1 & 2 \end{pmatrix}$.

(1) 求 A 的秩 $r(A)$ 和 $\det(A)$ 的值;

(2) 如果 A 有逆矩阵,求出 A 的逆矩阵 A^{-1}.

解 (1) 在 MATLAB 命令窗口中键入下列语句,运行后,可得要求的结果.

>> A = [1,-1,-3;1,3,2;-2,-1,2];   %输入矩阵 A

>> r = rank(A)   %求矩阵 A 的秩,结果存入 r

r = 3   %求得 A 的秩 $r(A) = r = 3$

>> det(A)   %求 $\det(A)$ 的值

ans = −1.0000   %求得 det(A) = − 1

（2）由（1）的结果 $r(A) = 3$ 可知，A 有逆矩阵. 在 MATLAB 窗口中键入下面语句即可求出 A 的逆矩阵 A^{-1}.

>> B = inv(A)   %求矩阵 A 的逆矩阵,结果存入 B

B =

    −8.0000   −5.0000   −7.0000

     6.0000   4.0000   5.0000

    −5.0000   −3.0000   −4.0000

求得 A 的逆矩阵 $A^{-1} = B = \begin{bmatrix} -8 & -5 & -7 \\ 6 & 4 & 5 \\ -5 & -3 & -4 \end{bmatrix}$.

五、利用 MATLAB 解线性方程组

在 MATLAB 中求解线性方程组有两种方法：

1. 利用 solve( )函数求解

其调用格式为 x = solve(' eqn1 ' , ' eqn2 ' , ⋯ , ' var1 ' , ' var2 ' , ⋯)

其中 eqn1,eqn2⋯表示方程组中的方程;var1,var2⋯是方程中的未知变量;x 是用来存储方程解的变量,对于解方程组来说,它是一个向量.

2. 利用 rref( )求解

用 rref( )将方程组的增广矩阵化为行标准形,然后,解行标准形对应的方程组求得.

下面通过实例分别介绍这两种方法的实现过程.

例 7 利用 solve( )函数求解线性方程组 $\begin{cases} x_1 - 2x_2 + 2x_3 = -1, \\ 2x_1 + 4x_2 \qquad = 10, \\ x_1 - x_2 - 5x_3 = 7. \end{cases}$

解 在 MATLAB 命令窗口中输入下列语句：

>>syms x1 x2 x3

>>[x1,x2,x3] = solve(x1−2 * x2+2 * x3 == −1,2 * x1+4 * x2 == 10,x1−x2−5 * x3 == 7,x1,x2,x3)

运行结果为

x1 = 3,x2 = 1,x3 = −1.

例8　用初等行变换法求线性方程组

$$\begin{cases} 2x_1 + 3x_2 + x_3 = 4, \\ x_1 - 2x_2 + 4x_3 = -5, \\ 3x_1 + 8x_2 - 2x_3 = 13, \\ 4x_1 - x_2 + 9x_3 = -6 \end{cases}$$

的通解.

解　（1）在 Matlab 命令窗口中键入下列语句:

```
>> A = [2,3,1;1,-2,4;3,8,-2;4,-1,9];              %输入系数矩阵 A
>> F = [2,3,1,4;1,-2,4,-5;3,8,-2,13;4,-1,9,-6];   %输入增广矩阵 F
>> G = rref(F)                                     %将增广矩阵化为行标准形 G
G =
    1    0    2   -1
    0    1   -1    2
    0    0    0    0
    0    0    0    0
```

（2）由矩阵 G, 可以看出: $r(A \vdots B) = r(A) = 2 < n = 3$, 因此, 方程组有无穷多解. 写出行标准形对应的方程组

$$\begin{cases} x_1 + 2x_3 = -1, \\ x_2 - x_3 = 2, \end{cases} \quad 即 \begin{cases} x_1 = -1 - 2x_3, \\ x_2 = 2 + x_3. \end{cases}$$

令 $x_3 = k$（k 为任意常数）,则得方程组的解为

$$\begin{cases} x_1 = -1 - 2k, \\ x_2 = 2 + k, \\ x_3 = k. \end{cases}$$

习 题 答 案

习题 9 - 1

A 组

1. （1）$5 + 10n$；　（2）$(-1)^{n+1}\dfrac{1}{n(n+1)}$；　（3）$\dfrac{1}{2^{n-1}}$；　（4）$10^n - 1$.

2. （1）$a_1 = 2$，$a_2 = 7$，$a_3 = 12$，$a_4 = 17$；　（2）$a_1 = \dfrac{3}{2}$，$a_2 = -1$，$a_3 = \dfrac{7}{8}$，$a_4 = -\dfrac{9}{11}$；

　　（3）$a_1 = -\dfrac{1}{3}$，$a_2 = \dfrac{1}{9}$，$a_3 = -\dfrac{1}{27}$，$a_4 = \dfrac{1}{81}$.

3. （1）$a_3 = 15$，$a_{20} = 440$；　（2）80 是第 8 项，100 不是该数列的项，120 是第 10 项，255 是第 15 项.

4. $a_1 = 1$，$a_2 = 2$，$a_3 = \dfrac{5}{2}$，$a_4 = \dfrac{29}{10}$，$a_5 = \dfrac{941}{290}$.

B 组

1. （1）$a_n = 2^n + 1$；　（2）$a_n = \dfrac{n^2}{3}$.

2. $b_1 = 1$，$b_2 = \dfrac{1}{2}$，$b_3 = \dfrac{2}{3}$，$b_4 = \dfrac{3}{5}$，$b_5 = \dfrac{5}{8}$.

习题 9 - 2

A 组

1. （1）$a_n = 15 - 3n$；　（2）$a_7 = -6$；　（3）$S_{10} = -15$.

2. （1）7；　（2）6.

3. $n = 669$

4. 8，4，0，-4.

5. 14.

6. 24.

B 组

1. $d = 5$；

2. 约 151 m；

3. -2，0，2，4；

4. 1，3，5.

习题 9 - 3

A 组

1. (1) $a_1 = 27$, $q = \dfrac{2}{3}$ 或 $a_1 = -27$, $q = -\dfrac{2}{3}$; (2) $a_6 = \pm 8$; (3) $q = 2$, $a_3 = 4$ 或 $q = -3$, $a_3 = 9$.

2. (1) ± 6; (2) $\pm(a^2 - b^2)$.

3. 2^{12} 个.

4. 671 棵.

5. 3, 9, 27 或 -3, 9, -27.

B 组

1. 12, 16, 20.

2. 略.

3. 2, 4, 8.

4. 略.

习题 9 - 4

A 组

1. (1) 0; (2) 4; (3) $\dfrac{2}{3}$; (4) $\dfrac{5}{3}$; (5) 0; (6) 1.

2. (1) $\dfrac{32}{9}$; (2) $\dfrac{3}{5}$.

3. $\dfrac{4}{3}S$.

B 组

1. (1) $\dfrac{4}{3}$; (2) 1; (3) -1.

2. 2.

复 习 题 九

A 组

1. (1) $\dfrac{13}{6}$, $\dfrac{85}{12}$; (2) -38, -360; (3) n^2, $n^2 + n$; (4) 3; (5) 12; (6) 162, 242.

2. (1) C; (2) B; (3) B.

3. (1) 3; (2) $\dfrac{2}{5}$; (3) 0; (4) 3.

4. 7 000 元.

5. 10%.

B 组

1. 9, 6, 4, 2.

2. 2.

3. 36.

4. −2.

习题 10−1

A 组

1. (1) $y = \dfrac{1}{\sqrt{x-1}}$；　(2) $y = \dfrac{1}{1+\cos x}$；　(3) $y = \ln^2(1+\sin x)$；　(4) $y = 2^{\arctan 2x}$.

2. (1) $y = \cos u, u = \sqrt{x}$；　(2) $y = \sqrt[3]{u}, u = 3x^2+1$；　(3) $y = e^u, u = \sin v, v = 3x$；　(4) $y = \ln u$，

　　$u = \sin v, v = \dfrac{x}{2}$；　(5) $y = \sin u, u = \ln v, v = \cos x$；　(6) $y = \arctan u, u = e^v, v = \sqrt{x}$.

3. (1) $y = \sqrt{0.25 - x^2}, x \in (0, 0.5)$；　(2) $y = \sqrt{u}, u = 0.25 - x^2$.

4. $V = \dfrac{4}{3}\pi\, t^{\frac{3}{2}}$.

B 组

(1) $\dfrac{\sin x}{1+\sin x}$, 0, $\dfrac{1}{2}$；　(2) $\dfrac{1-2x^2}{(x^2-1)^2}$, $-\dfrac{7}{9}$.

习题 10−2

A 组

1. (1) −1, 2, 不存在；　(2) 有，$y = -1, y = 2$；　(3) 0, −3, 2, 0, 2, 不存在.

2. (1) 不正确；　(2) 不正确；　(3) 不正确；　(4) 不正确.

3. (1) 0；　(2) 1；　(3) −2；　(4) 0；　(5) 0；　(6) 不存在.

4. 图像略，　(1) −1, 0, 不存在；　(2) 1, 1, 1；　(3) 0, $\dfrac{1}{2}$, 1.

5. (1) 0；　(2) −3；　(3) 4；　(4) 8；　(5) 2；　(6) 1；　(7) 8；　(8) $\dfrac{3}{4}$.

6. (1) 2；　(2) $\dfrac{5}{2}$；　(3) $\dfrac{m}{n}$；　(4) 1；　(5) 1；　(6) 1.

7. (1) e^4；　(2) $e^{\frac{1}{2}}$；　(3) e^{-2}；　(4) e^6；　(5) e^4；　(6) $\dfrac{1}{e}$.

B 组

1. 20.6 m/s.

2. E; 0.

习题 10 − 3

A 组

1. （1）无穷小； （2）无穷小； （3）正无穷大； （4）正无穷大； （5）正无穷大； （6）无穷小.

2. （1）$x \to \frac{1}{2}$，$x \to \infty$； （2）$x \to \infty$，$x \to -1$； （3）$x \to +\infty$，$x \to -\infty$； （4）$x \to 1$，$x \to 0^+$ 及 $x \to +\infty$；

　　（5）$x \to -2$，$x \to 3$.

3. （1）$x = \frac{1}{3}$； （2）$x = -7$； （3）$x = 3$，$x = -3$.

4. （1）$\frac{3}{2}$； （2）0； （3）∞； （4）$\frac{1}{2}$.

B 组

1. （1）$y = 3$，$x = -3$； （2）$y = 0$，$x = -10$.

2. $\frac{1}{3}$.

3. $x \to 0^+$ 时，$\mathrm{e}^{\frac{1}{x}} \to +\infty$；$x \to 0^-$ 时，$\mathrm{e}^{\frac{1}{x}} \to 0$.

习题 10 − 4

A 组

1. （1）不连续，连续； （2）不连续，连续； （3）不连续； （4）连续.

2. 图略. （1）$x = 0$，左、右均不连续； （2）$x = -1$，左、右均不连续； （3）$x = 0$，右连续；

　　（4）$x = 2$，左连续.

3. （1）$(-\infty, +\infty)$； （2）$(-\infty, 5)$，$(5, +\infty)$； （3）$(2, +\infty)$； （4）$\left(k\pi - \frac{\pi}{2}, k\pi + \frac{\pi}{2}\right)$ $(k \in \mathbf{Z})$；

　　（5）$(-3, +\infty)$； （6）$(-\infty, -1)$，$(-1, 1)$，$(1, +\infty)$.

4. （1）π^2； （2）e； （3）0； （4）$\frac{5}{4}$； （5）2； （6）$\frac{\pi}{2}$.

5. 图略. （1）4，-2； （2）2，1.

* 6. 略.

B 组

1. （1）$(-\infty, -2)$，$(-2, 1)$，$(1, +\infty)$； （2）$(-\infty, -3]$，$[3, +\infty)$； （3）$(-\infty, -1)$，$(-1, +\infty)$；

　　（4）$(-\infty, +\infty)$.

2. （1）$\frac{\pi}{4}$； （2）a； （3）1.

复习题十

A 组

1. （1）错；　（2）错；　（3）对；　（4）对；　（5）对；　（6）对；　（7）对.

2. （1）$(-\infty, +\infty)$，2^u，$\cos v$，x^3；　（2）$\dfrac{1}{|\cos x|}$，1；　（3）$+\infty$，1，不存在；　（4）1，-1，不存在；

（5）∞，有水平渐近线 $y = 0$；　（6）10，$\dfrac{1}{2}$，$y = \dfrac{1}{2}$，$x = \dfrac{1}{2}$；　（7）6；　（8）-2，$(-\infty, -2)$ 及 $(-2$，

$+\infty)$；　（9）$(-2, 2)$，$(-2, 2)$.

3. （1）B；　（2）C.

4. （1）2；　（2）1；　（3）$\dfrac{4}{7}$；　（4）$\sqrt{2}$；　（5）0；　（6）$\dfrac{1}{10}$；　（7）0；　（8）∞；　（9）$\dfrac{1}{3}$；　（10）e^2；

（11）$\dfrac{1}{2}$；　（12）$e^{\frac{1}{3}}$.

B 组

1. （1）900；　（2）这一极限值是这一种群数量的上限.

2. -1.

3. 3.

习题 11 − 1

A 组

1. （1）$(-9.8t - 4.9 \cdot \Delta t)\,\text{m/s}$；　（2）$-9.8t\,\text{m/s}$；　（3）$-29.4\,\text{m/s}$，$55.9\,\text{m}$.（注：求得速度的值为负值，说明重物的运动方向是向下的.）

2. 略.

3. $-\dfrac{1}{(1+x)^2}$，$-\dfrac{1}{4}$.

4. （1）$6x^5$；　（2）$-\dfrac{3}{x^4}$；　（3）$\dfrac{3}{4 \cdot \sqrt[4]{x}}$；　（4）$-\dfrac{1}{5x \cdot \sqrt[5]{x}}$；　（5）$\dfrac{7}{10 \cdot \sqrt[10]{x^3}}$；　（6）$\dfrac{5}{3} \cdot \sqrt[3]{x^2}$.

5. （1）$x - y - 1 = 0$；　（2）$x - 12y + 16 = 0$.

6. $\dfrac{\pi}{6}$ 或 $\dfrac{5\pi}{6}$.

7. $75\,\text{m/s}$.

B 组

1. 略.

2. 2.

3. $4x + y - 18 = 0$.

4. $a(t) = 6t$; $a(5) = 30 \text{ m/s}^2$.

* 5. $R'(x) = 96 - 1.6x$; $R'(50) = 16$(万元／百件).

6. $a = 3$; $f(x) = x^3$.

习题 11 - 2

A 组

1. (1) $15x^2 - \dfrac{1}{\sqrt{x}}$;　(2) $-2x\tan x + (1 - x^2)\dfrac{1}{\cos^2 x}$;　(3) $2x^3(1 + 4\ln x)$;　(4) $-\dfrac{2x}{(1 + x^2)^2}$;

(5) $-\dfrac{2\sin x}{(1 - \cos x)^2}$;　(6) $-\dfrac{\ln x}{x^2}$;　(7) $\dfrac{3(9 - t^2)}{(9 + t^2)^2}$;　(8) $\dfrac{2}{x\ln 3} - \dfrac{1}{2\sqrt{x}} + \dfrac{3}{x^2}$;　(9) $\dfrac{x + \sin x}{1 + \cos x}$.

2. $x + y - 3 = 0$.

3. $x + 2y = 0$.

4. $\left(1, \dfrac{1}{2}\right)$, $\left(-1, -\dfrac{1}{2}\right)$.

5. (1) $v(t) = -t^2 + 12t$;　(2) 20 m/s, 32 m/s;　(3) $t = 0 \text{ s}$, $t = 12 \text{ s}$.

6. 6A, 9A.

B 组

1. (1) $\dfrac{12(4 - t^2)}{(t^2 + 4)^2}$;　(2) $1.44℃/\text{h}$, $-0.36℃/\text{h}$, * (3) 略.

2. $a = 3$, $b = -2$.

3. (1) 略;　(2) $x^2\sin x(3\ln x + 1) + x^3\cos x\ln x$.

习题 11 - 3

A 组

1. (1) $3(x + 5)^2$;　(2) $-35(2 - 7x)^4$;　(3) $2(3x^2 - 5x + 1)(6x - 5)$;

(4) $\dfrac{1}{\sqrt{2x + 3}}$;　(5) $\dfrac{2x}{3 \cdot \sqrt[3]{(1 + x^2)^2}}$;　(6) $3x^2\cos x^3$;　(7) $-3\cos^2 x \cdot \sin x$;　(8) $\dfrac{2}{\cos^2(2x + 1)}$;

(9) $\dfrac{1}{x}$;　(10) $\dfrac{2x}{x^2 - 1}$;　(11) $-\dfrac{1}{2\sqrt{x}}\sin 2\sqrt{x}$;　(12) $\dfrac{2}{\tan 2x}$;　(13) $-\dfrac{1}{x^2}\cos\dfrac{1}{x}$;

(14) $3\tan^2 x \cdot \dfrac{1}{\cos^2 x}$;　(15) $\dfrac{1}{x\ln x \cdot \ln(\ln x)}$.

2. 略.

3. (1) $-\dfrac{2x}{(a^2 + x^2)^2}$;　(2) $-\dfrac{3(6x + 5)}{(3x^2 + 5x - 1)^2}$;　(3) $-\dfrac{1}{(x + 1)\left[\ln(x + 1)\right]^2}$;

(4) $-\dfrac{a}{2(ax + b)\sqrt{ax + b}}$.

4. （1）$-\dfrac{1}{t}$;　（2）$-\dfrac{1}{2}(1+\dfrac{1}{\sin t})$;　（3）$-8\sin\theta$.

5. （1）$12x-y+1=0$;　（2）$2x-y-2=0$;　（3）$x-y+2(1-\ln 2)=0$;　（4）$x-4y-3=0$.

6. （1）$30\pi\cos(10\pi t)$ cm/s;　（2）-30π cm/s.

B 组

1. （1）$\dfrac{2\sqrt{x}+1}{4\sqrt{x}\sqrt{x+\sqrt{x}}}$;　（2）$\dfrac{7}{8\cdot\sqrt[8]{x}}$;　（3）$-\sin x\cdot\sin(\cos x)\cdot\sin[\cos(\cos x)]$;　（4）$\dfrac{\sin 2x}{2(1+\sin^2 x)}$.

2. 4π.

3. 提示：可证明加速度 $a=\dfrac{1}{2}k^2\,(\text{m/s}^2)$.

4. 略.

习题 11 - 4

A 组

1. （1）$-\dfrac{x}{y}$;　（2）$\dfrac{2x}{3y^2}$;　（3）$-\dfrac{3x}{4y}$;　（4）$\dfrac{4y-3x^2}{3y^2-4x}$;　（5）$\dfrac{1}{2\sqrt{x}\cos y}$;　（6）$-\dfrac{\cos x}{\sin y}$;　（7）$2\sqrt{y}$;

　（8）$-\dfrac{\sqrt{y}}{\sqrt{x}}$;　（9）$\dfrac{y}{x(y-1)}$（利用原方程进行了化简）.

2. （1）$3x-2y+3=0$;　（2）$x-y+4=0$.

3. （1）$10^x\ln 10$;　（2）$3\mathrm{e}^{3x+1}$;　（3）$-x\mathrm{e}^{-\frac{x^2}{2}}$;　（4）$\dfrac{\mathrm{e}^x}{1+\mathrm{e}^{2x}}$;　（5）$\dfrac{6(\arcsin x)^2}{\sqrt{1-x^2}}$;

　（6）$-\dfrac{2}{\sqrt{1-4x^2}}$;　（7）$-\dfrac{1}{1+x^2}$;　（8）$-\dfrac{1}{(1+x^2)(\arctan x)^2}$;　（9）$\dfrac{1}{2\sqrt{x}\sqrt{1-x}}\mathrm{e}^{\arcsin\sqrt{x}}$.

4. （1）$\dfrac{E}{RC}\mathrm{e}^{-\frac{t}{RC}}$;　（2）$\dfrac{E}{RC}\mathrm{e}^{-1}$.

5. 8 872.

6. $-0.000\,121m_0\mathrm{e}^{-0.000\,121t}$.

7. （1）$x^3\cdot\sqrt[3]{x-1}\left[\dfrac{3}{x}+\dfrac{1}{3(x-1)}\right]$;　（2）$\dfrac{(x+2)^3}{\sqrt[5]{x-2}}\left[\dfrac{3}{x+2}-\dfrac{1}{5(x-2)}\right]$;　（3）$\dfrac{1}{2\sqrt{x}}x^{\sqrt{x}}(2+\ln x)$.

B 组

1. （1）$\cos x-2\tan 2x$;　（2）$\dfrac{2}{\cos x}$;　（3）$-2t\mathrm{e}^{-t^2}\cos\mathrm{e}^{-t^2}$.

2. （1）$\dfrac{1}{3}\sqrt[3]{\dfrac{x^5(x-3)}{1+x^2}}\left(\dfrac{5}{x}+\dfrac{1}{x-3}-\dfrac{2x}{1+x^2}\right)$;　（2）$2x^{\ln x-1}\cdot\ln x$;　（3）$(\sin x)^x\left(\ln\sin x+\dfrac{x}{\tan x}\right)$.

3. （1）$\dfrac{m_0 v}{(c^2-v^2)\sqrt{1-\dfrac{v^2}{c^2}}}$,　（2）无穷大.

习题 11 - 5

A 组

1. (1) $6(x-2)$; (2) $2e^{-x^2}(2x^2-1)$; (3) $-4\sin 2x$; (4) $-2\cos 2x$; (5) $e^x(x+2)$;

(6) $\dfrac{1}{x}$; (7) $\cos\dfrac{x}{2} - \dfrac{1}{4}x\sin\dfrac{x}{2}$; (8) $4(3x^2+1)$; (9) $2\arctan x + \dfrac{2x}{1+x^2}$.

2. 22.

3. -1.

4. (1) e^x; (2) $3^x(\ln 3)^n$.

5. (1) $a(t) = 6t - 12$; (2) $t = 1\,\mathrm{s}$ 时,$a(1) = -6\,\mathrm{m/s^2}$; $t = 3\,\mathrm{s}$ 时,$a(3) = 6\,\mathrm{m/s^2}$.

B 组

*1. (1) $\dfrac{(-1)^n n!}{(1+x)^{n+1}}$; (2) $\cos\left(\dfrac{n\pi}{2} + x\right)$.

2. $A = \dfrac{3}{2}$, $B = -3$.

习题 11 - 6

A 组

1. (1) 0.5; (2) -0.01.

2. (1) $2\mathrm{d}x$; (2) $-\dfrac{1}{2}\sin\dfrac{x}{2}\mathrm{d}x$; (3) $-\dfrac{1}{(1+x)^2}\mathrm{d}x$; (4) $\dfrac{1}{2\sqrt{x}(1+x)}\mathrm{d}x$.

3. (1) $\dfrac{3t^2}{2t-1}$; (2) $\dfrac{t}{2}$.

4. (1) $x - y + 4 = 0$; (2) $x + 2y + 1 = 0$.

5. $3a^2 \cdot \Delta x$.

6. $2\pi\,\mathrm{cm^2}$.

7. 0.002 秒.

8. $3 + \dfrac{1}{6}(x-1)$; 3.01; 2.99.

9. $\dfrac{\pi}{2} - x$.

10. $16 + 32x$; 16.32.

B 组

1. 略.

2. 1.02; -0.02.

3. (1) $1 - 5x$, $1 - \dfrac{1}{4}x$; (2) 0.985, 0.997 5.

4. 略.

复习题十一

A 组

1. （1）对；（2）错；（3）错；（4）错；（5）对；（6）对；（7）①对；②对；③对.

2. （1）$v(t) = 20 - 1.6t$，$v(3) = 15.2 \text{ m/s}$；（2）-1.6 m/s^2.

3. （1）$\theta'(t) = -0.75\text{e}^{-0.0125t}$；（2）约$-0.58$℃/min,约77℃.

4. （1）$8x^3 - 3$；（2）$5^x\ln 5 + \dfrac{1}{x\ln 5}$；（3）$1 - \dfrac{1}{x^2}$；（4）$-2\text{e}^{-x}\sin x$；（5）$\dfrac{8}{(x + 1)^2}$；

（6）$4(\sin^3 x\cos x + x^3\sin x^4)$；（7）$\text{e}^{-\frac{1}{x}}(2x + 1)$；（8）$\dfrac{1}{2\sqrt{x}(1 - \sqrt{x})^2}$；（9）$\dfrac{1}{\sqrt{1 - x^2}\arcsin x}$；

（10）$\dfrac{2}{1 + 4x^2}$；（11）$-2\text{e}^{\cos 2x}\sin 2x$；（12）$\dfrac{6}{2x - 3} - \dfrac{x}{1 + x^2}$.

5. （1）$\dfrac{x(1 + \sin x)^2}{\sqrt[3]{1 + \cos x}}\left[\dfrac{1}{x} + \dfrac{2\cos x}{1 + \sin x} + \dfrac{\sin x}{3(1 + \cos x)}\right]$；（2）$x^{\cos x}\left(\dfrac{1}{x}\cos x - \sin x\ln x\right)$.

6. （1）t；（2）$\dfrac{1}{2\text{e}^t}$.

7. （1）$\dfrac{x}{y}$；（2）$\dfrac{\text{e}^y}{y - 2}$（利用原方程进行了化简）.

8. $(0, 2)$.

9. （1）$2 + \dfrac{6}{x^3}$，8；（2）$2\cos 2x$，1.

10. （1）$2x - y + 2 = 0$；（2）$2x - 3y - 5 = 0$.

11. 9.5 cm^2.

12. $f(x) \approx 2x - 1$，1.1，0.96.

B 组

1. $a = 2$，$b = -1$，$c = -3$.

2. $x - 4y + \text{e} = 0$.

3. 2.

4. $-4\pi\text{e}^{-3a} \cdot \Delta t$.

5. 略.

习题 12-1

A 组

1. （1）递增；（2）递增；（3）递减；（4）递增.

2. （1）增区间$(-1, +\infty)$,减区间$(-\infty, -1)$；（2）增区间$(-\infty, 0)$和$(2, +\infty)$,减区间$(0, 2)$；（3）增

区间$(-1,0)$和$(1,+\infty)$,减区间$(-\infty,-1)$和$(0,1)$;　(4) 增区间$(-\infty,-1)$和$(1,+\infty)$,减区间$(-1,1)$.

B 组

1. $x\in(x_1,x_2)$时,$f'(x)>0$,(x_1,x_2)是增区间;$x\in(a,x_1)$或$x\in(x_2,b)$时,$f'(x)\leqslant0$,(a,x_1)和(x_2,b)是减区间.

2. (1) 增区间$(-\infty,-1)$和$(1,+\infty)$,减区间$(-1,1)$;　(2) 增区间$(0,+\infty)$,减区间$(-\infty,0)$;　(3) 增区间$(0,+\infty)$,减区间$(-\infty,0)$;　(4) 增区间$\left(-\infty,\dfrac{3}{4}\right)$,减区间$\left[\dfrac{3}{4},1\right]$.

习题 12-2

A 组

1. (1) 极小值$f(-1)=2$;　(2) 极大值$f(2)=4$;　(3) 没有极值;　(4) 极大值$f\left(-\dfrac{1}{2}\right)=2$,极小值$f\left(\dfrac{1}{2}\right)=0$;　(5) 极小值$f(0)=0$;　(6) 极大值$f(0)=0$,极小值$f(3)=f(-3)=-81$.

2. (1) 最大值$f(2)=2$,最小值$f(0)=-4$;　(2) 最大值$f(-2)=-2$,最小值$f\left(-\dfrac{1}{2}\right)=-\dfrac{17}{4}$;　(3) 最大值$f(-2)=17$,最小值$f(2)=-15$;　(4) 最大值$f(1)=3$,最小值$f\left(\dfrac{1}{2}\right)=1$;　(5) 最大值$f(1)=f(-1)=1$,最小值$f(0)=0$;　(6) 最大值$f(1)=1$,没有最小值.

3. 所求的两个数分别为-50和50时,乘积最小.

4. 所求正数为1时,它和它的倒数之和最小.

5. 半径为10 m,高为20 m 时,水池的造价最低.

6. 长为$2\sqrt{2}$ m,宽为$\sqrt{2}$ m 时,整扇窗户透光性最好.

B 组

1. 与原点最近的点为$\left(\dfrac{2}{5},\dfrac{1}{5}\right)$.

2. 点 D 选在距离点 A 37.5 km 处,运费最省.

3. 每件服装零售定价为55元,每天从工厂批发125件,可获得最大利润,最大利润为$3\,125$元.

习题 12-3

A 组

1. (1) 不凹也不凸;　(2) 凹;　(3) 凹;　(4) 凸;　(5) 凸;　(6) 凸区间$(0,+\infty)$,凹区间$(-\infty,0)$.

2. 凹区间(a,x_1),(x_2,x_3),凸区间(x_1,x_2),(x_3,b),拐点$(x_1,f(x_1))$,$(x_2,f(x_2))$,$(x_3,f(x_3))$.

3. (1) 凹,无拐点;　(2) 凸区间$(-\infty,1)$,凹区间$(1,+\infty)$,拐点$(1,3)$;　(3) 凸区间$(-\infty,0)$,凹区间$(0,+\infty)$,拐点$(0,1)$;　(4) 凸区间$\left(-\dfrac{1}{\sqrt{3}},\dfrac{1}{\sqrt{3}}\right)$,凹区间$\left(-\infty,-\dfrac{1}{\sqrt{3}}\right)$和$\left(\dfrac{1}{\sqrt{3}},+\infty\right)$,拐点

$\left(-\dfrac{1}{\sqrt{3}}, \dfrac{4}{9}\right)$ 和 $\left(\dfrac{1}{\sqrt{3}}, \dfrac{4}{9}\right)$.

4. 略.

B 组

1. (1) 在区间 $(-1, +\infty)$ 内是凹的, 无拐点; (2) 凸区间 $(-\infty, -2)$, 凹区间 $(-2, +\infty)$, 拐点 $(-2, -2\mathrm{e}^{-2})$.

2. 略.

习题 12 - 4

A 组

1. (1) $x^{10} + C$; (2) $\dfrac{2}{3} x\sqrt{x} + C$; (3) $\dfrac{x^4}{4} + C$; (4) $\dfrac{3}{2} x^2 + C$; (5) $-\mathrm{e}^{-x} + C$; (6) $kx + C$.

2. 曲线的方程为 $y = \sin x + 1$.

3. 速度函数 $v(t) = 3t + 2$, 位置函数 $s(t) = \dfrac{3}{2} t^2 + 2t + 1$.

B 组

1. 曲线方程为 $f(x) = \dfrac{x^4}{4} + 2x - 1$.

2. 运动方程为 $s(t) = \dfrac{1}{2} gt^2$.

复习题十二

A 组

1. (1) 错; (2) 错; (3) 错; (4) 错; (5) 对.

2. (1) 单调增区间 (x_1, x_3)、(x_4, x_5) 和 (x_7, b), 单调减区间 (a, x_1)、(x_3, x_4) 和 (x_5, x_7), 极大值点 x_3 和 x_5, 极小值点 x_1、x_4 和 x_7, 凹区间 (a, x_2) 和 (x_6, b), 凸区间 (x_2, x_4) 和 (x_4, x_6), 拐点 $(x_2, f(x_2))$ 和 $(x_6, f(x_6))$. (2) 增区间 (a, x_1) 和 (x_2, x_3), 减区间 (x_1, x_2) 和 (x_3, b); 极大值点 x_1 和 x_3, 极小值点 x_2.

(3) $x^2 + \dfrac{x^4}{4} + C$, $-\cos x + \sin x + C$, $\arctan x - \arcsin x + C$.

3. (1) 增区间 $(-\infty, 0)$ 和 $(1, +\infty)$, 减区间 $(0, 1)$; 极大值 $f(0) = 0$, 极小值 $f(1) = -1$. (2) 增区间 $\left(-1, \dfrac{1}{3}\right)$, 减区间 $(-\infty, -1)$ 和 $\left(\dfrac{1}{3}, +\infty\right)$; 极大值 $f\left(\dfrac{1}{3}\right) = \dfrac{32}{27}$, 极小值 $f(-1) = 0$.

4. (1) 凸区间 $\left(-\infty, \dfrac{5}{3}\right)$, 凹区间 $\left(\dfrac{5}{3}, +\infty\right)$, 拐点 $\left(\dfrac{5}{3}, -\dfrac{250}{27}\right)$; (2) 凸区间 $(-\infty, -3)$ 和 $(2, +\infty)$, 凹区间 $(-3, 2)$, 拐点 $(-3, 294)$ 和 $(2, 114)$.

5. (1) 最大值 $f(0) = 5$, 最小值 $f(-1) = 2$; (2) 最大值 $f(4) = 8$, 最小值 $f(0) = 0$.

6. 略.

7. 点 C 选在距离 A 点 $1\,000$ m 处, 所需电线长度最短.

8. 截掉的小正方形边长为 $\dfrac{a}{6}$ 时, 所得方盒的容积最大, 最大容积为 $\dfrac{2}{27}a^3$.

B 组

1. 略.

2. 生产 500 个单位时, 获得利润最大, 最大利润为 $5\,250$.

习题 13 – 1

A 组

1. (1) 8; (2) 0; (3) 0; (4) $\dfrac{14}{3}$, $-\dfrac{14}{3}$.

2. (1) $A = \displaystyle\int_0^1 x^3\,\mathrm{d}x$; (2) $A = \displaystyle\int_1^2 (x^2 - 1)\,\mathrm{d}x - \int_0^1 (x^2 - 1)\,\mathrm{d}x$.

3. (1) 0; (2) 1; (3) 14; (4) 8π.

4. 16.

5. $\dfrac{7}{3}$.

B 组

(1) 7; (2) 0.

习题 13 – 2

A 组

1. (1) $\dfrac{1}{5}$; (2) $\sin x + C$; (3) 0; (4) $\dfrac{1}{\sqrt{x}} + C$.

2. (1) 不成立; (2) 不成立; (3) 成立; (4) 成立.

3. (1) 18; (2) $\dfrac{\pi}{12}$; (3) $4 - \pi$.

4. (1) $\sin 2x$; (2) $\sin^2 x + C$.

5. 4 m.

B 组

1. 900 L.

2. $\dfrac{104}{3}$吨.

3. $f(3) = 14$, $f(5) = 18$.

习题 13 − 3

A 组

1. （1）$\frac{1}{7}x^7 - 4x\sqrt{x} - 5x + C$；　（2）$-\frac{1}{x} + \frac{1}{2}x^2 + 3\arctan x + C$；　（3）$-\left(\frac{1}{2}\right)^x \cdot \frac{1}{\ln 2} + \frac{2}{3}x\sqrt{x} + C$；

　（4）$4x - 2x^2 + \frac{1}{3}x^3 + C$；　（5）$\frac{2}{3}x\sqrt{x} + 4\sqrt{x} - 3x + C$；　（6）$\frac{2}{5}x^2\sqrt{x} + \frac{2}{3}x\sqrt{x} + C$；

　（7）$2\sin x + C$；　（8）$\sin x - \cos x + C$；　（9）$x - \cos x + C$；　（10）$x - 2\arctan x + C$.

2. （1）-70；　（2）$\frac{\pi}{3}$；　（3）$\frac{\pi}{4} + \frac{1}{2}$；　（4）$8$；　（5）$-4$；　（6）$44$；　（7）$\frac{1}{2}(e^2 + 2e - 1)$；

　（8）$\frac{5}{2}$.

3. 6 kg.

B 组

1. 1 350 m.

2. 16 632（元）.

习题 13 − 4

A 组

1. （1）$\frac{1}{5}x^5$；　（2）$\frac{1}{7}$；　（3）$-\frac{1}{3}\cos 3x$；　（4）$\frac{1}{2}$.

2. （1）$\frac{1}{12}(1 + 2x)^6 + C$；　（2）$-e^{-x} + C$；　（3）$-\frac{1}{5}\cos(5x + 1) + C$；　（4）$-\ln|\cos x + 2| + C$；

　（5）$\ln|\ln x| + C$；　（6）$\frac{1}{3}(1 + e^x)^3 + C$；　（7）$\ln(1 + x^2) + C$；　（8）$\frac{1}{3}e^{x^3} + C$；

　（9）$-\sin\frac{1}{x} + C$；　（10）$\frac{1}{3}(\arctan x)^3 + C$；　（11）$2\sqrt{x - 1} - 2\ln(1 + \sqrt{x - 1}) + C$；

　（12）$x - 2\sqrt{x} + 2\ln(\sqrt{x} + 1) + C$.

3. （1）$\frac{1}{2}\ln 3$；　（2）26；　（3）$\ln(1+e) - \ln 2$；　（4）$\frac{3}{8}$；　（5）$\frac{1}{2}\left(1 - \frac{1}{e}\right)$；　（6）$\frac{\pi^2}{72}$；　（7）$\frac{1}{3}$；

　（8）$4 - 2\ln 3$；　（9）$3 + 4\ln 2$.

B 组

1. $\frac{8}{3}$.

2. 约 45.8℃.

习题 13－5

A 组

1. (1) $\dfrac{1}{3}x e^{3x} - \dfrac{1}{9}e^{3x} + C$;　(2) $\dfrac{1}{3}x^3\ln x - \dfrac{1}{9}x^3 + C$;　(3) $x\arctan x - \dfrac{1}{2}\ln(1 + x^2) + C$;

　　(4) $\dfrac{1}{2}x\sin 2x + \dfrac{1}{4}\cos 2x + C$;　(5) $-e^{-x}(x + 1) + C$.

2. (1) $\dfrac{\pi}{2} - 1$;　(2) $\dfrac{1}{4}(e^2 + 1)$;　(3) $\dfrac{\pi}{4}$;　(4) $\dfrac{1}{4}(3e^4 - e^2)$;　(5) $\dfrac{1}{2}$;　(6) $\dfrac{\pi}{2} - 1$.

B 组

1. (1) 2;　(2) $-x^2\cos x + 2x\sin x + 2\cos x + C$.

2. 12.29(百万立方米).

3. 略

习题 13－6

A 组

1. (1) 收敛, $\dfrac{1}{4}$;　(2) 收敛, 2;　(3) 收敛, $\dfrac{3}{2}$.

2. (1) 收敛;　(2) 收敛;　(3) 发散.

B 组

600(升).

习题 13－7

A 组

1. (1) $\dfrac{1}{6}$;　(2) $\dfrac{1}{12}$;　(3) $\dfrac{1}{6}$;　(4) $\dfrac{8}{3}$;　(5) $e^3 - e^2$;　(6) 18;　(7) $\dfrac{3}{2} - \ln 2$.

2. (1) $\dfrac{\pi}{2}(e^2 - 1)$;　(2) $\dfrac{2}{3}\pi$;　(3) $\dfrac{\pi}{2}$;　(4) $\dfrac{\pi}{2}(e^4 - e^2)$.

3. $\dfrac{4}{3}\pi a b^2$, $\dfrac{4}{3}\pi a^2 b$.

B 组

1. $2(\sqrt{2} - 1)$.

2. $\dfrac{1}{12}$.

3. (1) 出发后的前 1 min 内 A 车比 B 车多走的路程;　(2) A 车在前.

习题 13 - 8

A 组

1. $9 + \dfrac{6}{\pi}(\mathrm{J})$.

2. $1(\mathrm{J})$.

3. $17.5(\mathrm{m/s})$.

4. $9.8 \times 10^6(\mathrm{J})$.

5. $250(千件/天)$.

* 6. 总收益为 $626.25(万元)$,总成本为 $147.5(万元)$.

B 组

1. (1) $kq\left(\dfrac{1}{a} - \dfrac{1}{b}\right)$; (2) $\dfrac{kq}{a}$ (k 为常数).

2. 约为 $15\,014(辆)$.

3. $\dfrac{I_m^2 R}{2}$.

复 习 题 十 三

A 组

1. (1) $e - 1$; (2) $\dfrac{\sin x}{1 + x^2} + C$; (3) $\dfrac{1}{2}$; (4) 0; (5) $\dfrac{1}{3}(1 + 3x)^3 + C$; (6) $\dfrac{1}{2}$.

2. (1) B; (2) C; (3) C; (4) D.

3. (1) $\dfrac{2}{3}x^3 + 2\sqrt{x} - \ln|x| + C$; (2) $\dfrac{1}{4}(x + 3)^4 + C$; (3) $2x + \arctan x + C$; (4) $\dfrac{1}{10}(x^2 + 1)^5 + C$; (5) $\sin(\ln x) + C$; (6) $\dfrac{1}{3}(1 + \sin x)^3 + C$; (7) $\ln|5x + 2| + C$; (8) $2\sqrt{x^2 - 7} + C$; (9) $\arctan(e^x) + C$;

4. (1) 2; (2) $\dfrac{7}{3}$; (3) $7 + 2\ln 2$; (4) $-\dfrac{2}{25}$; (5) $\dfrac{1}{16}e^2 - \dfrac{1}{2}\ln 2 + \dfrac{1}{4}$; (6) 2.

5. $458.6(亿桶)$.

6. (1) $\dfrac{64}{3}$; (2) $\dfrac{32}{3}$; (3) $\dfrac{4 - 2\sqrt{2}}{3}$.

7. (1) $\dfrac{\pi^2}{4}$; (2) $\dfrac{128}{7}\pi$.

8. $2(\mathrm{J})$.

9. $6.41 \times 10^6(\mathrm{J})$.

*10.（1）84（万元）；（2）28（万元/百件）.

B 组

1. 证明略.　（1）略；（2）略.

2. $\dfrac{8}{15}$，$\dfrac{5}{32}\pi$.

3. 490（J）.

习题 14 - 1

A 组

1. （1）B；　（2）A.

2. （1）6 652 800；　（2）348.

3. 21.

4. （1）648；　（2）900.

5. （1）720；　（2）288.

B 组

1. 144.

2. 910 000.

习题 14 - 2

A 组

1. （1）66；　（2）19 900；　（3）105；　（4）$\dfrac{(n + 1)n(n - 1)}{2}$.

2. （1）35，480；　（2）210；　（3）35.

3. （1）28；　（2）56.

4. 4.

5. 170 544.

6. （1）3 190 187 286；　（2）708 930 508；　（3）614 557 125；　（4）859 209 390.

B 组

1. 略

2. $\dfrac{(8 \times 8) \times (7 \times 7) \times (6 \times 6)}{3!} = 18\,816$.

习题 14 - 3

A 组

1. （1）$x^3 + 12x^3\sqrt{x} + 60x^4 + 160x^4\sqrt{x} + 240x^5 + 192x^5\sqrt{x} + 64x^6$；

（2）$\dfrac{x^5}{32} - \dfrac{5}{8}x^3 + 5x - \dfrac{20}{x} + \dfrac{40}{x^3} - \dfrac{32}{x^5}$.

2. $T_1 = 1$，$T_2 = -30x$，$T_3 = 420x^2$，$T_4 = -3\,640x^3$，$T_5 = 21\,840x^4$.

3. $T_6 = -448a^6b^{10}$.

4. $T_6 = \dfrac{231}{32}x^4\sqrt[3]{x^2}$，$T_7 = \dfrac{231}{16}x^4\sqrt{x}$.

5. 1 024.

B 组

1. -252.

2. $n = 10$，120.

复习题十四

A 组

1. （1）20； （2）720； （3）1 024； （4）5； （5）C_{13}^9； （6）7，924，673 596.

2. 32.

3. 103 680.

4. （1）42； （2）36； （3）142.

5. （1）27； （2）63； （3）700.

6. 5.

7. $1 + 5x^2 + 10x^4 + 10x^6 + 5x^8 + x^{10}$.

B 组

1. （1）328； （2）567.

2. 54.

3. $T_8 = -\dfrac{1\,647\,360}{x^3}$，$T_9 = \dfrac{823\,680\sqrt{x}}{x^5}$，$-3\,075\,072$.

4. 25.

习题 15－1

A 组

1. 8，$\{HHH,\ HHT,\ HTH,\ THH,\ HTT,\ THT,\ TTH,\ TTT\}$.

2. 9，（1）$A = \{12, 22, 32\}$；（2）$B = \{31, 32, 33, 13, 23\}$；（3）$C = \{11, 12, 13, 21, 22, 23\}$

3. （1）$\overline{E}$ 表示 3 次均正面向上，$\overline{F}$ 表示 3 次均反面向上； （2）$EF = \{HTT,\ THT,\ TTH,\ HHT,\ HTH,\ THH\}$，$E \cup F = \{HHH,\ HHT,\ HTH,\ THH,\ HTT,\ THT,\ TTH,\ TTT\}$.

4. （1）$A_1A_2A_3$； （2）$\overline{A_1A_2A_3}$ 或 $\overline{A_1} \cup \overline{A_2} \cup \overline{A_3}$.

5. （1）$\overline{A}$ ＝"抽到的 5 件产品至少有 1 件次品"；

（2）$\bar{B}$＝"抽到的5件产品至少有1件正品"；

（3）$\bar{C}$＝"抽到的5件产品均为正品"；

（4）$\bar{D}$＝"抽到的5件产品均为正品或次品多于1件".

B 组

1. （1）$A \cup B$＝"一、二两个营至少有一个营命中目标"；

（2）AB＝"一、二两个营均命中目标"；

（3）$\bar{A}$＝"一营未命中目标"；

（4）$\bar{A}\,\bar{B}$＝"一、二两个营均未命中目标"；

（5）$\overline{AB}$＝"一、二两营至少有一个未命中目标"；

（6）$A\bar{B}$＝"一营命中目标且二营未命中目标".

2. （1）$A_1 A_4 \cup A_1 A_3 \cup A_2 A_4 \cup A_2 A_3$；

（2）$A_1 A_2 \cup A_3 A_4$.

习题 15－2

A 组

1. （1）$\dfrac{1}{2}$；　（2）$\dfrac{1}{3}$.

2. （1）$\dfrac{3}{8}$；　（2）$\dfrac{7}{8}$；　（3）$\dfrac{1}{4}$.

3. （1）36；　（2）$\dfrac{1}{6}$.

4. （1）0.855 1；　（2）0.139 9.

5. （1）0.3；　（2）0.066 7；　（3）0.533 3.

6. （1）0.985；　（2）0.015.

B 组

1. （1）0.164 1；　（2）0.009 5.

2. 7，$\dfrac{1}{6}$.

3. 0.5.

习题 15－3

A 组

1. （1）0.004 5；　（2）0.072 4.

2. （1）0.5；　（2）0.666 7；　（3）0.25.

3. （1）0.25；　（2）0.541 7.

4. （1）0.88；　（2）0.12.

5. （1）0. 315 1； （2）0. 000 06； （3）0. 598 7.

6. 0. 737 3.

B 组

1. （1）0. 4； （2）0. 133 3.

2. 0. 018 3, 小概率事件在一次或少数的几次试验中几乎是不可能发生的, 而这次检验中却发生了, 说明这批产品的合格率为 97% 的可能性很小.

习题 15 - 4

A 组

1. 0. 25, 0. 35, 0. 65, 0. 35, 0. 35, 0. 55.

2. 设 X 为随机变量, $X = 0$ 表示该型号手机滞销; $X = 1$ 表示畅销.

   X 服从两点分布, 分布列为

X	0	1
P	0.3	0.7

3. （1）设 X 是随机变量, 表示奖券中奖的等级, 其分布列为

X	0	1	2	3	4
P	0.988 89	0.000 01	0.000 1	0.001	0.01

   （2）设 Y 是随机变量, 表示奖券中奖的钱数, 其分布列为

Y	0	5 000	200	20	10
P	0.988 89	0.000 01	0.000 1	0.001	0.01

4. 设 X 是随机变量, 表示正面向上的次数, 其分布列为

X	0	1	2	3	4
P	0.062 5	0.25	0.375	0.25	0.062 5

B 组

1. 设 X 是随机变量, 表示到击中目标时发射的导弹数, 其分布列为

X	1	2	3	…	n	…
P	$\frac{1}{3}$	$\frac{1}{3} \cdot \frac{2}{3}$	$\frac{1}{3}\left(\frac{2}{3}\right)^2$	…	$\frac{1}{3}\left(\frac{2}{3}\right)^{n-1}$	…

2. 设 X 是随机变量, 表示投篮次数, 其分布列为

X	1	2	3	4	5
P	0.4	0.24	0.144	0.086 4	0.129 6

习题 15 – 5

A 组

1. $E(X) = 1.6, D(X) = 1.24; E(Y) = 1.3, D(Y) = 0.41.$ 乙的次品均值小于甲,且方差小于甲,即乙的技术比甲稳定.

2. 0.12.

3. 0.12.

4. $P(X = k) = C_{100}^k 0.1^k 0.9^{100-k}, (k = 0, 1, 2, \cdots, 100); E(X) = 10, \sqrt{D(X)} = 3.$

5. $n = 15, p = 0.4.$

6. 18.4.

7. (1) $E(X) = 0.3(元)$;　(2) 0.3(元).

8. $E(X) = 0.3.$

B 组

1. 9.

2. $\dfrac{n+1}{2}.$

复习题十五

A 组

1. (1) 略;　(2) $\dfrac{1}{16}, \dfrac{1}{4}$;　(3) $\dfrac{1}{72}, \dfrac{1}{54}$;　(4) 0.76, 0.526 3;　(5) $\dfrac{1}{12}$;　(6) $\dfrac{89}{110}, \dfrac{1}{11}, \dfrac{109}{110}$;

(7) 0.391 5, 0.835 2;　(8) $\{2, 3, 4, \cdots, 12\}$, 0.138 9, 0.166 7;　(9) $\dfrac{1}{6}$, 3.166 7, 1.907 6, 13.666 7.

2. (1) C;　(2) D;　(3) B;　(4) C.

3. 0.703 9.

4. (1) 0.72;　(2) 0.02;　(3) 0.98.

5. 0.666 7.

6. 0.5.

7. (1) $\dfrac{1}{4}$;　(2) $\dfrac{1}{3}.$

8. (1) 14;　(2) 0.24;　(3) 0.94;　(4) 0.290 1;　(5) 18.8.

9. (1) {胜胜胜,胜胜平,胜平胜,平胜胜};　(2) 0.324.

X	1	2	3	4
P	$\dfrac{5}{8}$	$\dfrac{9}{32}$	$\dfrac{21}{256}$	$\dfrac{3}{256}$

10.

$E(X) = 1.480\ 5.$

B 组

1. $1-p.$

2. $\dfrac{4}{7}.$

3. 甲获胜的概率为 $\dfrac{6}{11}$，乙获胜的概率为 $\dfrac{5}{11}.$

4. 三局二胜甲获胜的概率为 0.648，五局三胜甲获胜的概率为 0.682 6，五局三胜甲获胜的概率较大.

习题 16－1

A 组

1. (1) $A = \begin{bmatrix} 10 & 110 & 1.5 \\ 11 & 120 & 2 \\ 10.5 & 115 & 2.2 \end{bmatrix}$; $A^{\mathrm{T}} = \begin{bmatrix} 10 & 11 & 10.5 \\ 110 & 120 & 115 \\ 1.5 & 2 & 2.2 \end{bmatrix}$. (2) $\dfrac{1}{2}A = \begin{bmatrix} 5 & 55 & 0.75 \\ 5.5 & 60 & 1 \\ 5.25 & 57.5 & 1.1 \end{bmatrix}$.

2. $x = 1, y = 4, z = 2.$

3. (1) $\begin{bmatrix} 2 & 3 & 5 \\ -1 & 2 & 4 \end{bmatrix}$; (2) $\begin{bmatrix} 3 & 8 & 11 \\ 1 & 8 & 9 \end{bmatrix}$; (3) $\begin{bmatrix} 11 & 16 & 32 \\ -6 & 9 & 23 \end{bmatrix}$; (4) $\begin{bmatrix} 1 & 6 & -3 \\ 3 & 10 & 3 \end{bmatrix}$.

4. (1) $\begin{bmatrix} 4 & 0 \\ 0 & 4 \end{bmatrix}$; (2) $\begin{bmatrix} -1 & 0 \\ 3 & -1 \end{bmatrix}$; (3) $\begin{bmatrix} 5 & 7 & 17 \\ 14 & 9 & 31 \end{bmatrix}$; (4) $\begin{bmatrix} 2 & 1 \\ 3 & -1 \\ -1 & 0 \end{bmatrix}$; (5) $[14]$; (6) $\begin{bmatrix} 1 & 3 & 5 \\ 0 & 0 & 0 \\ 2 & 6 & 10 \end{bmatrix}$.

5. 略.

6. $A = \begin{bmatrix} 2 & 2 & -1 \\ 1 & -2 & 4 \\ 5 & 7 & 1 \end{bmatrix}$, $X = \begin{bmatrix} x_1 \\ x_2 \\ x_3 \end{bmatrix}$, $B = \begin{bmatrix} 6 \\ 3 \\ 28 \end{bmatrix}$.

B 组

1. $X = \begin{bmatrix} 3 & 8 & 1 \\ 2 & 1 & 2 \end{bmatrix}$.

2. (1) $\begin{bmatrix} -1 & 3 & 1 & 5 \\ 8 & 2 & 8 & 2 \\ 3 & 7 & 9 & 13 \end{bmatrix}$; (2) $\begin{bmatrix} 1 & 2 & 1 \\ 2 & 1 & 2 \\ 1 & 2 & 3 \\ 2 & 1 & 4 \end{bmatrix}$; (3) $\begin{bmatrix} 0 & 4 & -2 & 2 \\ 6 & 5 & 2 & 1 \\ 0 & 2 & -2 & 0 \\ 6 & 3 & 2 & -1 \end{bmatrix}$.

3. $\begin{bmatrix} 1\ 900 & 2\ 300 & 2\ 000 & 1\ 900 \\ 3\ 500 & 4\ 200 & 3\ 800 & 3\ 500 \\ 1\ 700 & 2\ 000 & 1\ 800 & 1\ 700 \end{bmatrix}.$

习题 16 - 2

A 组

1. (1) 2, $\begin{bmatrix} 1 & 0 & -\dfrac{1}{4} \\ 0 & 1 & \dfrac{7}{4} \end{bmatrix}$; (2) 3, $\begin{bmatrix} 1 & 0 & 0 \\ 0 & 1 & 0 \\ 0 & 0 & 1 \end{bmatrix}$; (3) 2, $\begin{bmatrix} 1 & 0 \\ 0 & 1 \\ 0 & 0 \end{bmatrix}$; (4) 3, $\begin{bmatrix} 1 & 0 & 0 & 1 \\ 0 & 1 & 0 & 2 \\ 0 & 0 & 1 & 0 \end{bmatrix}$; (5) 3,

$\begin{bmatrix} 1 & 0 & 0 \\ 0 & 1 & 0 \\ 0 & 0 & 1 \\ 0 & 0 & 0 \end{bmatrix}$; (6) 4, $\begin{bmatrix} 1 & 0 & -1 & 0 & 0 \\ 0 & 1 & 1 & 0 & 0 \\ 0 & 0 & 0 & 1 & 0 \\ 0 & 0 & 0 & 0 & 1 \end{bmatrix}$.

2. (1) $\begin{bmatrix} -2 & -1 \\ 3 & 1 \end{bmatrix}$; (2) $\begin{bmatrix} \dfrac{1}{9} & -\dfrac{2}{3} \\ \dfrac{1}{9} & \dfrac{1}{3} \end{bmatrix}$; (3) $\begin{bmatrix} 1 & 0 & 0 \\ -\dfrac{1}{2} & \dfrac{1}{2} & 0 \\ 0 & -\dfrac{1}{3} & \dfrac{1}{3} \end{bmatrix}$; (4) 无逆矩阵;

(5) $\begin{bmatrix} 1 & 1 & 3 \\ 2 & 3 & 7 \\ 3 & 4 & 9 \end{bmatrix}$; (6) $\begin{bmatrix} \dfrac{1}{2} & 0 & 0 & 0 \\ 0 & \dfrac{1}{2} & 0 & 0 \\ 0 & 0 & \dfrac{1}{2} & 0 \\ 0 & 0 & 0 & \dfrac{1}{2} \end{bmatrix}$.

3. (1) $x_1 = 0$, $x_2 = -1$; (2) $x_1 = -15$, $x_2 = -17$, $x_3 = 6$.

B 组

1. 3.

2. 略.

3. (1) $\begin{cases} x_1 + 2x_2 &= 210, \\ 2x_1 + x_2 + 3x_3 = 390, \\ x_1 + 2x_2 + 2x_3 = 350. \end{cases}$ (2) $\begin{cases} x_1 = 50, \\ x_2 = 80, \\ x_3 = 70. \end{cases}$

习题 16 - 3

A 组

1. (1) $x_1 = x_2 = x_3 = 1$; (2) 无解; (3) $x_1 = -2$, $x_2 = 1$, $x_3 = -1$; (4) $x_1 = 9 - 4k_1 - 9k_2$, $x_2 = -2 + k_1 + 2k_2$, $x_3 = k_1$, $x_4 = k_2$; (5) $x_1 = k$, $x_2 = 3k$, $x_3 = k$; (6) $x_1 = -6k$, $x_2 = -4k$, $x_3 = k$,

$x_4 = k.$

2. 第一厂加工原油 40 万桶,第二厂加工原油 20 万桶,第三厂加工原油 10 万桶.

B 组

1. (1) $\lambda = 4$ 时,方程组无解; (2) $\lambda \neq 4$ 时方程组有唯一解 $x_1 = \dfrac{-2\lambda - 2}{\lambda - 4}$, $x_2 = \dfrac{3 - 2\lambda}{\lambda - 4}$, $x_3 = \dfrac{5}{\lambda - 4}$.

3. 甲、乙两种产品的生产量分别为 4 和 2.

习题 16-4

A 组

1. (1) 1; (2) $ab^2 - a^2 b$; (3) x^2; (4) -40; (5) 10; (6) 2; (7) 0; (8) 325.

2. (1) $x = -\dfrac{14}{3}$, $y = \dfrac{22}{3}$; (2) $x_1 = 1$, $x_2 = 1$, $x_3 = 2$.

B 组

(1) 略; (2) 略.

复习题十六

A 组

1. (1) 错; (2) 对; (3) 错; (4) 对; (5) 对; (6) 对; (7) 对; (8) 对.

2. (1) $\begin{bmatrix} 3 & -10 & 5 & -4 \\ -5 & 11 & -8 & -9 \\ -3 & 0 & 7 & 4 \end{bmatrix}$; (2) $\begin{bmatrix} 0 & 0 \\ -1 & 4 \end{bmatrix}$; (3) $\begin{bmatrix} -35 & -30 \\ 45 & 10 \end{bmatrix}$; (4) $[-2]$;

(5) $\begin{bmatrix} -3 & -2 & -1 \\ 3 & 2 & 1 \\ 3 & 2 & 1 \end{bmatrix}$; (6) $\begin{bmatrix} 0 & 1 \\ -3 & -1 \\ 1 & 0 \end{bmatrix}$; (7) $\begin{bmatrix} 4 & 4 & 1 \\ 0 & 4 & 4 \\ 0 & 0 & 4 \end{bmatrix}$.

3. (1) $\begin{bmatrix} -10 & 0 \\ 8 & 6 \end{bmatrix}$; (2) $\begin{bmatrix} -2 & 6 \\ 4 & -2 \end{bmatrix}$.

4. (1) $\begin{bmatrix} \dfrac{4}{5} & -\dfrac{1}{5} \\ -\dfrac{3}{5} & \dfrac{2}{5} \end{bmatrix}$; (2) $\begin{bmatrix} -11 & 2 & 2 \\ -4 & 0 & 1 \\ 6 & -1 & -1 \end{bmatrix}$; (3) $\begin{bmatrix} 1 & -2 & 1 & 0 \\ 0 & 1 & -2 & 1 \\ 0 & 0 & 1 & -2 \\ 0 & 0 & 0 & 1 \end{bmatrix}$.

5. (1) $x_1 = 3$, $x_2 = 1$, $x_3 = 1$; (2) $x_1 = \dfrac{1}{2}$, $x_2 = \dfrac{5}{4}$, $x_3 = -\dfrac{3}{4}$; (3) 无解; (4) $x_1 = \dfrac{6}{7} + \dfrac{1}{7} k_1 +$

$\dfrac{1}{7} k_2$, $x_2 = -\dfrac{5}{7} + \dfrac{5}{7} k_1 - \dfrac{9}{7} k_2$, $x_3 = k_1$, $x_4 = k_2$; (5) $x_1 = -\dfrac{3}{4} k$, $x_2 = k$, $x_3 = -\dfrac{1}{4} k$, $x_4 = k$;

(6) $x_1 = -k$, $x_2 = k$, $x_3 = k$, $x_4 = 0$.

6. (1) a^2; (2) 4; (3) -60.

B 组

1. （1）1；　（2）$(-1)^{\frac{n(n-1)}{2}} a_1 a_2 \cdots a_n$.

2. 三种原料甲、乙、丙应分别取 30 kg、60 kg、10 kg.

参 考 书 目

[1] 邓俊谦. 应用数学基础［M］. 北京：华夏出版社,2005.

[2] James Stewart. 微积分(上册)［M］. 北京：高等教育出版社,2004.

[3] 张志涌,杨祖樱. MATLAB 教程(R2018a)［M］. 北京：北京航空航天大学出版社,2019.